信息技术应用新形态系列教材

Office 2010 办公自动化案例教程

微课版 | 第2版

◆ 程玲 周寅 主编
◆ 严青 鄢雪梅 靳帅 副主编

人民邮电出版社
北京

图书在版编目（CIP）数据

Office 2010 办公自动化案例教程 : 微课版 / 程玲，周寅主编. -- 2版. -- 北京 : 人民邮电出版社，2022.6（2022.12重印）
信息技术应用新形态系列教材
ISBN 978-7-115-58706-0

Ⅰ. ①O… Ⅱ. ①程… ②周… Ⅲ. ①办公自动化一应用软件一高等学校一教材 Ⅳ. ①TP317.1

中国版本图书馆CIP数据核字(2022)第027935号

内 容 提 要

本书是指导初学者学习 Office 办公应用软件的入门图书，详细地介绍了初学者在学习 Office 时应该掌握的基础知识、使用方法和操作技巧。全书共 13 章，第 1 章～第 3 章介绍 Word 文档页面的基础设置、图文混排与表格应用、Word 高级排版；第 4 章～第 9 章介绍工作表的基本操作，管理数据，排序、筛选与分类汇总，公式与函数的应用，图表，数据透视表；第 10 章～第 13 章介绍编辑与设计幻灯片，排版与布局，动画效果、放映与输出，Word、Excel 与 PPT 的协作。

本书内容丰富、实战性强，结合案例讲解相关内容。全书穿插“小贴士”，对专业知识进行拓展，并且每章配有课堂练习、综合实训和本章习题，以培养读者的实操能力。

本书配有 PPT 课件、教学大纲、电子教案、案例素材、课后习题答案、题库（自动出卷系统）及答案等教学资源，使用本书的老师可在人邮教育社区免费下载使用。

本书适合作为普通高等院校 Office 办公软件应用相关课程的教材，也可作为办公人员提高 Office 办公技能的参考书，还可作为全国计算机等级考试 MS Office 的辅导书。

◆ 主　　编　程　玲　周　寅
副 主 编　严　青　鄢雪梅　靳　帅
责任编辑　王　迎
责任印制　李　东　焦志炜
◆ 人民邮电出版社出版发行　　北京市丰台区成寿寺路 11 号
邮编　100164　　电子邮件　315@ptpress.com.cn
网址　https://www.ptpress.com.cn
北京市艺辉印刷有限公司印刷
◆ 开本：787×1092　1/16
印张：11.75　　2022 年 6 月第 2 版
字数：286 千字　　2022 年12月北京第 3 次印刷

定价：49.80 元

读者服务热线：(010)81055256　印装质量热线：(010)81055316
反盗版热线：(010)81055315
广告经营许可证：京东市监广登字 20170147 号

PREFACE
前　言

Office 是帮助用户提高工作效率的办公软件。学好 Office，可以增加你的就业砝码，让你在职场上获得更多的展示机会，也可以让你的工作效率与工作质量更上一个台阶。

会打字的你，是否熟知如何查找和替换文本、设置奇偶页不同的页眉和页脚，以及快速排版混乱的文档？会使用表格的你，是否能快速地填充数据、熟练地对表格进行排序和筛选、正确使用公式并准确识别公式常见的错误？会制作 PPT 的你，是否了解如何使用母版创建幻灯片、如何设置动画效果？你又是否知道如何利用 Word、Excel 与 PPT 协作办公？

在争分夺秒、追求效率的职场中，如果你的技能还停留在最基础的水平，迟早会被淘汰。

本书特色

（1）案例主导，学以致用。本书通过“课堂练习”和“综合实训”列举了大量 Word、Excel、PPT 的精彩实例，以激发读者的学习兴趣，并引导读者进一步深入思考，使读者通过实例真正达到学以致用、举一反三的效果。

（2）体系完整，逻辑性强。本书从理论基础、案例实操、使用工具等多个维度，系统介绍了 Word、Excel、PPT 中的主要功能，知识体系完整且具有较强的逻辑性，并将读者在学习过程中遇到的各种问题及解决方法充分融入实际案例，使读者能够轻松地解决各种疑难问题。

（3）体例丰富，解疑指导。本书体例灵活、内容丰富，各章除了列出基本的学习目标、技能目标、内容概述、重点与实施，还设置了“小贴士”，帮助读者解决在学习过程中遇到的难点并扩展相应的知识，此外，各章还设置了“综合实训”和“本章习题”，帮助读者进一步掌握和巩固重难点内容。

（4）配套微课，资源丰富。本书在各章的“课堂练习”和“综合实训”部分均提供了二维码，读者可扫描书中二维码随时随地学习，直观便捷；同时，本书还提供了所有实例的素材（原始文件和最终效果文件），帮助读者在实操练习中真正掌握所学内容。

（5）**注重应用，实用为上。**在各个实例的演示过程中，能够帮助读者提高参与积极性和学习效率，拓展解决实际问题的思路，提高计算机综合应用能力。

本书资源

我们为使用本书的教师提供了教学资源，包括PPT课件、教学大纲、电子教案、案例素材、课后习题答案、题库（自动出卷系统）及答案等，用书老师可在人邮教育社区（http://www.ryjiaoyu.com/）免费下载使用。

由于编者水平有限，书中难免有疏漏和不妥之处，恳请广大读者批评指正。

编者

2022年1月

CONTENTS
目　录

第1章

Word 文档页面的基础设置

【学习目标】

√熟悉 Word 版面的组成部分
√了解纸张大小的设置方法
√掌握页边距和装订线的设置方法
√掌握设置字体和段落格式的方法

【技能目标】

√学会设置 Word 的版面
√学会设置纸张大小、页边距
√学会为文档设置合适的字体和段落格式
√学会使用查找、替换功能批量修改文档

1.1 认识Word版面的组成部分

【内容概述】

在使用Word编写各种策划方案、计划书之前，我们首先要了解Word版面的组成部分，根据内容和用途的不同，需要采取不同的版面设置。本节将重点介绍Word页面和版面的设置方法。

【重点与实施】

一、纸张大小

二、页边距

三、页眉和页脚

Word 的版面设置指的是页面设置，包含以下几个部分：页边距、纸张、版心、页眉和页脚以及装订线。

首先，展示【页面设置】对话框中显示的各个选项的含义，如图1-1所示。

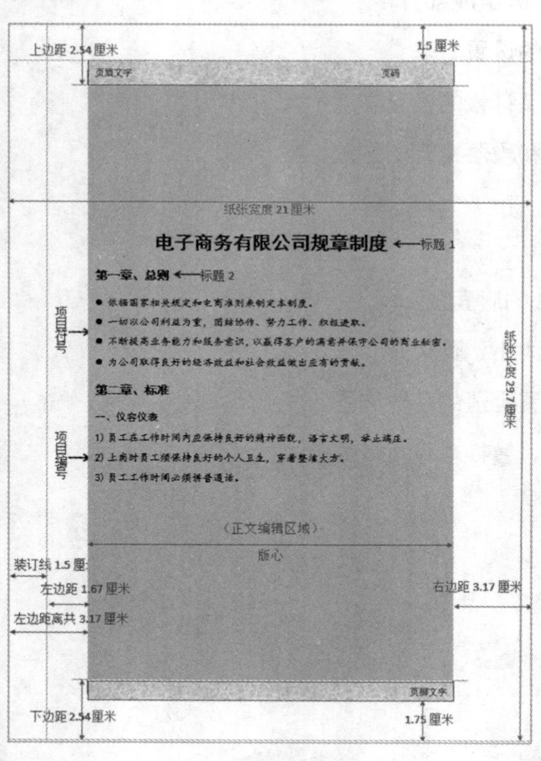

▲图 1-1

纸张大小：Word文档默认的纸张类型是A4，因此在默认情况下打开【页面设置】对话框，显示的【纸张大小】为A4，如图1-2所示。

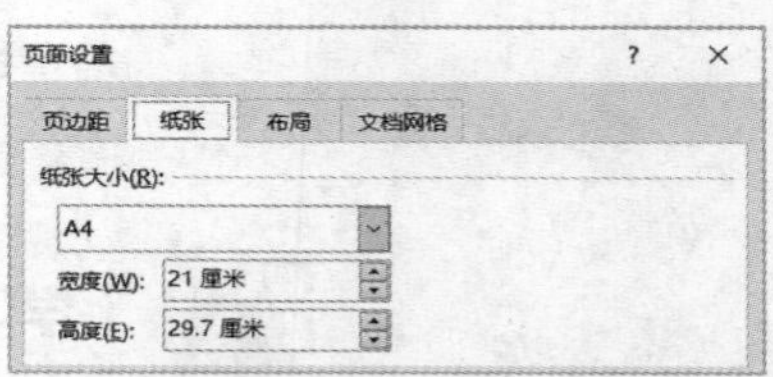

▲图 1-2

页边距：页边距是页面的边线到版心的距离，包括上、下、左、右这4种边距，也是版心四周的留白。页边距可以在【页面设置】对话框的【页边距】选项卡中进行设置，如图1-3所示。

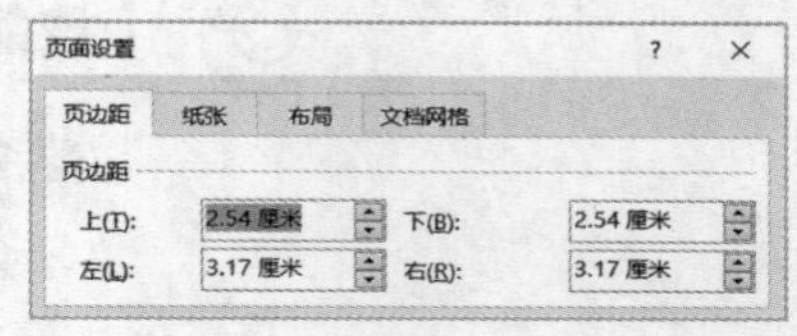

▲图 1-3

页眉和页脚：通常用来显示文档的附加信息或者放置为文档添加的注释等，页眉在页面的顶部，页脚在页面的底部。页眉和页脚可以在【页面设置】对话框的【布局】选项卡中进行设置，如图1-4所示。

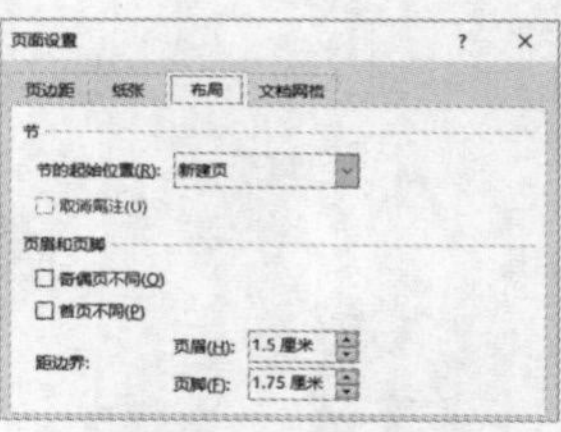

▲图 1-4

1.2 设置纸张的大小和方向

【内容概述】

在制作文档之前，我们先要确定纸张的大小和方向，不同的文档适用的纸张大小和纸张方向是不同的。

【重点与实施】

一、设置纸张大小
二、设置纸张方向

1. 设置纸张大小

Word文档通常采用 A4 纸打印（210mm×297mm），因此这里将纸张大小设置为 A4。

切换到【页面布局】选项卡，在【页面设置】组中，单击【纸张大小】按钮，在弹出的下拉列表中选择【A4】选项，如图1-5所示。

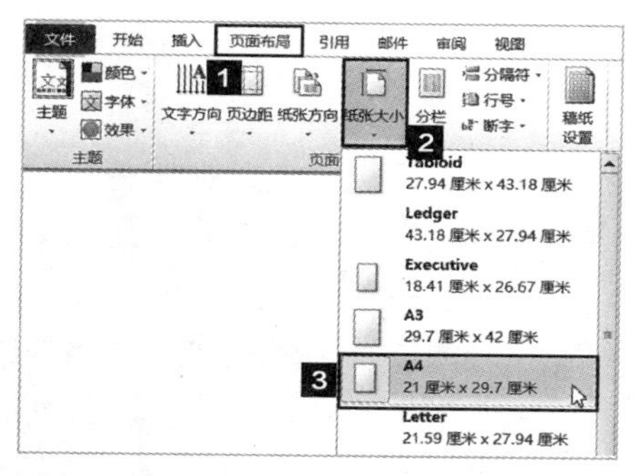

▲图 1-5

2. 设置纸张方向

Word文档通常是纵向的，因此这里将纸张方向设置为纵向。

切换到【页面布局】选项卡，在【页面设置】组中，单击【纸张方向】按钮，在弹出的下拉列表中选择【纵向】选项，如图1-6所示。

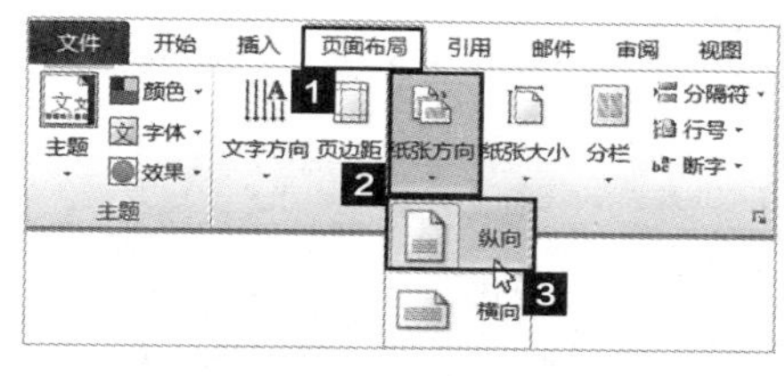

▲图 1-6

1.3 设置页边距

【内容概述】

页边距是页面的边线到版心的距离。页边距的设置要根据制作的文档类型来确定。

【重点与实施】

一、设置常用文档的页边距
二、设置公文的页边距

1. 设置常用文档的页边距

常用文档的页边距设置，可参见1.1节图1-3，这里不再赘述。

2. 设置公文的页边距

相关的国家标准对公文的页边距进行了明确的规定（见下方小贴士）。

切换到【页面布局】选项卡，在【页面设置】组中，单击【页边距】按钮，在弹出的下拉列表中选择【自定义边距】选项，在弹出的【页面设置】对话框中，将上、下、左、右的边距分别设置为“3.7厘米”“3.5厘米”“2.8厘米”“2.6厘米”，如图1-7所示。

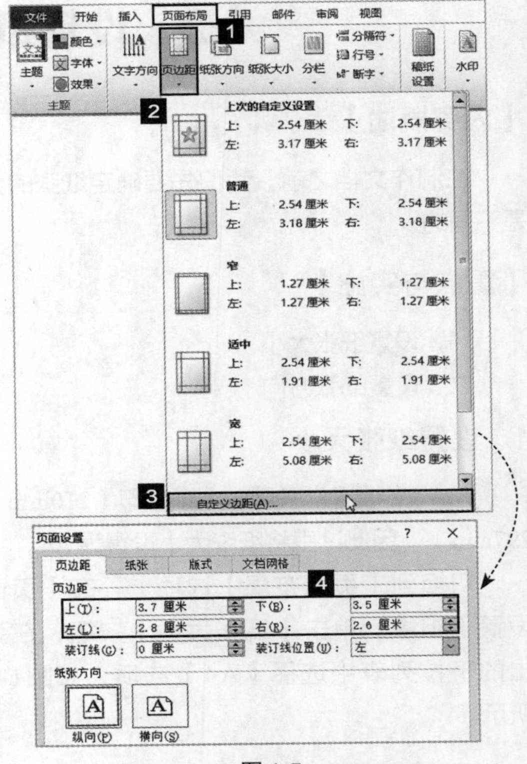

▲图1-7

小贴士

公文的上边距为（3.7±1）厘米，公文的左边距为（2.8±1）厘米，版心尺寸为15.6厘米×22.5厘米。

素养教学

俗话说：“没有规矩，不成方圆。”生活处处需要规则。人们遵守规则，社会才会有秩序，否则就会乱成一锅粥。为了保证我们在良好的环境中快乐地学习、健康地成长，学校制定了各种纪律和行为规范。这些纪律和行为规范就像校园里的“红绿灯”，时刻提醒我们要注意自己的言行。

1.4 设置装订线

【内容概述】

装订线是在要装订的文档左侧或顶部添加的一条竖线或横线，用来为要装订的文档预留出位置。如果文档的版心位置已经确定，那么装订线与文档左侧或顶部的距离要小于其对应的左边距或上边距的数值，否则会影响正文的版式和内容。

【重点与实施】

一、设置文档左侧装订

二、设置文档顶部装订

1. 设置文档左侧装订

按照前面介绍的方法打开【页面设置】对话框，在【页边距】组合框中，在【装订线位置】的下拉列表中选择“左”，在【装订线】微调框中输入合适的数值，这里输入“1.5 厘米”（根据自己的实际需求设定），如图1-8所示，即可将文档设置为左侧装订。

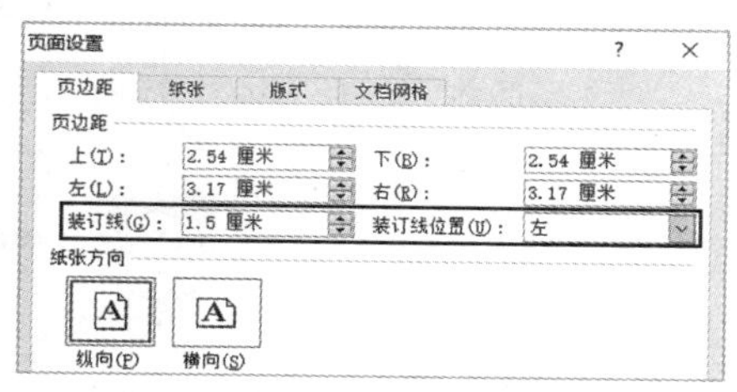

▲ 图 1-8

2. 设置文档顶部装订

设置文档顶部装订的步骤与设置文档左侧装订的步骤类似，在【装订线位置】的下拉列表中选择“上”，即可将文档设置为顶部装订，如图1-9所示。

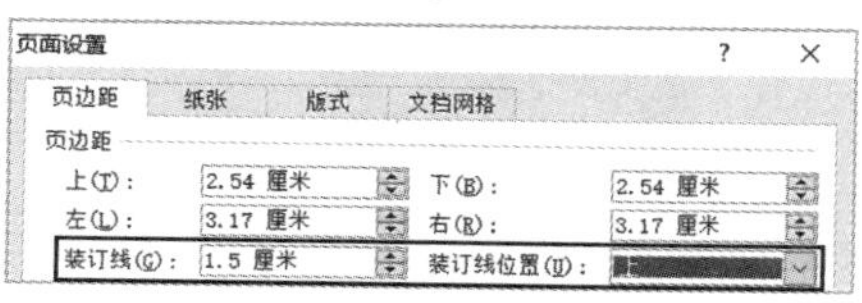

▲ 图 1-9

确定了装订线的位置后，除试卷文档外，其他文档的装订线至边线的范围内不能插入任何内容。

小贴士

在设置装订线的位置时，不但要避免影响正文的版式和内容，而且还要考虑整个书稿的厚度，避免出现书脊位置压字的情况。书稿越厚，版心与装订线之间的距离应越大，否则在翻阅书稿时，书稿后面的正文内容容易被遮挡。

1.5 设置文档的格式

【内容概述】

为了使文档清晰明了、重点突出，用户可以对文档格式进行设置。Word提供了多种字体格式和段落格式供用户进行设置。字体格式设置主要包括设置字体、字号、加粗、字符间距等；段落格式设置主要包括设置对齐方式、段落缩进和间距等。

【重点与实施】

一、设置字体格式
二、设置段落格式
三、查找和替换

1.5.1 设置字体格式

对于文档的字体格式，目前没有统一的规定，只要符合常规操作即可，如一级标题的字号要大于二级标题的字号，二级标题的字号要大于三级标题的字号，总之，要让文档的层级明显。

黑体和楷体是文档中常用的两种字体。如果没有特殊的要求，一般使用以下标准：标题设置为“黑体，二号，加粗”，如果有副标题，设置为“黑体，四号”；正文部分的一级标题设置为“黑体，四号，加粗”，二级标题设置为“黑体，小四”，三级标题设置为“楷体，小四，加粗”，正文设置为“楷体，小四”。

设置字体格式：选中要设置的文字，在【开始】选项卡中，单击【字体】组右下角的【对话框启动器】按钮，然后在弹出的【字体】对话框中设置字体、字形、字号、字体颜色等，如图1-10所示。

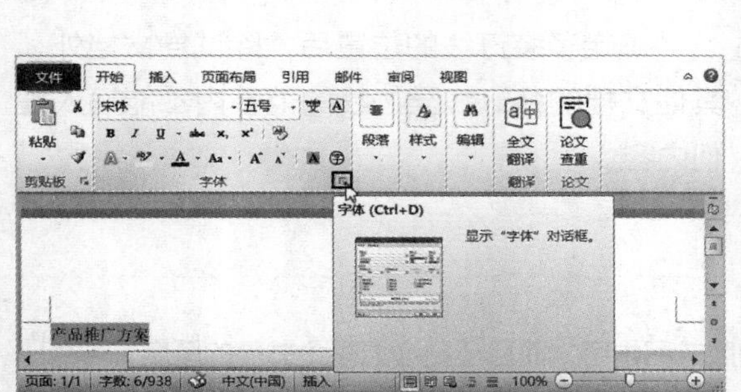
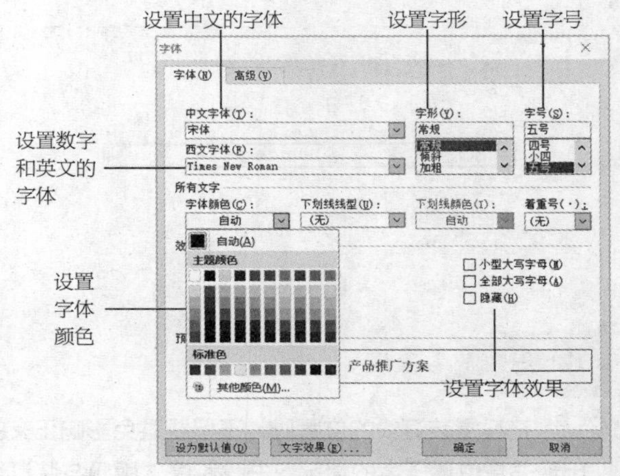

▲ 图 1-10

下面我们通过课堂练习来看一下，如何设置字体格式。

课堂练习 在“产品推广方案”中设置字体格式

素材：第1章\产品推广方案-原始文件　　重点指数：★★★★

1-1 设置字体格式

01 打开本实例的原始文件，将标题“产品推广方案”设置为“黑体，二号，加粗”，按住【Ctrl】键，选中所有的一级标题，将其设置为“黑体，四号，加粗”，然后将二级标题设置为“黑体，小四，加粗”，将三级标题设置为“楷体，小四，加粗”，将正文设置为“楷体，小四”。

02 将标题的字符间距设置为“加宽，2磅”。字体格式设置前后对比效果如图1-11所示。

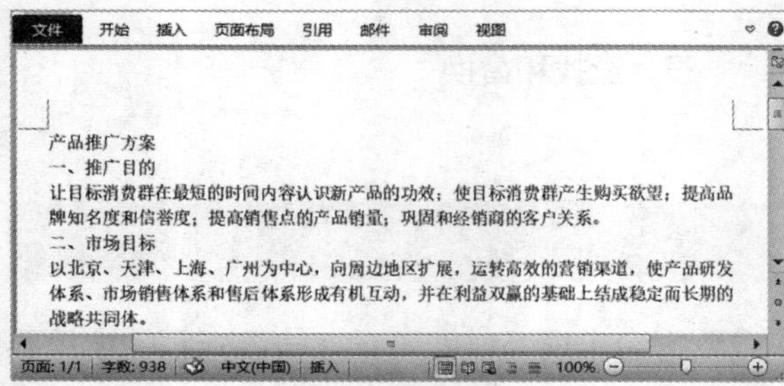
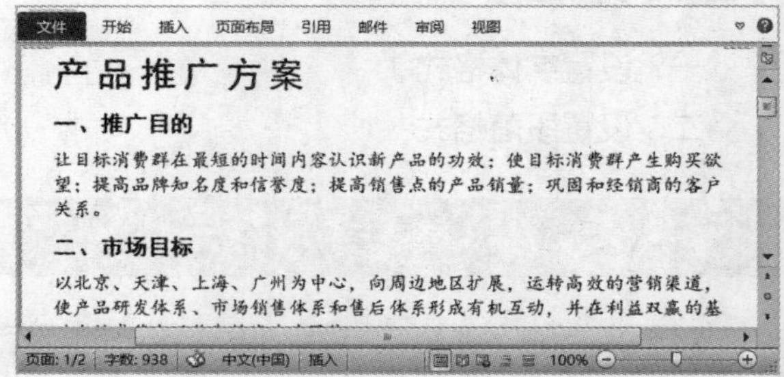

▲ 图 1-11

1.5.2 设置段落格式

段落格式包括常规、缩进、间距等内容。

设置段落格式：选中要设置的文字，在【开始】选项卡中，单击【段落】组右下角的【对话框启动器】按钮，然后在弹出的【段落】对话框中进行对齐方式、缩进以及间距的设置。

设置项目符号和编号：选中要设置的文字，在【段落】组中单击【编号】按钮，在弹出的下拉列表中选择合适的编号；或者，单击【项目符号】按钮，在弹出的下拉列表中选择合适的项目符号，如图1-12所示。

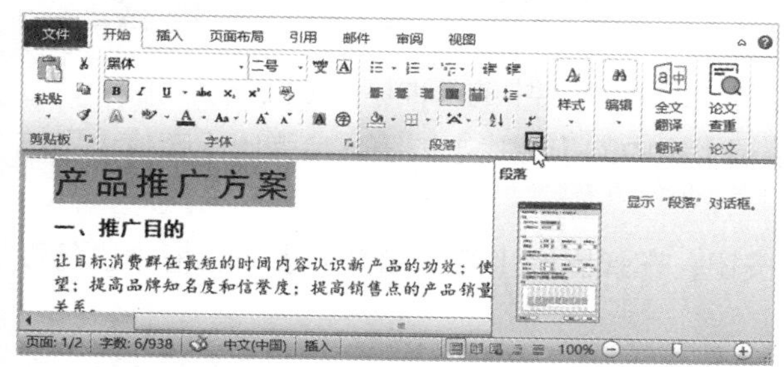

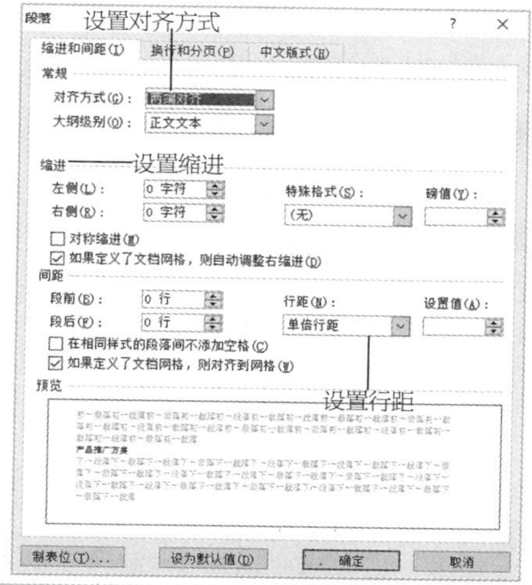

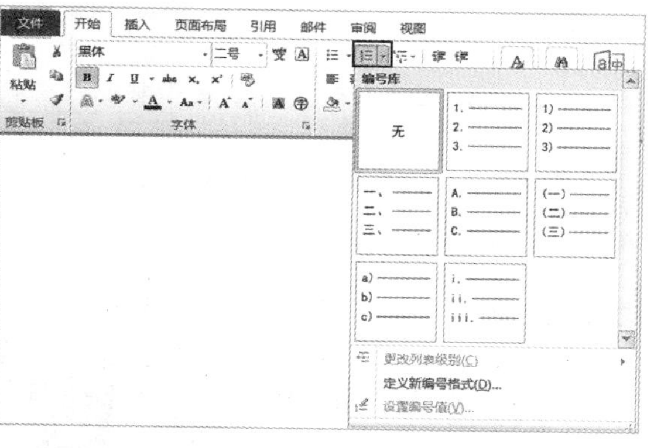

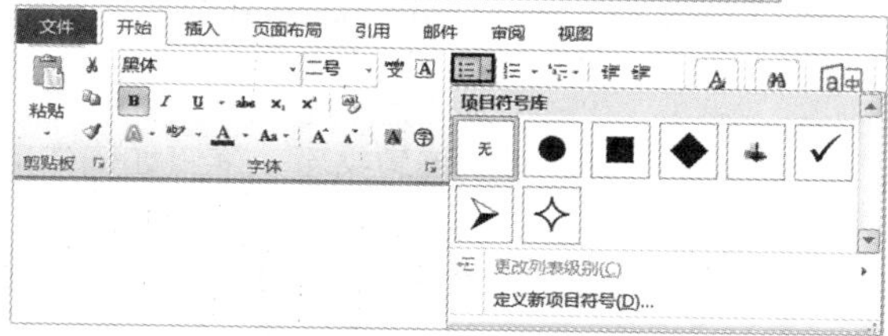

▲ 图 1-12

下面我们通过课堂练习来看一下，如何设置段落格式。

课堂练习 在“产品推广方案”中设置段落格式

素材：第1章\产品推广方案01—原始文件　　重点指数：★★★★

1-2 设置段落格式

01 打开本实例的原始文件，将标题“产品推广方案”设置为“居中对齐”，所有正文设置为“首行缩进，2字符”，行距设置为“1.5倍行距”。

02 为“1.平台推广”下方的内容插入合适的编号，然后按照相同的方法设置其他的编号。段落格式设置前后对比效果如图1-13所示。

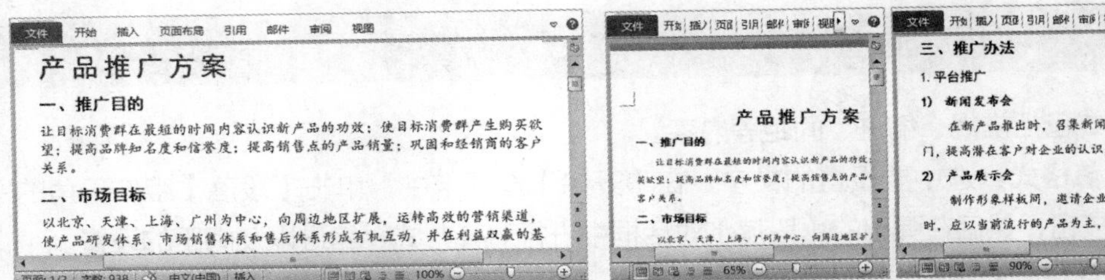

▲图 1-13

1.5.3 查找和替换

查找和替换不仅能用于替换文字，还能用于查找和替换文档中的各种标记或空格。

查找功能：在【开始】选项卡中，单击【编辑】组中的【查找】按钮，会弹出【查找】导航窗格，在文本框中输入要查找的文字。

替换功能：在【编辑】组中单击【替换】按钮，在弹出的【查找和替换】对话框中进行设置，如图1-14所示。

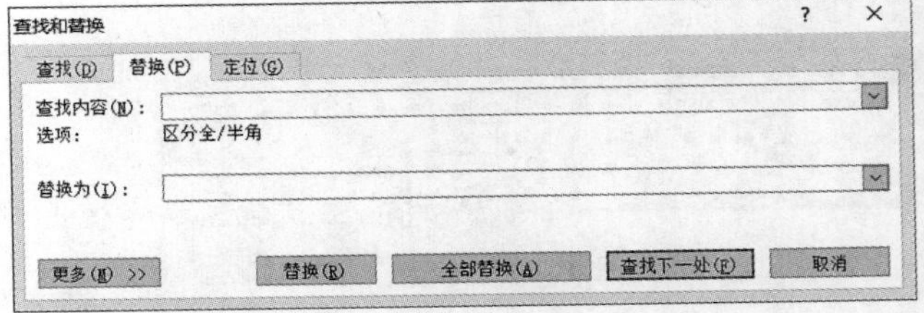

▲图 1-14

下面我们通过课堂练习来看一下，如何使用查找和替换功能。

课堂练习 查找“年会庆典策划案”中的“活动”二字，并删除文档中的空格

素材：第1章\年会庆典策划案—原始文件　　重点指数：★★★★

1-3 查找和替换

01 打开本实例的原始文件，发现文中有多处空格，影响阅读，可以使用【查找和替换】功能，将其批量删除。

02 查找文档中的“活动”二字，并统计其出现的次数，如图1-15所示。

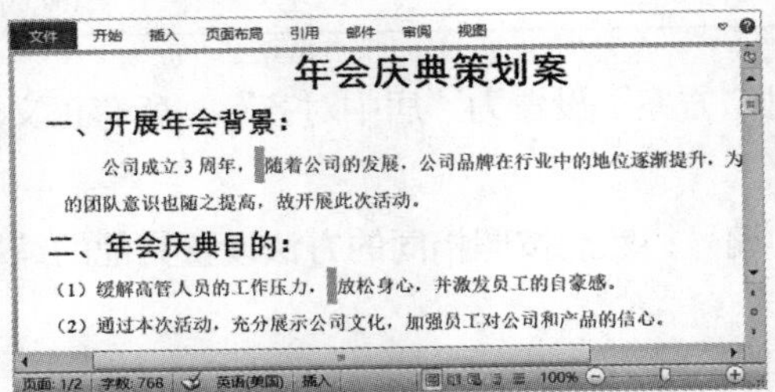

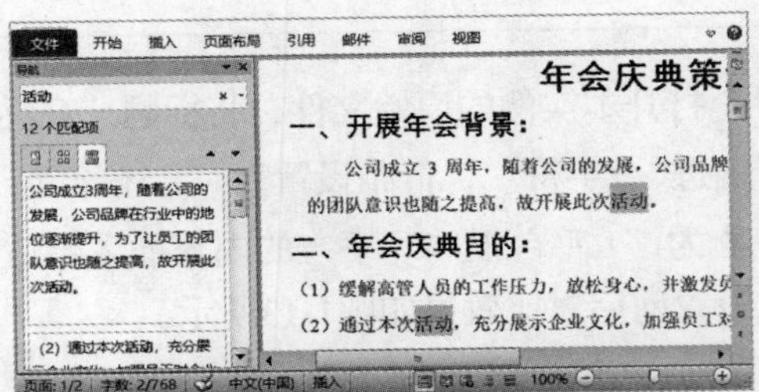

▲图 1-15

1.6 综合实训：设置电商企业规章制度的格式

实训目标：设置文档的字体格式和段落格式，并将文档中的“公司”替换为“企业”。

1-4 综合实训

操作步骤：

01 打开本实例的原始文件，将一级标题设置为“黑体，四号，加粗”，二级标题设置为“黑体，小四”，三级标题设置为“楷体，小四，加粗”，正文设置为“楷体，小四”。

02 将正文设置为“首行缩进，2字符”，行距设置为“1.15倍行距”，并插入合适的编号。

03 在“替换和查找”对话框中，在“查找内容”文本框中输入“公司”，在“替换为”文本框中输入“企业”，单击“全部替换”按钮。最终效果如图1-16所示。

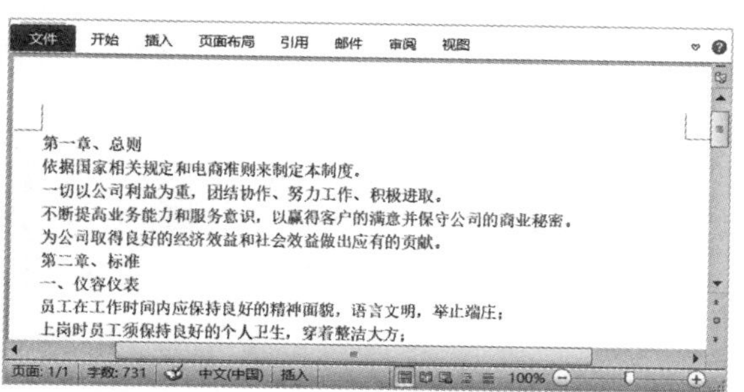

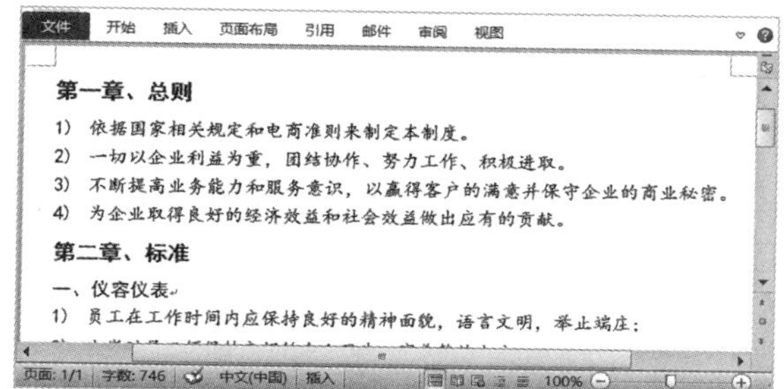

▲图 1-16

本章习题

一、单选题

1. 以下关于在Word中设置页边距的说法中，错误的是（　　）。

   A. 页边距的设置只影响当前页
   B. 用户既可以设置左、右边距，也可以设置上、下边距
   C. 用户可以使用【页面设置】对话框来设置页边距
   D. 用户可以使用标尺来调整页边距

2. 【页面设置】对话框中的选项卡不包括（　　）。

   A. 纸张　　B. 版式　　C. 对齐方式　　D. 页边距

3. 在【字体】对话框中，可以进行的设置不包括（　　）。

   A. 字形　　B. 字号　　C. 文字效果　　D. 首行缩进

二、判断题

1. Word文档的纸张大小，通常采用A4。（　　）

2. 装订书稿时，书稿越厚，版心与装订线之间的距离应越小。（ ）

3. 段落格式包括常规、缩进、间距等内容。（ ）

三、简答题

1. 页面设置包含哪几个部分的内容?

2. 常用文档的字体如果没有特殊的说明要求，一般使用的标准是什么?

3. 装订线的位置有哪几种?

四、操作题

1. 设置“项目计划书”的字体格式。

   素材：第1章\项目计划书—原始文件

2. 设置“项目计划书”的段落格式。

   素材：第1章\项目计划书01—原始文件

第2章

图文混排与表格应用

【学习目标】

√熟悉插入Word中的各种元素

√了解图片、形状和表格

√掌握插入图片、形状和表格的方法

√掌握设置图片、形状和表格的方法

【技能目标】

√学会使用图片美化文档

√学会使用形状点缀文档

√学会使用表格让文档更有条理

2.1 插入并设置图片

【内容概述】

我们之所以在文档中使用图片，首先是因为图片好看，其次是因为好的图片更有说服力。那什么样的图片才是好的图片？好的图片不仅要美观，要对读者有视觉冲击力，更重要的是它的寓意与文档主题和文字有强烈的关联性。

【重点与实施】

一、插入图片

二、设置图片

我们在制作文档的时候，通常需要在Word中插入图片，而插入图片后首先要做的是设置图片的环绕方式。图片的环绕方式包括以下几种：嵌入型、四周型环绕、紧密型环绕、穿越型环绕、上下型环绕、衬于文字下方和浮于文字上方等。

插入图片：在【插入】选项卡中，单击【插图】组中的【图片】按钮，然后在弹出的【插入图片】对话框中进行设置。

设置图片环绕方式：选中插入的图片，切换到【图片工具】下的【格式】选项卡，在【排列】组中，单击【自动换行】按钮，在弹出的下拉列表中选择合适的选项即可。

设置图片对齐方式：在【大小】组的高度和宽度微调框中调整数值，在【排列】组中单击【对齐】按钮，在弹出的下拉列表中选择合适的选项来调整图片的位置，如图2-1所示。

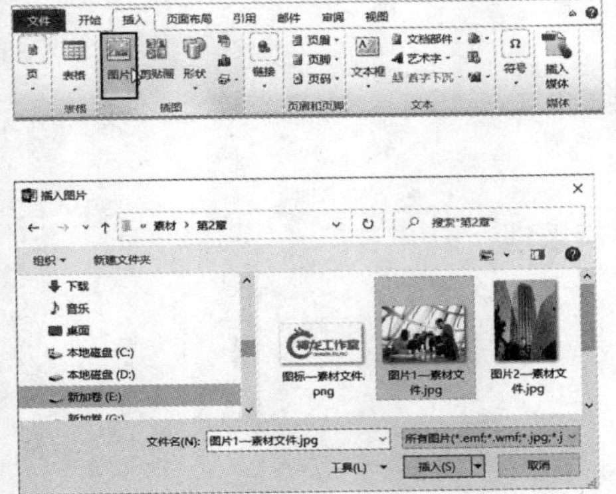

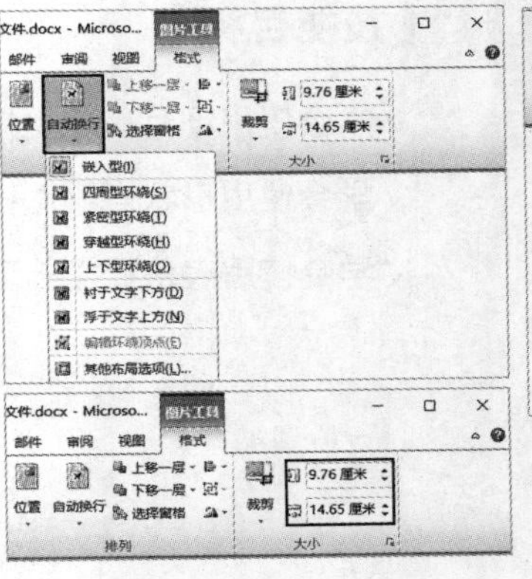

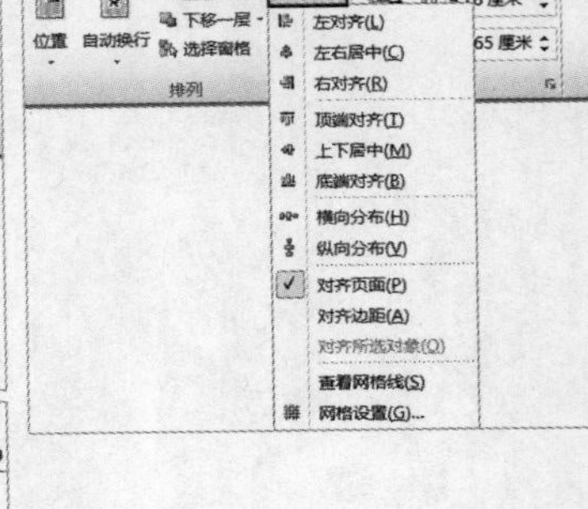

▲图 2-1

小贴士

单击【大小】组中的【裁剪】按钮，可以将图片裁剪成需要的形状。

下面我们通过课堂练习来看一下，如何插入并设置图片。

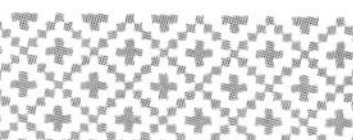

课堂练习 在“企业宣传手册”中插入并设置图片

素材：第2章\企业宣传手册—原始文件
图片1—素材文件

重点指数：★★★★

2-1 插入并设置图片

01 打开本实例的原始文件，首先将页边距都设置为“0”，插入“图片1-素材文件”，图片的环绕方式设置为“衬于文字下方”。

02 插入的图片要作为片头充满页面，因此需要将图片的宽度调整到与页面的宽度一致，选中图片，单击【对齐】按钮，在弹出的下拉列表中将图片相对于页面，“左对齐”和“顶端对齐”。插入并设置图片前后对比效果如图2-2所示。

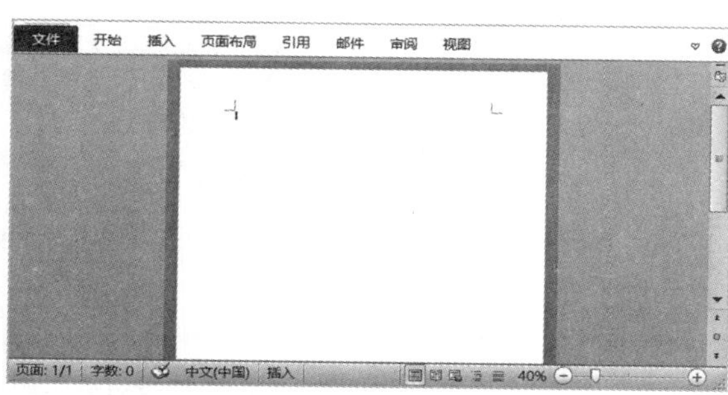

▲图 2-2

2.2 插入并设置形状

【内容概述】

形状在文档中起点缀和突出内容的作用，为表达关键信息服务。

【重点与实施】

一、插入形状

二、设置形状

三、添加文本

前面我们在文档中插入了图片，可以看到只有图片时，页面不够完整，这时我们还可以添加一些形状，并为其填充颜色，再以文字辅助说明，能更好地展现文档的内容。

插入形状：在【插入】选项卡中，单击【插图】组中的【形状】按钮，在弹出的下拉列表中选择合适的选项，当鼠标指针变为十字形状时，拖曳鼠标指针即可绘制一个形状。

设置形状：选中插入的形状，切换到【绘图工具】下的【格式】选项卡，在【形状样式】组中设置填充颜色，在【排列】组中设置旋转角度和形状的层级，在【大小】组中设置形状的大小。

添加文本：切换到【插入】选项卡，在【文本】组中，单击【文本框】按钮，在弹出的下拉列表中选择合适的选项，如图2-3所示。

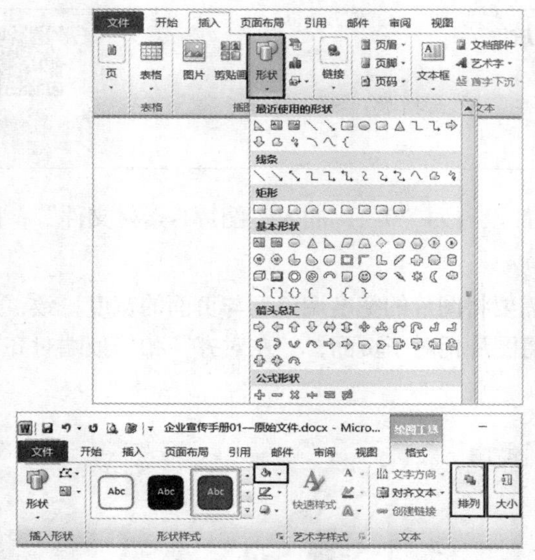

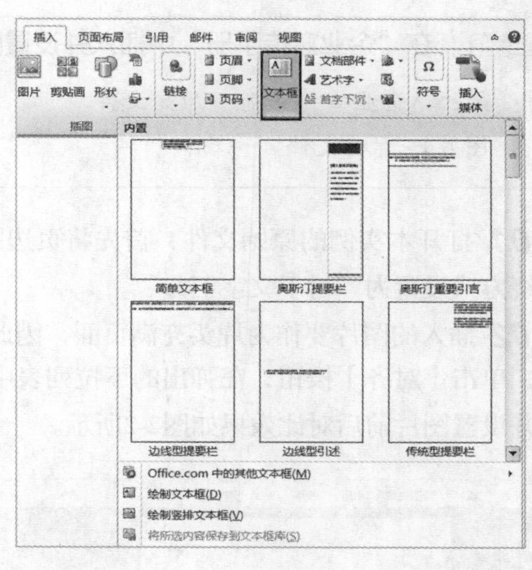

▲ 图 2-3

下面我们通过课堂练习来看一下，如何插入并设置形状。

课堂练习　在“企业宣传手册”中插入并设置形状

素材：第2章\企业宣传手册01—原始文件　　重点指数：★★★★

2-2 插入并设置形状

01 打开本实例的原始文件，先插入一个矩形，将其填充颜色设置为“茶色”，轮廓为“无轮廓”，然后调整矩形的大小并将其移动到合适的位置，最后通过【编辑顶点】选项来调整矩形的形状。

02 按照相同的方法再插入一个直角三角形，填充颜色为“白色，背景1”，轮廓为“无轮廓”，并适当进行旋转，调整三角形的大小并移动到合适的位置，将三角形的层级设置为【下移一层】。

03 设置好形状后，插入文本框并输入对应的文本，并设置其字体格式，中文部分设置为“微软雅黑，48，白色，背景1，加粗”；英文部分设置为“Calibri，8，白色，背景1，加粗”，最终在文本中间插入一条直线，轮廓颜色为“白色”，粗细为“3磅”，如图2-4所示。

▲ 图 2-4

2.3 插入并设置表格

【内容概述】

在Word文档中表格是一个很重要的工具，而不只用于计算数据，它会让文档中的信息更加有条理。

【重点与实施】

一、插入表格

二、设置表格

我们在制作文档时，有时会需要输入数据，如果直接输入，文档会显得杂乱无章。这时如果通过表格来展现，文档会更加有条理，更加便于阅读。

插入表格：在【插入】选项卡中，单击【表格】组中的【表格】按钮，在弹出的下拉列表中选择合适的选项即可。

设置表格：选中插入的表格，在【表格工具】下的【设计】和【布局】选项卡中，对表格进行相应的美化即可，如图2-5所示。

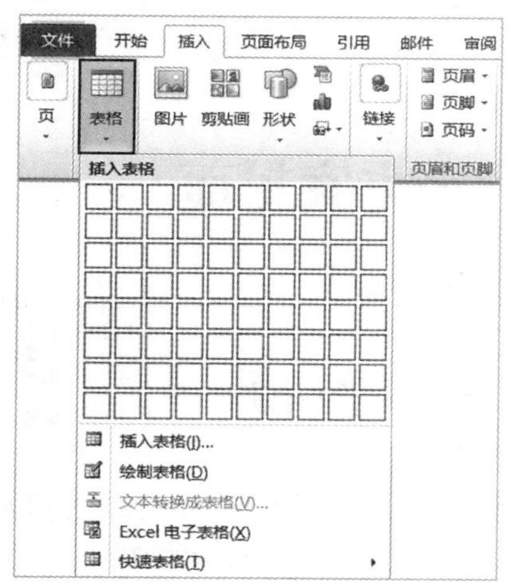

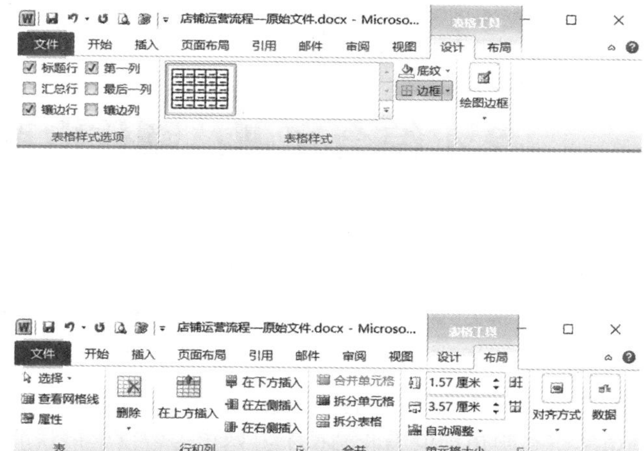

▲ 图 2-5

下面我们通过课堂练习来看一下，如何插入并设置表格。

课堂练习 在“店铺运营流程”中插入并设置表格

素材：第2章\店铺运营流程—原始文件　　重点指数：★★★★

2-3 插入并设置表格

01 打开本实例的原始文件，插入一个6列4行的表格，分别设置表格底纹：表格标题部分使用“橙色”，其余的部分使用“白色”。框线使用系统默认的线宽和线型。

02 在表格中输入内容并设置其字体格式：中文的字体设置为“微软雅黑”，英文和数字的

字体为“Arial”；标题的字体格式为“微软雅黑，14，白色，加粗”；其他部分的字体格式为“Arial，12，白色，背景1，深色50%”；再调整行高和列宽以及文字的对齐方式。插入并设置表格前后对比效果如图2-6所示。

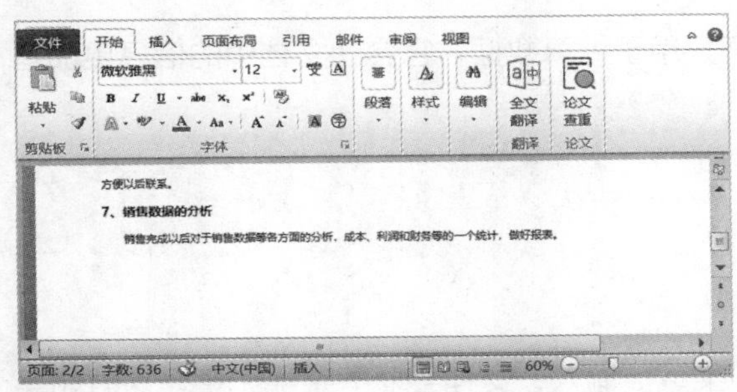

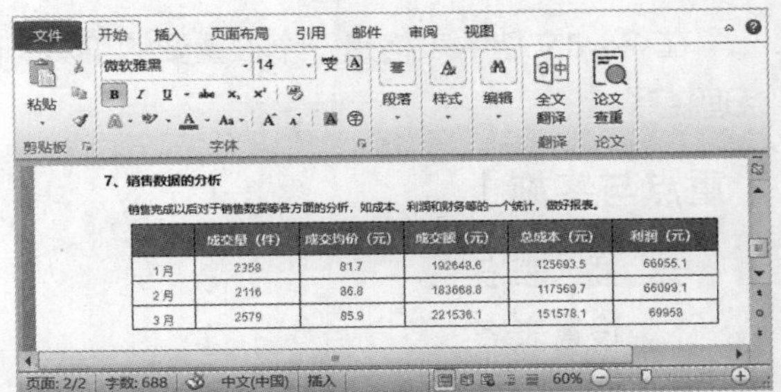

▲图2-6

素养教学

郑守淇教授是我国第一代从事计算机科学与技术研究的专家，是我国计算机事业的开创者之一，研制了中国第一台智能计算机系统，参加了我国第一台电子计算机研制和计算机骨干人才培养工作，合作编写了我国第一部正式出版的《计算机原理》教科书，为我国计算机科学技术和教育事业做出了历史性贡献。

2.4 综合实训：制作电商营销方案封面

实训目标：为电商营销方案制作封面，并在封面上插入图片和形状。

2-4 综合实训

操作步骤：

01 打开本实例的原始文件，将“图片2-素材文件”插入文档中，设置图片的环绕方式为“衬于文字下方”，调整图片大小并将其移动到合适的位置。

02 插入一个白色的直角三角形和4个圆角矩形，圆角矩形的颜色分别为灰色、水绿色和无填充颜色（两个圆角矩形为此颜色），然后设置这些形状的大小和位置，再插入对应的文本。最终效果如图2-7所示。

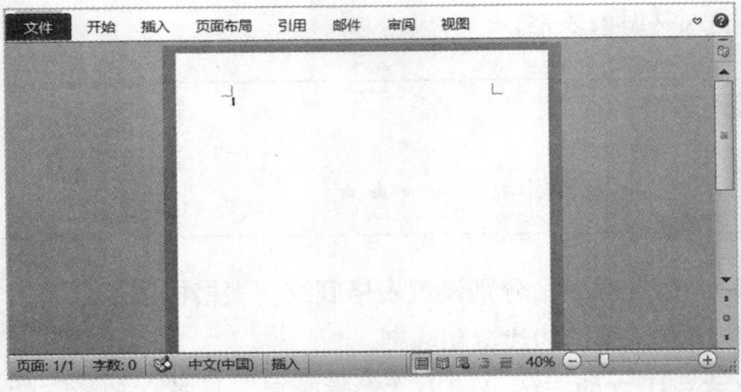

▲图2-7

本章习题

一、单选题

1. 如果在Word的文字中插入图片，那么图片只能在文字的（　　）。

A. 左边　　B. 中间　　C. 下边　　D. 以上三种都可以

2. 在形状编辑中，单击绘图工具中的直线选项，此时鼠标指针在编辑区变为（　　）形状。

A. ↖　　B. /　　C. ↓　　D. +

3. 下列关于在Word中插入表格的说法中，正确的是（　　）。

A. 表格的行高和列宽都可以调整

B. 表格中的文字不能调整格式

C. 不能设置表格中的颜色

D. 表格的线型不可调整

二、判断题

1. 插入图片首先要做的是将鼠标指针定位在需要插入图片的位置。（　　）

2. 在Word中，只能插入图片和形状，不能插入表格。（　　）

3. 文本框中的文字可以单独进行格式设置。（　　）

三、简答题

1. 图片的环绕方式有哪几种?

2. 形状在文档中起什么作用?

3. 怎样在Word中插入一个3行4列的表格?

四、操作题

1. 为“创业计划书”添加图片。

素材：第2章\创业计划书—原始文件

2. 为“创业计划书”添加形状。

素材：第2章\创业计划书01—原始文件

第3章

Word 高级排版

【学习目标】

√熟悉 Word 中的各种样式

√了解分页符和分节符

√掌握自动生成目录的方法

√掌握页眉和页脚、题注和脚注的使用方法

√掌握对审阅后的文档进行保护与打印的方法

【技能目标】

√学会使用样式设置文档格式

√学会将文档进行分页和分节

√学会为文档快速生成目录

√学会设置文档的页眉和页脚并加以美化

√学会文档的保护与打印

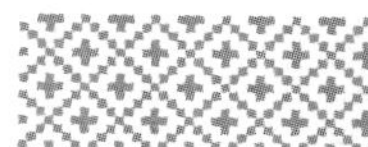

3.1 使用样式

【内容概述】

在编辑文档的过程中，正确设置和使用样式可以极大地提高工作效率。

【重点与实施】

一、套用系统内置样式
二、自定义样式
三、修改内置样式
四、刷新样式

3.1.1 套用系统内置样式

Word系统自带了一个样式库，用户既可以套用内置样式，也可以根据需要更改样式。

套用系统内置样式：在【开始】选项卡中，单击【样式】组中的【快速样式】按钮，在弹出的下拉列表中选择合适的样式，如图3-1所示。

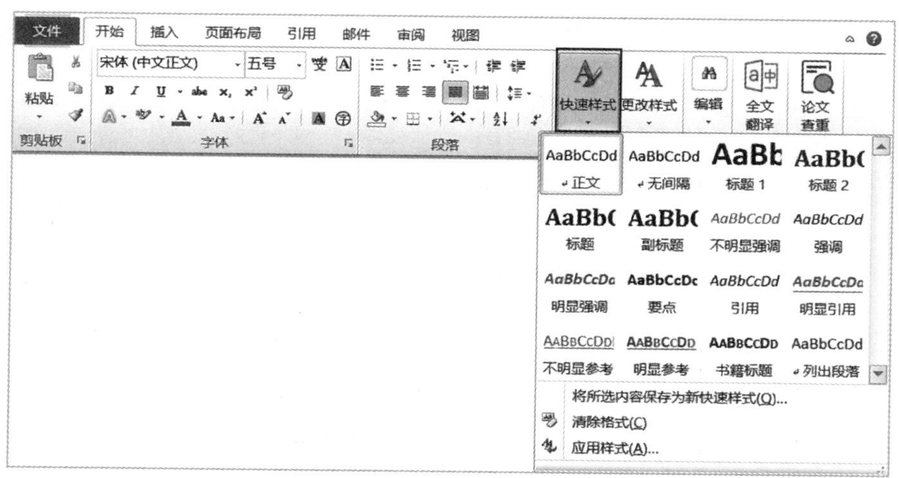

▲图 3-1

下面我们通过课堂练习来看一下，如何套用系统内置样式。

课堂练习　在“商业计划书”中使用样式

素材：第3章\商业计划书—原始文件　　重点指数：★★★★

3-1 套用系统内置样式

01 打开本实例的原始文件，选中要使用样式的一级标题文本（第一部分　公司基本情况及发展规划），将其设置为【标题1】的样式。

02 将二级标题文本（一、公司基本情况）设置为【标题2】样式，将三级标题文本（1. 公司的成立与目标）设置为【标题3】样式，如图3-2所示。

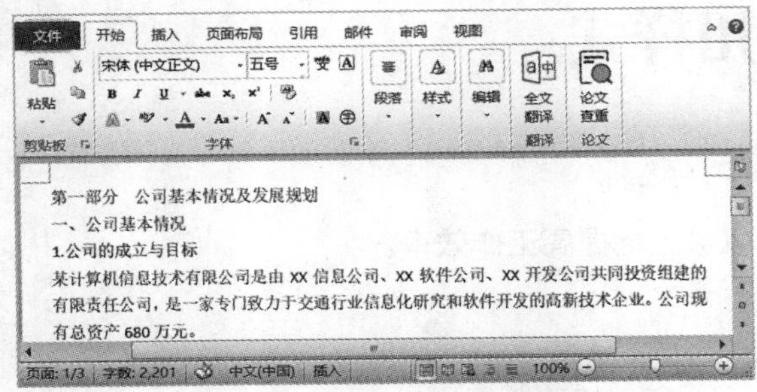
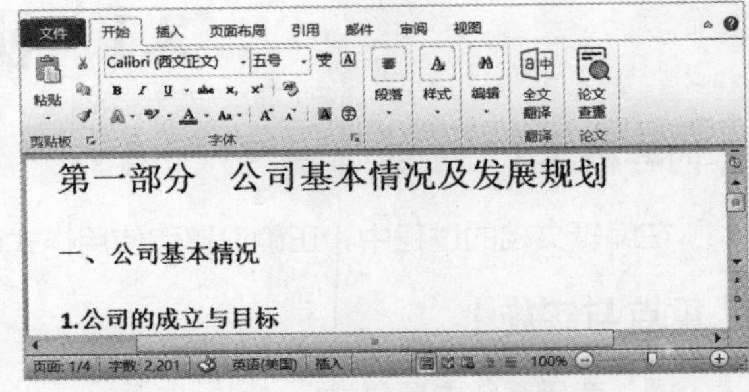

▲图 3-2

3.1.2 自定义样式

Word系统内置样式有时候会不符合排版的要求，如果强行套用，会使得整体效果不美观，这时用户可以使用自定义样式。

自定义样式：在【开始】选项卡中，单击【样式】组右下侧的【对话框启动器】按钮，在弹出的【样式】任务窗格中，单击【新建样式】按钮，在弹出的【根据格式设置创建新样式】对话框中进行自定义样式的设置，如图3-3所示。

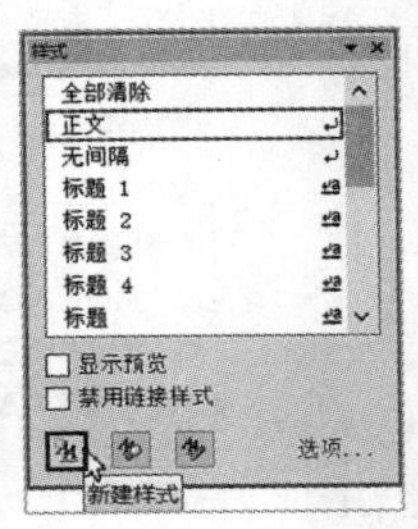
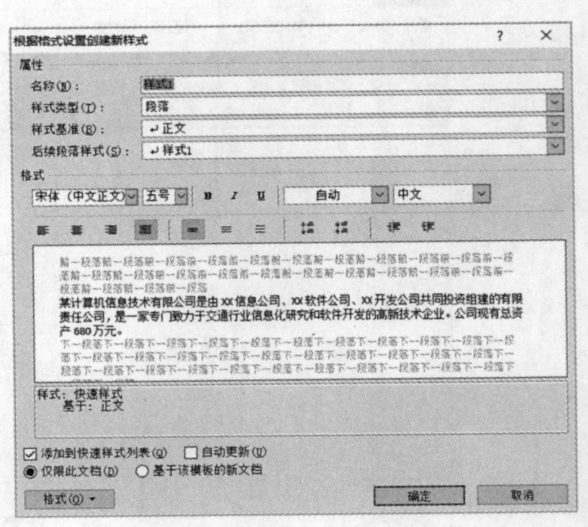

▲图 3-3

下面我们通过课堂练习来看一下，如何自定义样式。

课堂练习 在"商业计划书"中自定义样式

素材：第3章\商业计划书01—原始文件　　重点指数：★★★★

3-2 自定义样式

01 打开本实例的原始文件，选中要自定义样式的正文文本（某计算机信息技术有限公司……），为其新建【新正文】样式。

02 在新建的样式中，【首行缩进】设置为"2字符"，行距设置为"1.5倍"。自定义样式设置前后对比效果如图3-4所示。

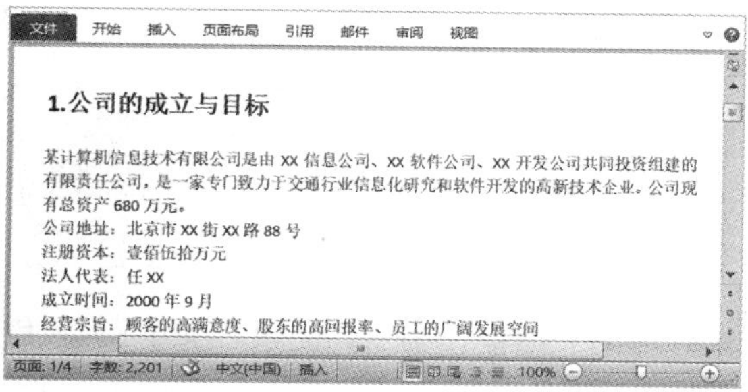

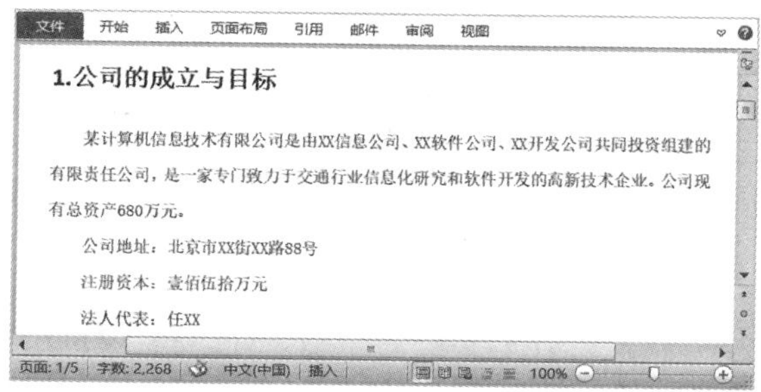

▲ 图 3-4

小贴士

原文档中有编号的文字意味着其已经应用了段落样式，而新建样式中对于段落格式重新进行了设置，所以该文字在应用了自定义样式后，需要重新添加一次编号。

3.1.3 修改内置样式

用户在使用Word编辑文档时，既可以套用系统内置样式，也可以使用自定义样式。这里推荐用户尽量通过修改内置样式来得到需要的样式，因为这样可以保持样式的清爽、简洁，而且许多自动化排版需要依赖内置样式来实现，如3.3节中所讲内容。

修改内置样式： 按照前面介绍的方法打开【样式】任务窗格，在窗格中选择一个样式，将鼠标指针放在样式上单击鼠标右键，在弹出的快捷菜单中选择【修改】选项，在弹出的【修改样式】对话框中进行相应的设置，如图3-5所示。

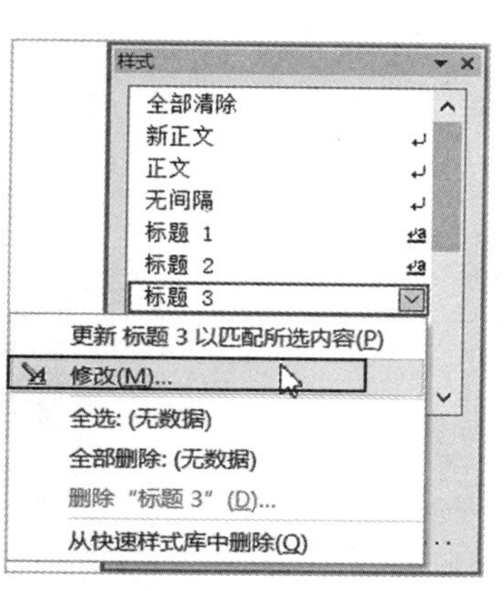

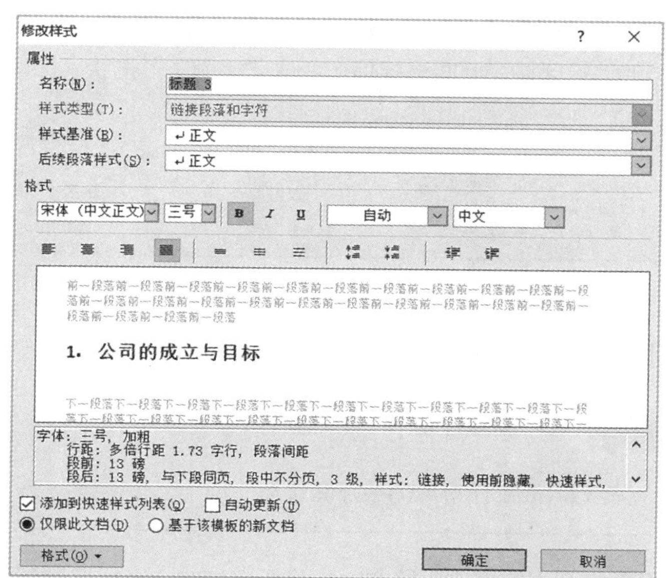

▲ 图 3-5

下面我们通过课堂练习来看一下，如何修改样式。

课堂练习 在“商业计划书”中修改样式

素材：第3章\商业计划书02—原始文件　　　　重点指数：★★★★

3-3 修改样式

01 打开本实例的原始文件，将【标题3】样式修改为“楷体，小三，黑色，文字1，淡色15%”。

02 将【标题3】样式的段前和段后的间距设置为“0”，行距设置为“1.5倍行距”。修改样式前后对比效果如图3-6所示。

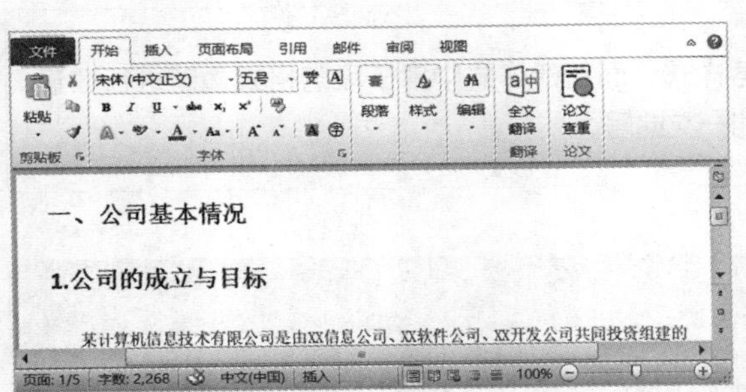
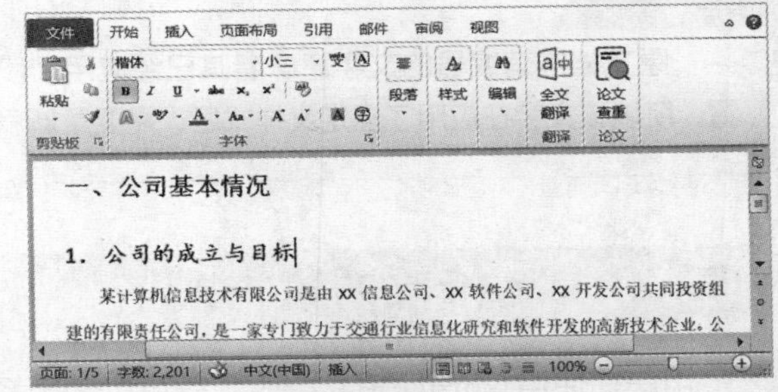

▲图 3-6

3.1.4 刷新样式

在为文本应用样式后，如果文档中增加了少量内容，可以一一为对应的文本应用样式，如果增加的内容很多，一一对文本进行设置，不但费时而且很烦琐，这时就可以刷新样式。

刷新样式：在【开始】选项卡中，单击【剪贴板】组中的【格式刷】按钮，将鼠标指针移动到文档的编辑区域，此时鼠标指针变成“小刷子”形状，即可对样式进行刷新，如图3-7所示。

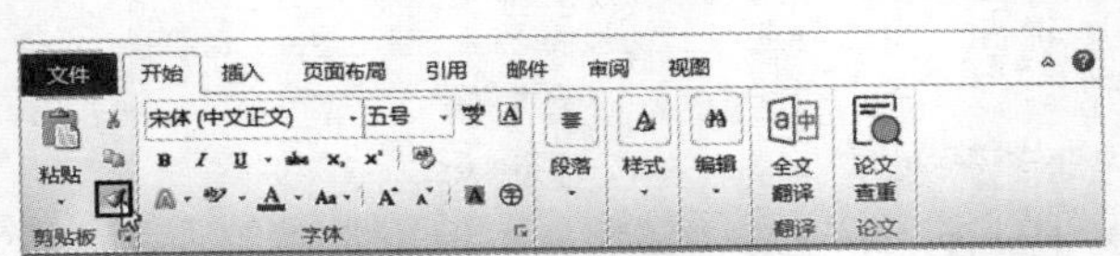
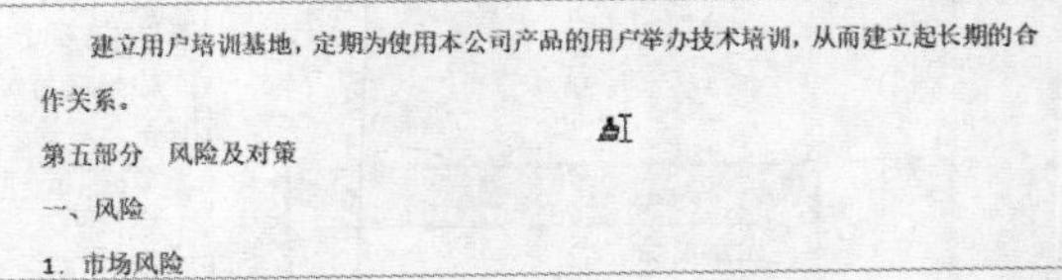

▲图 3-7

下面我们通过课堂练习来看一下，如何刷新样式。

课堂练习 在“商业计划书”中刷新样式

素材：第3章\商业计划书03—原始文件　　　　重点指数：★★★★

3-4 刷新样式

01 打开本实例的原始文件，将新增加的一级标题刷新为【标题1】样式，再依次将二级标题和三级标题分别刷新为【标题2】和【标题3】样式。

02 将正文部分刷新为【新正文】样式。刷新样式前后对比效果如图3-8所示。

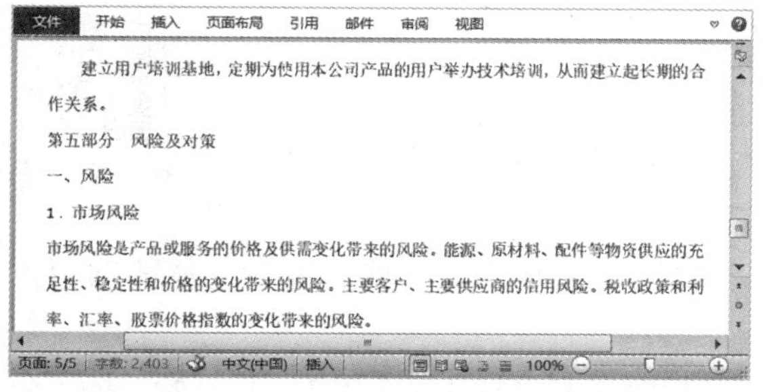

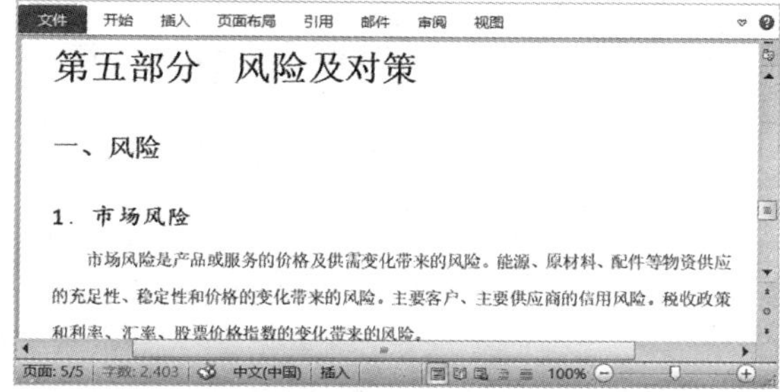

▲ 图 3-8

3.2 插入分隔符

【内容概述】

在Word中输入文本内容时，如果需要让章节的标题部分总是显示在新的一页的开始位置，可以插入分隔符。分隔符包含分页符和分节符两种。

【重点与实施】

一、插入分页符

二、插入分节符

3.2.1 插入分页符

当文本或图形等内容填满一页时，Word 会插入一个自动分页符并开始新的一页。如果要在某个特定位置强制分页，可“手动”插入分页符，这样可以保证章节标题总是从新的一页开始，分页符只是将前后的内容隔开到不同的页面。

插入分页符：在【页面布局】选项卡中，单击【页面设置】组中的【分隔符】按钮，在弹出的下拉列表中选择合适的选项，如图3-9所示。

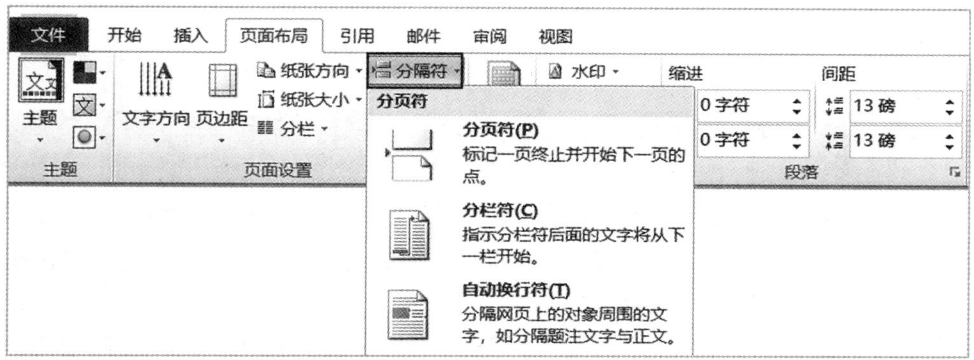

▲ 图 3-9

下面我们通过课堂练习来看一下，如何插入分页符。

课堂练习 在“项目计划书”中插入分页符

素材：第3章\项目计划书—原始文件　　重点指数：★★★★

3-5 插入分页符

01 打开本实例的原始文件，使用分页符让二级标题文本“二、项目目标”从新的一页开始。

02 按照相同的方法，依次让计划书中的其他二级标题文本的内容都从新的一页开始。插入分页符前后对比效果如图3-10所示。

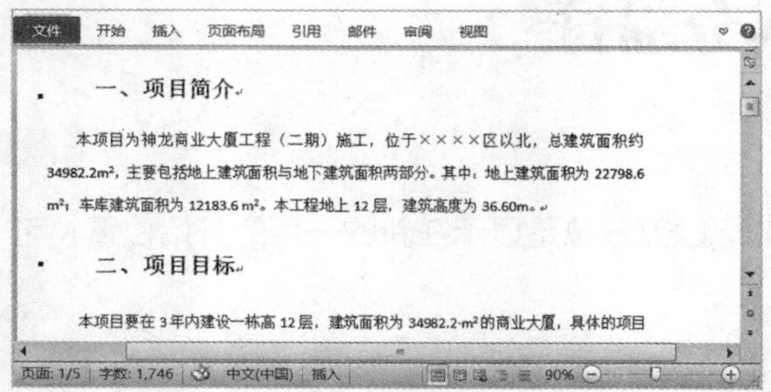

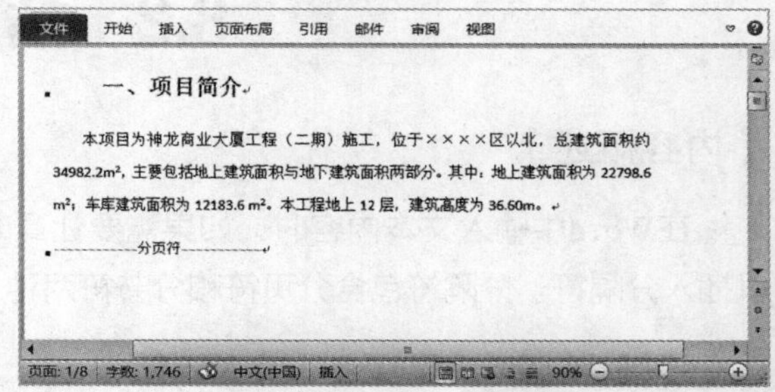

▲图 3-10

小贴士

插入分页符后，未在文档中显示，可以切换到【开始】选项卡，在【段落】组中单击【显示/隐藏编辑标记】按钮，可以将分页符显示出来，如图3-11所示。

▲图 3-11

3.2.2 插入分节符

分节符是指为表示节的结尾插入的标记，分节符起着分隔其前面文本格式的作用。如果删除了某个分节符，其前面的文字就会合并到后面的节中，并且采用后面的节的格式。分节符是一种符号，可将不同的内容及其格式分割到不同的节。

插入分节符：在【页面布局】选项卡中，单击【页面设置】组中的【分隔符】按钮，在弹出的下拉列表中选择合适的选项，如图3-12所示。

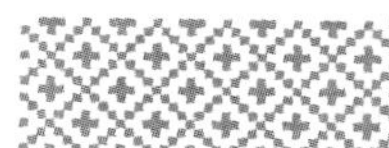

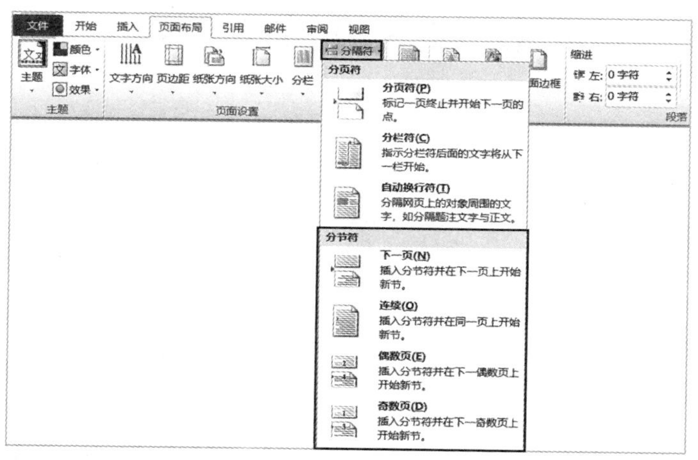

▲ 图 3-12

下面我们通过课堂练习来看一下，如何插入分节符。

课堂练习 **在“项目计划书”中插入分节符**

素材：第3章\项目计划书01—原始文件　　　　重点指数：★★★★

3-6 插入分节符

01 打开本实例的原始文件，使用分节符让“第二部分　施工前的准备工作”从新的一节开始，与第一部分的内容分节。

02 按照相同的方法，依次让第三部分、第四部分和第五部分的内容从新的一节开始。插入分节符前后对比效果如图3-13所示。

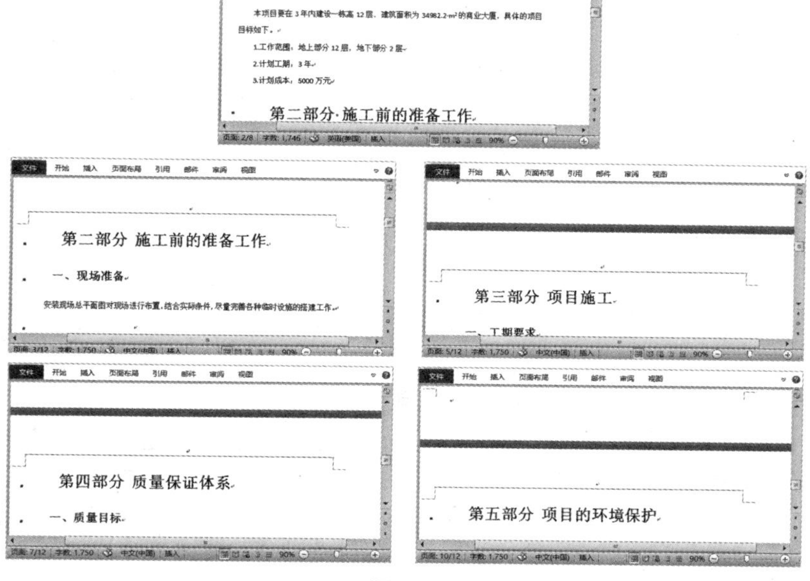

▲ 图 3-13

3.3 插入并编辑目录

【内容概述】

目录会帮助我们了解文档的主要内容，还会体现出框架结构以及主题思想，对阅读起到指引的作用。使用目录可以使文档的结构更加清晰，便于阅读者对整个文档进行定位。

【重点与实施】

一、插入目录

二、修改目录

三、更新目录

3.3.1 插入目录

要插入系统自动生成的目录，先要根据文本的标题样式设置大纲级别，而大纲级别可以在样式中设置。由此可见，要自动生成目录的前提是为标题应用样式，如为一级标题应用【标题 1】样式，为二级标题应用【标题 2】样式等。

插入目录：在【引用】选项卡中，单击【目录】组中的【目录】按钮，在弹出的下拉列表中选择合适的选项，如图3-14所示。

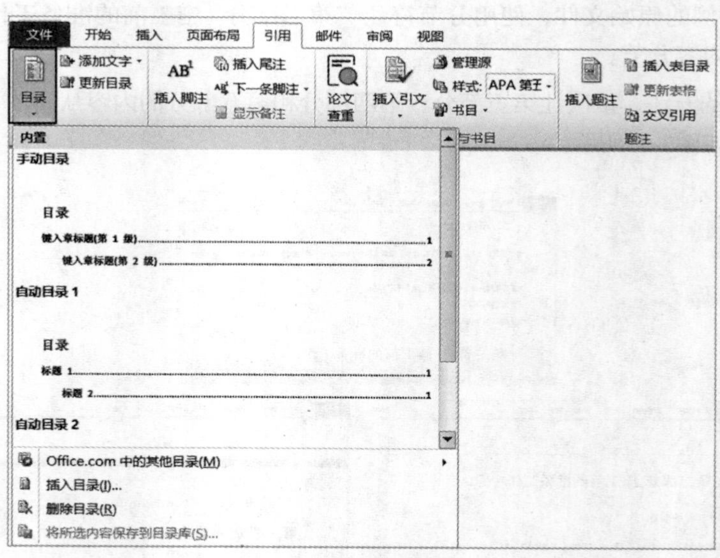

▲图 3-14

下面我们通过课堂练习来看一下，如何插入目录。

课堂练习 在“项目计划书”中插入目录

素材：第3章\项目计划书02—原始文件　　重点指数：★★★★

3-7 插入目录

01 打开本实例的原始文件，先确定各级标题已应用标题样式，再将鼠标指针定位在“第一部分 项目概况”前面，插入【自动目录1】。

02 插入目录后，调整目录的行距，如将行距调整为“1.5倍行距”。插入目录前后对比效果如图3-15所示。

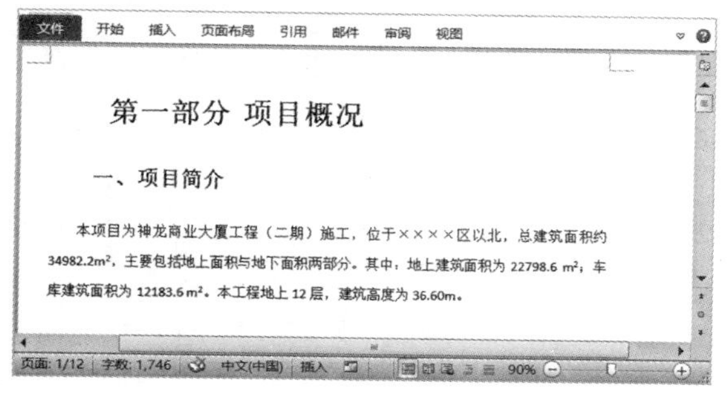

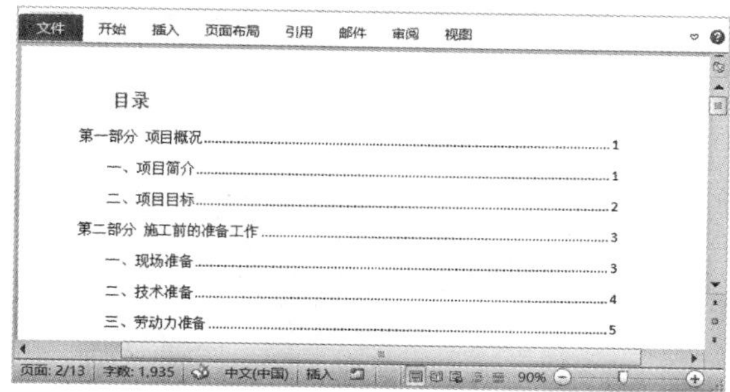

▲ 图 3-15

3.3.2 修改目录

生成目录后，我们在查看目录时可能会发现目录的层级不明显，各个标题之间没有太大的差别，整体页面不太美观，这时可以进一步设置和美化。

修改目录： 在【引用】选项卡中，单击【目录】组中的【目录】按钮，在弹出的下拉列表中选择【插入目录】选项。

设置目录： 在弹出的【目录】对话框中单击【修改】按钮，在弹出的【样式】对话框中选择【目录1】选项，单击【修改】按钮，弹出【修改样式】对话框，在该对话框中进行目录字体格式和段落格式的设置，如图3-16所示。

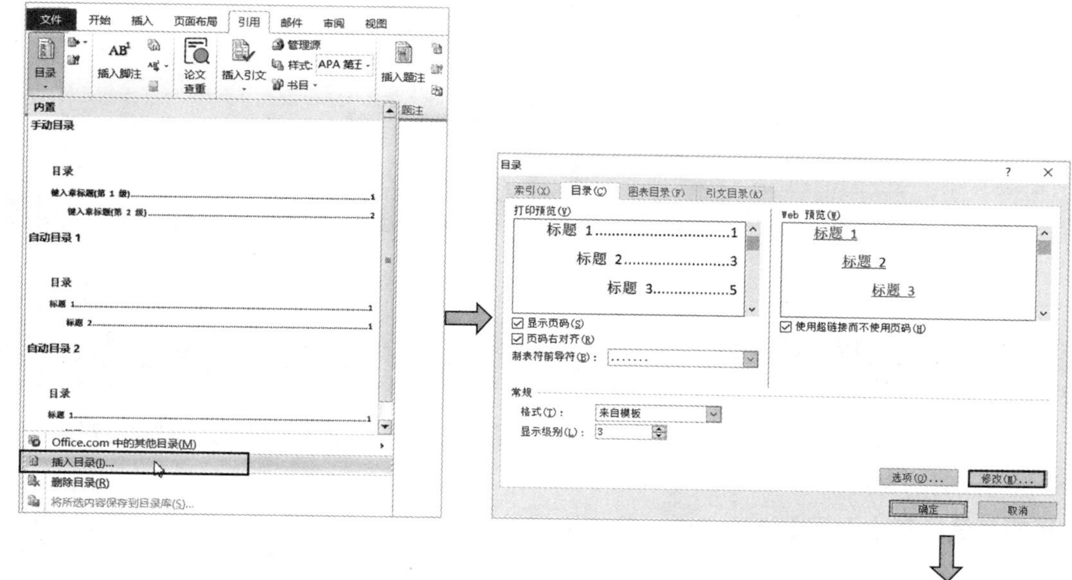

▲ 图 3-16

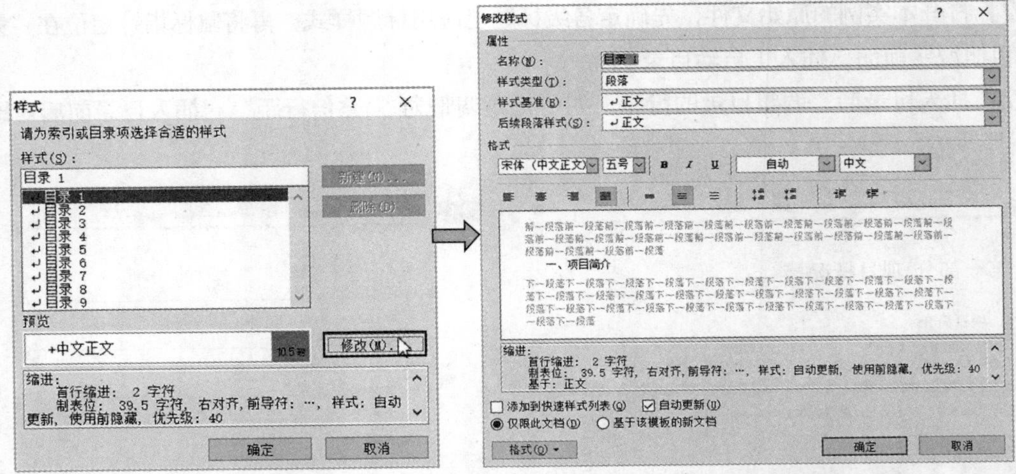

▲图 3-16（续）

下面我们通过课堂练习来看一下，如何修改目录。

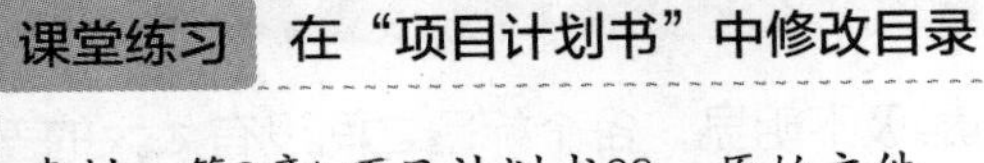
课堂练习　在“项目计划书”中修改目录

素材：第3章\项目计划书03—原始文件　　　重点指数：★★★★

01 打开本实例的原始文件，在系统自动生成的目录中，我们要修改“第一部分　项目概况”等一级标题，使其更醒目一些。

02 将其设置为“黑体，小四，加粗，紫色”修改目录前后对比效果如图3-17所示。

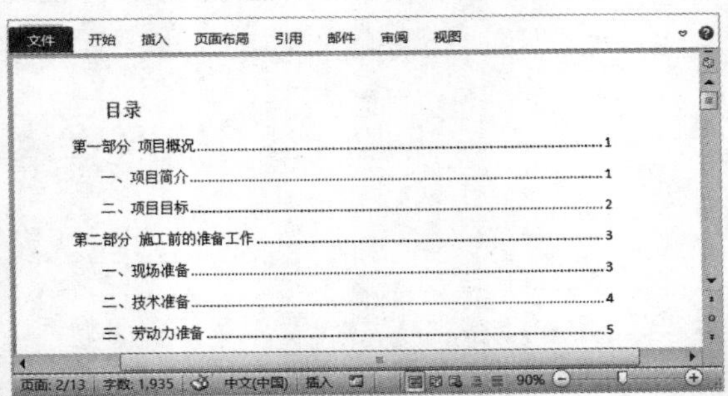

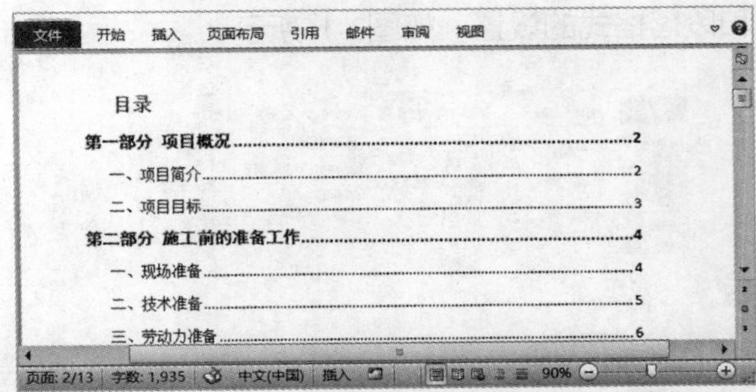

▲图 3-17

3.3.3 更新目录

在编辑或修改文档的过程中，如果文档内容、格式和页码等发生了变化，则需要对已经生成的目录进行及时的更新。

更新目录：在【引用】选项卡中，单击【目录】组中的【更新目录】按钮，弹出【更新目录】对话框，在该对话框中进行设置即可，如图3-18所示。

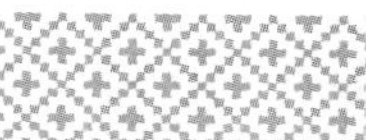

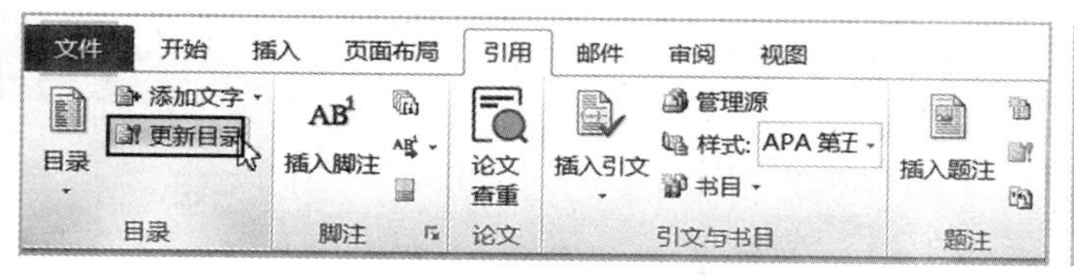

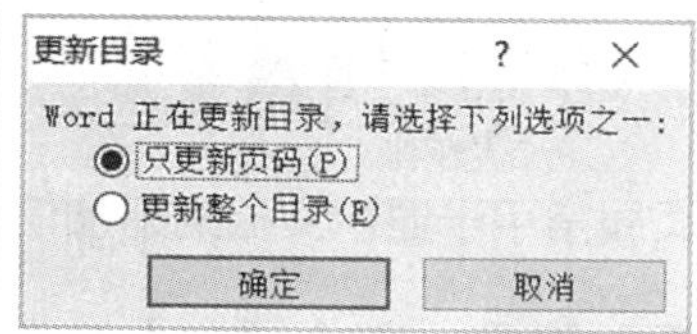

▲ 图 3-18

下面我们通过课堂练习来看一下，如何更新目录。

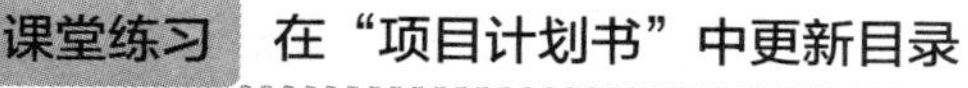

课堂练习 在“项目计划书”中更新目录

素材：第3章\项目计划书04—原始文件　　重点指数：★★★★

3-9 更新目录

01 打开本实例的原始文件，将文档中的“第一部分 项目概况”更改为“第一部分 项目简介和目标”。

02 文档内容更改后，在【更新目录】对话框中选择“更新整个目录”选项即可更新目录。更新目录前后对比效果如图3-19所示。

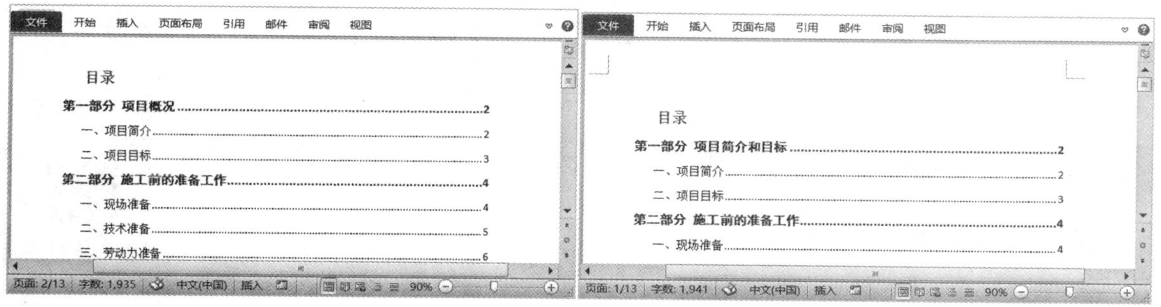

▲ 图 3-19

3.4 设置页眉和页脚

【内容概述】

页眉和页脚常用来放置日期和时间、单位名称、页码、徽标等信息。添加页眉和页脚不仅能使文档更美观，而且能增强文档的可读性。在制作文档的过程中，页眉和页脚的使用虽然总体较简单，但在个别情况下也非常难处理，而对于文档的整体效果而言，页眉和页脚又有着不可小觑的作用。

【重点与实施】

一、插入并设置页眉

二、插入并设置页脚

3.4.1 插入并设置页眉

页眉常用于显示文档的附加信息，页眉中既可以插入文本，也可以插入图片。

插入页眉： 在【插入】选项卡中，单击【页眉和页脚】组中的【页眉】按钮，在弹出的下拉列表中选择合适的选项，即可进入页眉编辑状态，同时激活【页眉和页脚工具】栏。

设置页眉： 在【页眉和页脚工具】栏的【设计】选项卡中进行相应的设置即可，如图3-20所示。

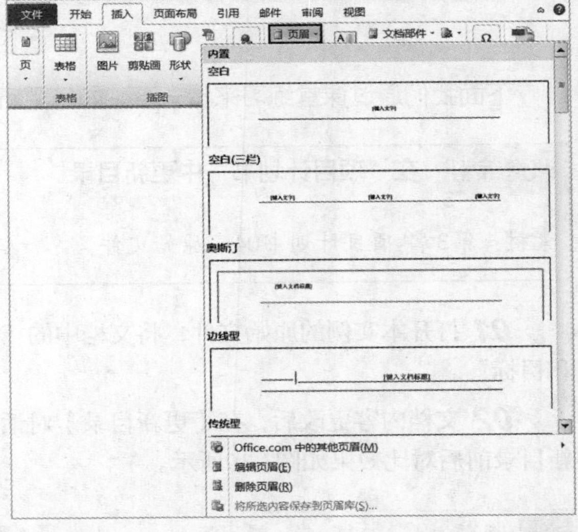

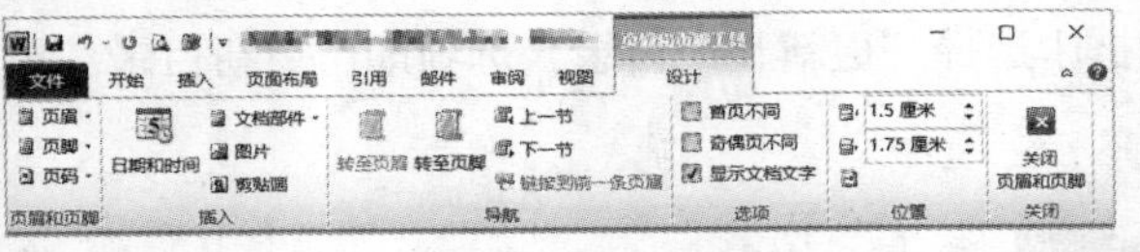

▲图 3-20

下面我们通过课堂练习来看一下，如何插入并设置页眉。

课堂练习 在"商品推广策划书"中插入并设置页眉

素材：第3章\商品推广策划书—原始文件　　重点指数：★★★★

3-10 插入并设置页眉

01 打开本实例的原始文件，首先激活【页眉和页脚工具】栏，然后将文档的页眉设置为【奇偶页不同】，将鼠标指针定位在奇数页的页眉上，并插入一张图片"图标-素材文件"，然后对图片进行相应的设置。

02 按照相同的方法，在偶数页的页眉上，也插入图片并进行设置。奇偶页插入并设置页眉前后对比效果如图3-21所示。

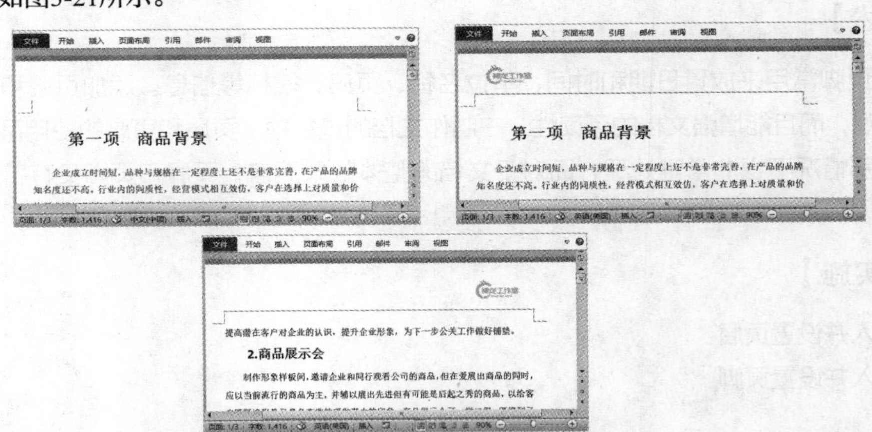

▲图 3-21

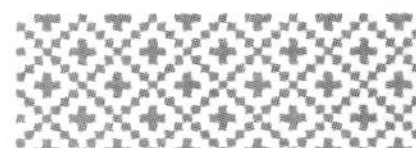

小贴士

在编辑页眉时，会出现一条横线，如果不想显示这条横线，可以切换到【开始】选项卡，在【段落】组中单击【边框】按钮，在弹出的下拉列表中选择【无框线】选项即可。

3.4.2 插入并设置页脚

页脚中可以插入文本或图片，常用于显示文档的附加信息，如页码、日期、公司徽标、文档标题、文件名或作者名等，这里我们以在页脚中插入页码为例进行介绍。

插入页脚： 在【插入】选项卡中，单击【页眉和页脚】组中的【页脚】按钮，在弹出的下拉列表中选择合适的选项，即可进入页脚编辑状态，同时激活【页眉和页脚工具】栏。

设置页脚： 在【页眉和页脚工具】栏的【设计】选项卡中，单击【页眉和页脚】组中的【页码】按钮，插入相应的页码，并进行设置即可，如图3-22所示。

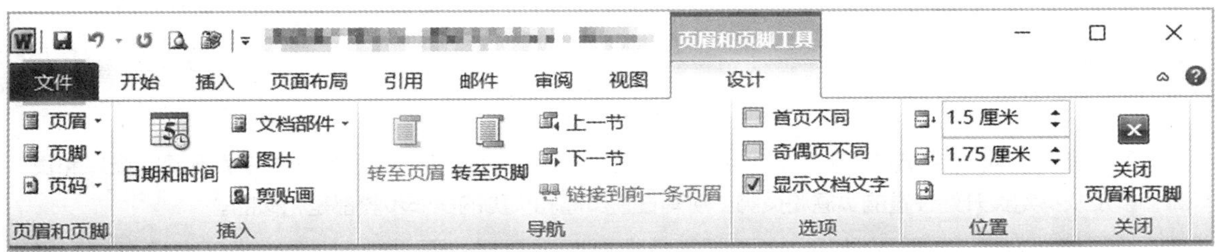

▲ 图 3-22

下面我们通过课堂练习来看一下，如何插入并设置页脚。

课堂练习 在“商品推广策划书”中插入并设置页脚

3-11 插入并设置页脚

素材：第3章\商品推广策划书01—原始文件　　重点指数：★★★★

01 打开本实例的原始文件，首先激活【页眉和页脚工具】栏，然后将鼠标指针定位在奇数页的页脚中，插入一个【普通数字1】的页码，在偶数页中插入【普通数字3】的页码。

02 插入页码后，将页码的字体设置为“Arial，五号”。奇偶页插入并设置页脚前后对比效果如图3-23所示。

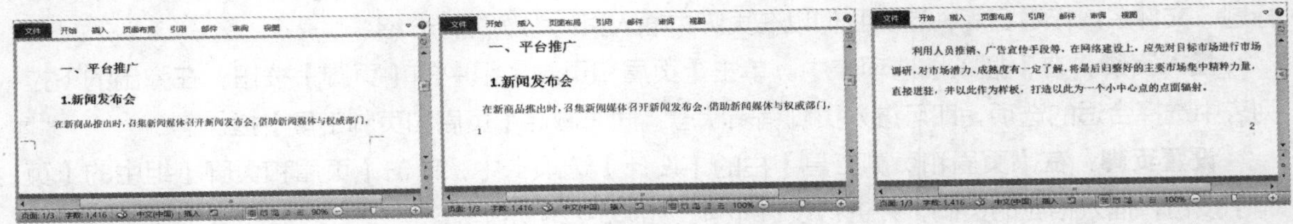

▲图 3-23

小贴士

我们前面介绍的是奇偶页不同的页眉和页脚的情况，除此之外，还可以设置首页不同的页眉和页脚，以及从指定页开始设置的页眉和页脚，所有设置页眉和页脚的操作步骤都是相似的。

3.5 插入题注和脚注

【内容概述】

在编辑文档的过程中，为了便于读者阅读和理解，我们经常在文档中插入题注和脚注，用于对文档的对象进行解释说明。

【重点与实施】

一、插入题注

二、插入脚注

题注是指出现在图片下方的一段简短描述，以说明关于该图片的一些重要的信息。

脚注附在页面的最底端，是对文框中某些内容加以说明。

插入题注：在【引用】选项卡中，单击【题注】组中的【插入题注】按钮，弹出【题注】对话框，在该对话框中进行相关的设置。

插入脚注：切换到【引用】选项卡，在【脚注】组中，单击【插入脚注】按钮，在文档的底部出现一个脚注分隔符，在分隔符下方输入脚注内容即可，如图3-24所示。

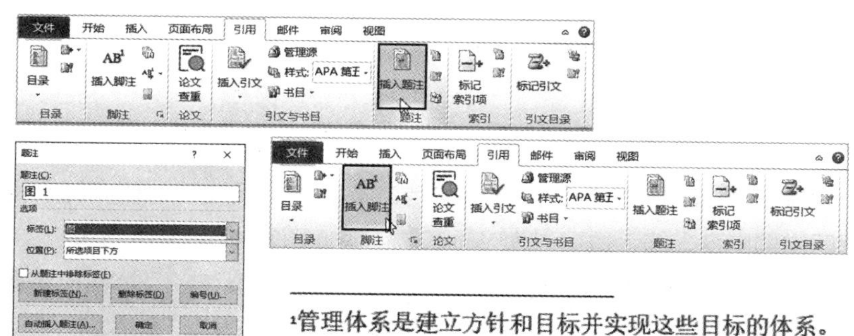

▲ 图 3-24

下面我们通过课堂练习来看一下，如何插入题注和脚注。

课堂练习 在“公司运营方案”中插入题注和脚注

素材：第3章\公司运营方案—原始文件　　重点指数：★★★★

3-12 插入题注和脚注

01 打开本实例的原始文件，选中要插入题注的内容，将其【标签】设置为“图”，此时会自动在文档中显示为“图1”。

02 选中文档中需要进行说明的文字，为其添加脚注，并根据需要修改脚注文字的字体格式。插入题注和脚注前后对比效果如图3-25所示。

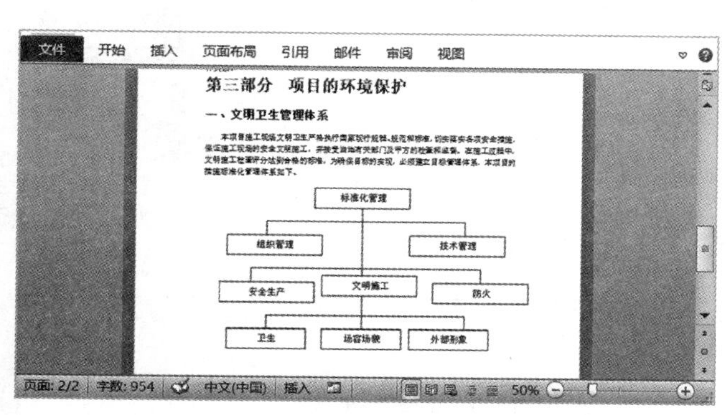

▲ 图 3-25

3.6　审阅文档

【内容概述】

在日常工作中，某些文件需要经过领导审阅或者大家讨论后才能够执行，这就需要在这些文件上进行一些批示或修改。Word提供了批注、修订和更改等审阅工具，大大提高了办公效率。

【重点与实施】

一、添加批注

二、修订文档

三、更改文档

批注是指阅读者在阅读时在文档空白处对文档进行的批示和注解。在编辑文档时，为了帮助阅读者更好地理解文档内容，编者也可以为Word文档添加批注。

修订是指编者对文档所做的修改和订正。在打开修订功能的状态下，Word将会自动跟踪对文档的所有更改，包括插入、删除和格式更改，并对更改的内容做出标记。

阅读者对文档的修订工作完成以后，编者可以跟踪修订内容，并选择接受或拒绝。

添加批注：在【审阅】选项卡中，单击【批注】组中的【新建批注】按钮即可为文档添加批注。

修订文档：在【审阅】选项卡中，单击【修订】组中的【修订】按钮的上半部分，文档随即进入修订状态，当所有的修订完成以后，用户可以通过单击【审阅窗格】按钮右侧的下三角按钮，从弹出的下拉列表中选择合适的选项，来通篇浏览所有的批注和修订。

更改文档：在【审阅】选项卡中，单击【更改】组中的【接受】按钮的下三角按钮，从弹出的下拉列表中选择合适的选项即可，如图3-26所示。

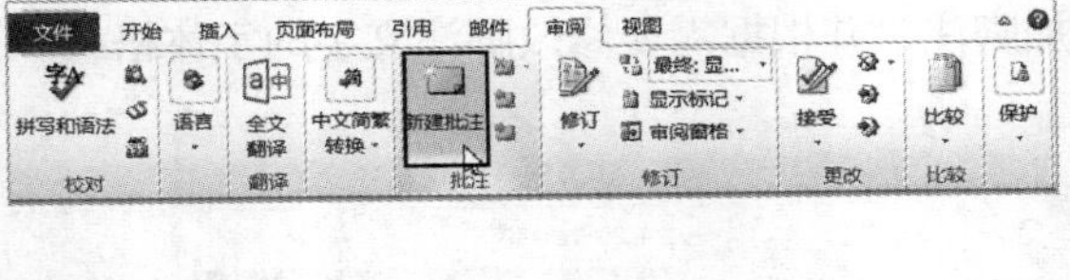

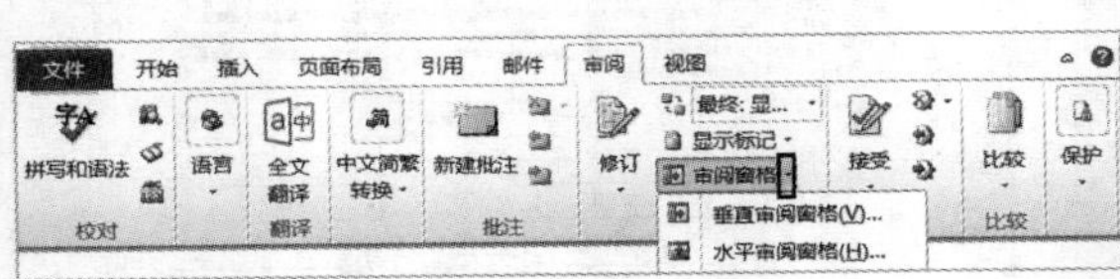

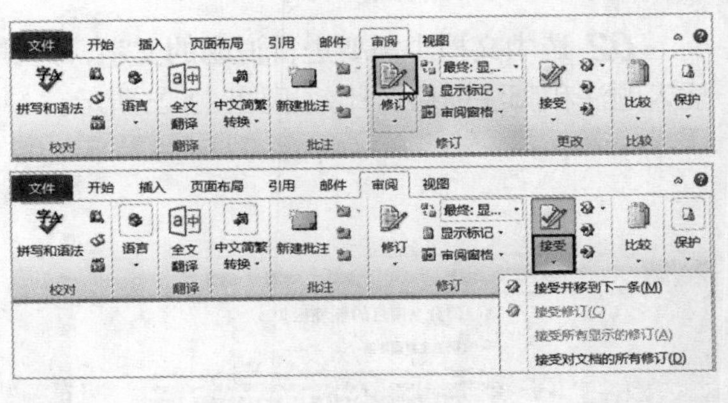

▲图3-26

下面我们通过课堂练习来看一下，如何对文档进行审阅。

课堂练习 在“公司运营方案”中对文档进行审阅

素材：第3章\公司运营方案01—原始文件　　重点指数：★★★★

3-13审阅文档

01 打开本实例的原始文件，选中文档中的“管理模式”，新建批注后，在批注框中输入对应的文字。

02 让文档进入修订状态，将文档的二级标题“发展战略”的字号调整为“小二”，随即在右侧弹出一个批注框，并显示格式修改的详细信息，然后依次对所有的二级标题进行修改。

03 将文档设置为【垂直审阅窗格】模式，在文档左侧的导航窗格中，查看文档中添加的批注和修订的内容。

04 对文档修订完毕后，可以根据需要接受或拒绝修订的内容，审阅完毕，再单击【修订】组中的【修订】按钮，退出修订状态。添加批注、修订文档前后对比效果如图3-27所示。

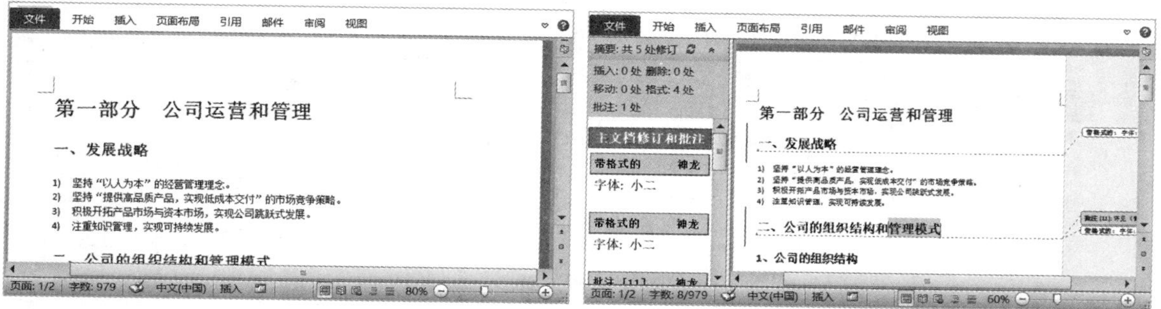

▲ 图 3-27

素养教学

古代“丝绸之路”纵横交错、四通八达，开创性地打通东西方大通道，首次构建起世界交通线路大网络，堪称世界道路交通史上的奇迹。“一带一路”倡议正是以打造开放、包容、普惠的区域经济合作架构为目的，一方面，让国内沿线的人民享受公平参与的机会，另一方面让沿线国家和地区共享包容发展的成果，最终使共建成果惠及更广泛的区域和更多的民众。

3.7 保护与打印

【内容概述】

制作文档时，为了防止无关人员随意打开或者对文档进行修改，需要对文档进行保护；文档编辑完成后，为了方便查看，可以将文档打印出来。

【重点与实施】

一、保护文档

二、打印与输出

3.7.1 保护文档

在日常办公中，为了保证文档的安全，需要对文档进行加密设置。

设置加密文档：单击【文件】按钮，在弹出的界面中选择【信息】选项，在弹出的【信息】界面中单击【保护文档】按钮，在弹出的下拉列表中选择【用密码进行加密】选项，在弹出的【加密文档】对话框中进行相关设置即可，如图3-28所示。

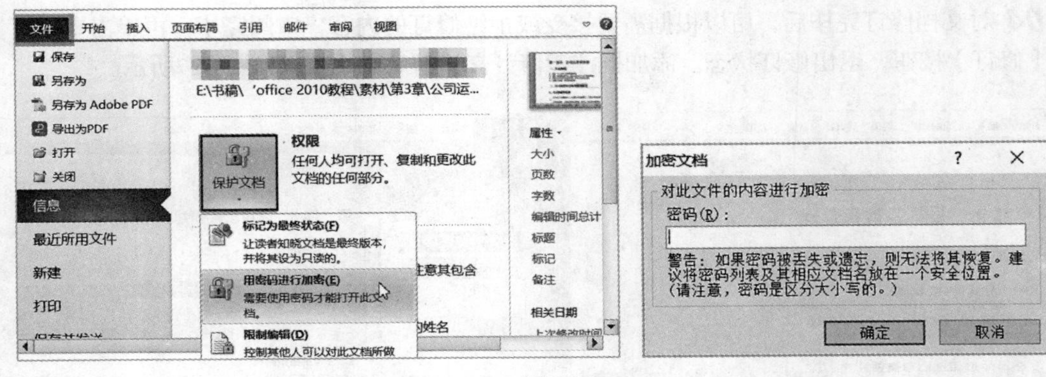

▲图 3-28

下面我们通过课堂练习来看一下，如何对文档进行保护。

课堂练习 在“公司运营方案”中对文档进行保护

素材：第3章\公司运营方案02—原始文件　　重点指数：★★★★

3-14 保护文档

01 打开本实例的原始文件，将“公司运营方案02—原始文件”文档的保护密码设置为“123456”。

02 将文档保存为最终效果文件后，再次打开保存为最终效果的文档时，会弹出【密码】对话框，输入密码才可以打开文档，如图3-29所示。

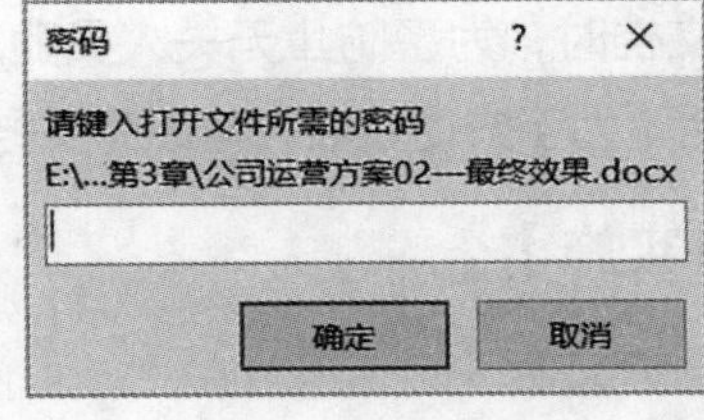

▲图 3-29

3.7.2 打印与输出

文档编辑完成后，用户可以进行简单的页面设置，然后进行预览，如果用户对预览效果比较满意，就可以实施打印。

打印预览：单击【文件】按钮，在弹出的界面中选择【打印】选项，在弹出的【打印】界面中可以根据打印需要进行设置。如果用户对预览效果比较满意，就可以单击【打印】按钮进行打印，如图3-30所示。

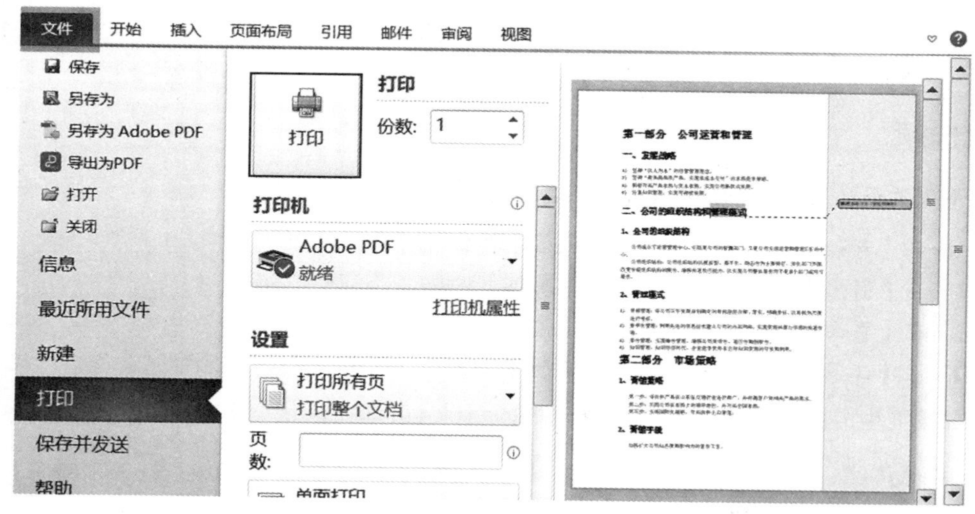

▲ 图 3-30

3.8 综合实训：制作电商商业策划书

实训目标：为文档套用样式，生成目录，对文档进行保护并打印。

操作步骤：

01 打开本实例的原始文件，为策划书中的内容设置样式，如为一级标题应用【标题1】样式，依次设置二级标题和三级标题的样式，并为正文进行自定义样式的设置：首行缩进2字符，行距为1.5倍，字号为小四。

02 为文档插入目录，若目录和内容混在一起，需要插入分节符来进行区分，若文档内容有更改，需要对插入的目录进行更新。

03 为文档插入页眉和页脚，在页眉中插入文字“SHENLONG”，其字体格式为“Arial，小三”，字体颜色为“蓝色，强调文字颜色1”；选择【页面底端】→【普通数字2】在页脚中插入一个页码。

04 文档的内容都设置完成后，对文档进行预览并打印，从而方便阅读。最终效果如图3-31所示。

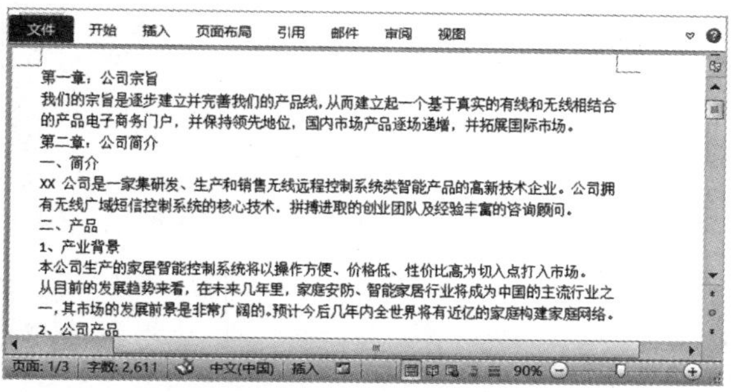

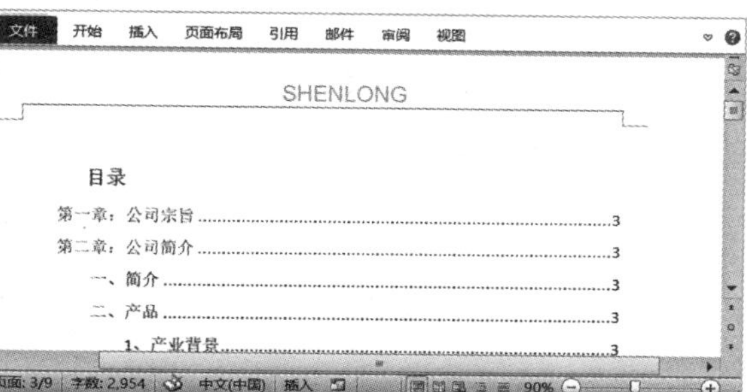

▲ 图 3-31

本章习题

一、单选题

1. 下列关于插入分页符的说法中，正确的是（　　）。

A. 在【开始】选项卡中，单击【段落】按钮
B. 在【引用】选项卡中，单击【制表位】按钮
C. 在【页面布局】选项卡中，单击【分隔符】按钮
D. 在【工具】选项卡中，单击【选项】按钮

2. 如果要生成自动目录，应该在文档中包含（　　）样式。

A. 题注　　B. 标题　　C. 页眉　　D. 分页符

3. 在Word中对文档进行打印前，需要单击（　　）按钮。

A. 文件　　B. 编辑　　C. 格式　　D. 工具

二、判断题

1. Word自带了一个样式库，用户可以套用内置样式设置文档格式。（　　）
2. 分页符是一种符号，是将不同的内容分割到不同的节。（　　）
3. 插入文档的目录是可以进行修改的。（　　）

三、简答题

1. Word中的分隔符包含哪几种?
2. 可以在页脚中插入哪些内容?
3. 简述批注的定义和作用。

四、操作题

1. 为“电商企业规章制度”设计应用样式。

素材：第3章\电商企业规章制度—原始文件

2. 为“电商企业规章制度”插入页眉和页脚。

素材：第3章\电商企业规章制度01—原始文件

第4章

工作表的基本操作

【学习目标】

√熟悉数据的各种类型

√了解工作表中的字体格式

√掌握设置表格的行高和列宽的方法

√掌握设置表格中对齐方式的方法

√掌握快速填充数据的方法

【技能目标】

√学会输入不同类型的数据来完善表格

√学会设置字体和对齐方式来美化表格

√学会调整行高和列宽让表格更美观

√学会快速填充数据让工作省时省力

4.1 编辑数据

【内容概述】

创建工作表后就要在工作表中输入各种数据。工作表中常用的数据类型包括文本型数据、货币型数据、会计专用型数据、日期/时间型数据等。

【重点与实施】

一、输入文本型数据

二、输入货币型数据

三、输入会计专用型数据

四、输入日期/时间型数据

4.1.1 输入文本型数据

文本型数据指字符或者数值和字符的组合。在输入数据时，很多产品编号、员工编号等都是以0开头的，如果正常输入，编号前面的0都会消失不见。因此，需要将单元格格式设置为【文本】。

输入文本型数据：选中需要输入文本型数据的区域，在【开始】选项卡中，单击【数字】组中的【数字格式】右侧的下三角按钮，在弹出的下拉列表中选择【文本】选项，如图4-1所示。

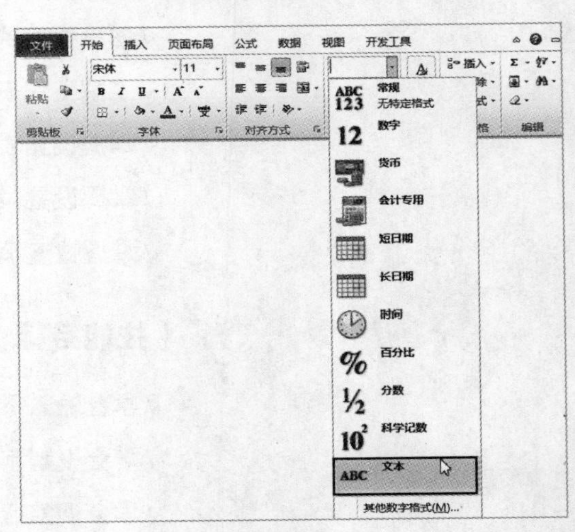

▲图 4-1

下面我们通过课堂练习来看一下，如何输入文本型数据。

课堂练习 在“产品采购表”中输入“采购编号”数据

素材：第4章\产品采购表—原始文件　　重点指数：★★★

4–1 输入文本型数据

01 打开本实例的原始文件，选中需要输入采购编号的单元格区域A2:A30，将其设置成【文本】格式。

02 在单元格A2中输入“001”，同时单元格左上角会出现一个绿色小三角，然后依次输入其他的采购编号。完成“采购编号”数据输入的前后对比效果如图4-2所示。

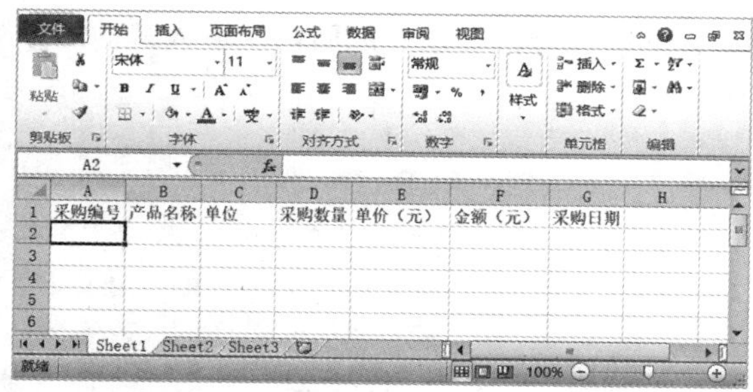
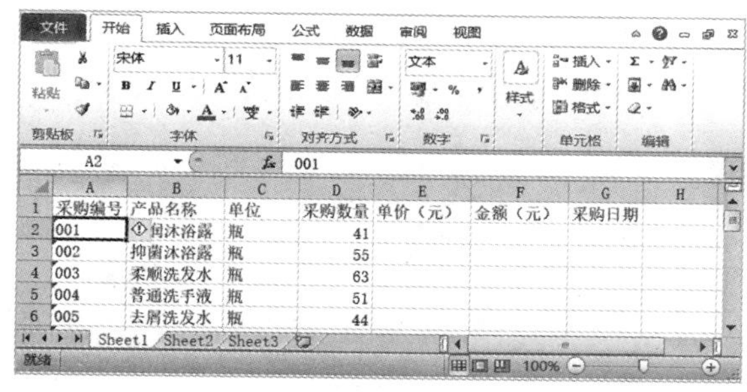

▲ 图 4-2

小贴士

Excel默认状态下的单元格格式为【常规】，此时输入的数据没有特定格式，如“产品名称”“单位”“采购数量”列中的数据。

4.1.2 输入货币型数据

货币型数据一般用于【货币】格式表示，即首先输入常规数据，然后设置单元格格式为【货币】。

输入货币型数据：选中需要输入货币型数据的区域，在【开始】选项卡中，单击【数字】组中的【数字格式】右侧的下三角按钮，在弹出的下拉列表中选择【货币】选项，如图4-3所示。

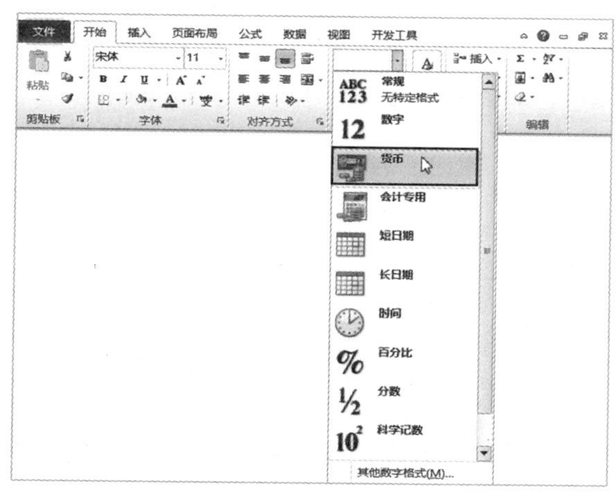

▲ 图 4-3

下面我们通过课堂练习来看一下，如何输入货币型数据。

课堂练习 在“产品采购表”中输入“单价（元）”数据

素材：第4章\产品采购表01—原始文件　　重点指数：★★★

4-2 输入货币型数据

01 打开本实例的原始文件，选中需要输入单价的单元格区域E2:E30，将其设置成【货币】格式。

02 在单元格E2中输入产品的单价，可以看到输入的结果符合要求，然后依次输入其他的单价，“单价（元）”数据输入前后对比效果如图4-4所示。

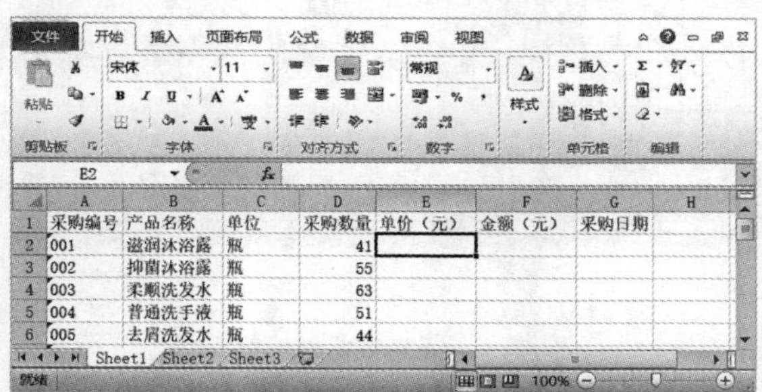

▲图 4-4

4.1.3 输入会计专用型数据

会计专用型数据与货币型数据基本相同，只是币种符号的位置不同，货币型数据的币种符号和数字连在一起靠右，而会计专用型数据的币种符号靠左，数字靠右。

输入会计专用型数据：选择需要输入会计专用型数据的区域，在【开始】选项卡中，单击【数字】组中的【数字格式】右侧的下三角按钮，在弹出的下拉列表中选择【会计专用】选项，如图4-5所示。

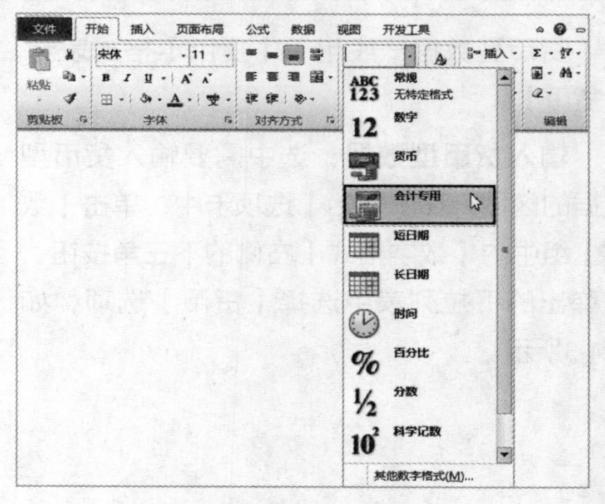

▲图 4-5

下面我们通过课堂练习来看一下，如何输入会计专用型数据。

课堂练习　在“产品采购表”中输入“金额”数据

素材：第4章\产品采购表02—原始文件　　重点指数：★★★

4-3 输入会计专用型数据

01 打开本实例的原始文件，选中需要输入金额的单元格区域F2:F30，将其设置成【会计专用】格式。

02 在单元格F2中输入产品的金额，可以看到输入的结果符合要求，然后依次输入其他的金额，“金额”数据输入前后对比效果如图4-6所示。

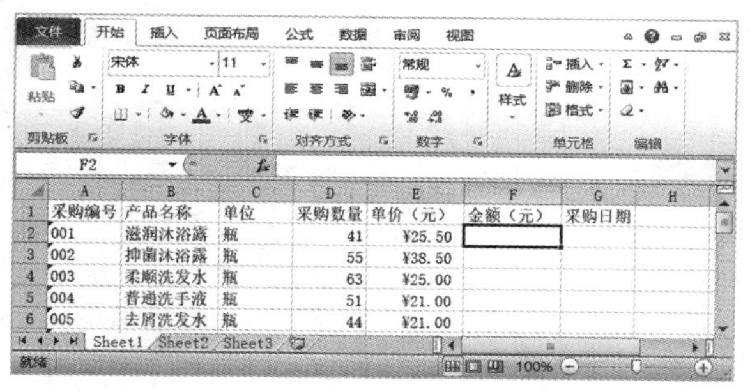

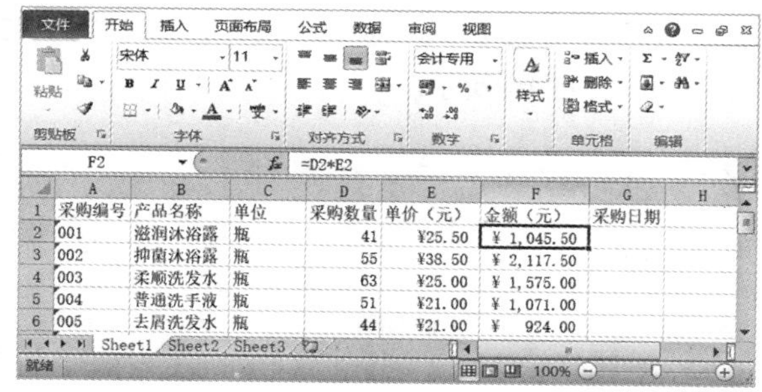

▲ 图 4-6

4.1.4 输入日期 / 时间型数据

日期型数据直接输入就可以了，但需注意以下几点：如果使用数字型日期，必须按照“年/月/日”或“年-月-日”的格式输入。年份可以只输入后两位，系统会自动添加前两位。月份不得超过12，日不得超过31，否则系统会将输入的数据默认为文本型数据。

自定义日期型数据：选中需要输入日期型数据的单元格，在【开始】选项卡中，单击【数字】组右侧的【对话框启动器】按钮，在弹出的【设置单元格格式】对话框中进行相关设置，如图4-7所示。

▲ 图 4-7

下面我们通过课堂练习来看一下，如何输入日期型数据。

课堂练习 在“产品采购表”中输入“采购日期”数据

素材：第4章\产品采购表03—原始文件　　重点指数：★★★

01 打开本实例的原始文件，选中需要输入日期的单元格区域G2:G30，打开【设置单元格格式】对话框。

02 在对话框中，将日期类型格式设置为“2001年3月14日”。“采购日期”数据输入前后对比效果，如图4-8所示。

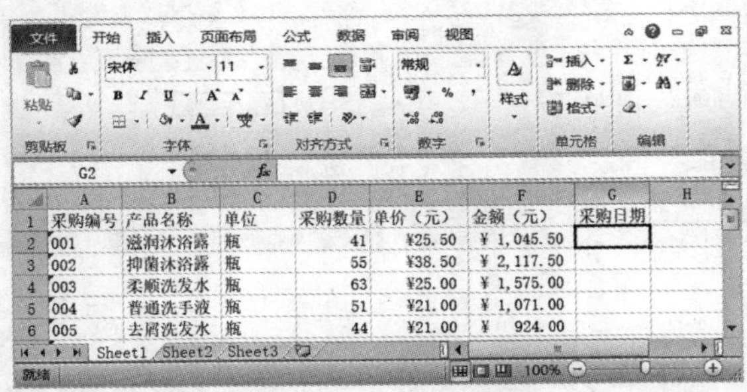

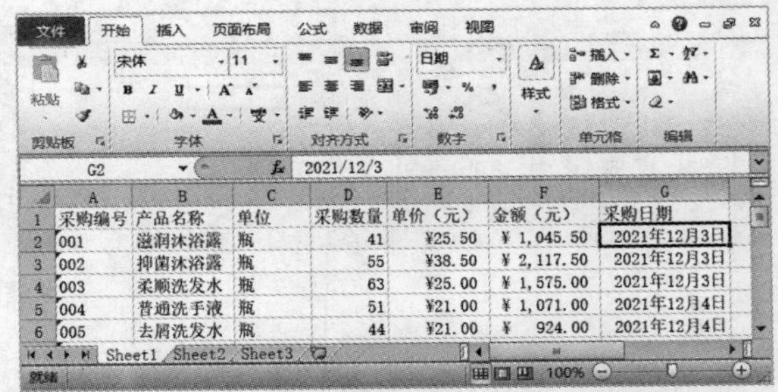

▲图 4-8

小贴士

输入的日期，如“2021-12-3”之所以变成“2021/12/3”，是因为Excel会自动识别日期，但是其默认的日期类型格式为“2001/3/14”。

时间型数据的输入与日期型数据相似，都是直接输入就可以了，如果对输入的时间格式不满意，也可以进行自定义设置。

4.2 设置工作表

【内容概述】

在工作表中输入数据后，为了让工作表更加美观，还可以设置工作表的字体格式、行高和列宽、对齐方式等。

【重点与实施】

一、设置字体格式

二、设置行高和列宽

三、设置对齐方式

4.2.1 设置字体格式

在Excel中，默认的字体为宋体，字号为11，而且标题和具体数据采用的是同一种字体格式，不方便区分。为了方便查看数据，我们可以对工作表中数据的字体格式进行设置。

设置字体格式：选中要设置的文字，在【开始】选项卡中，单击【字体】组右下角的【对话框启动器】按钮，然后在弹出的【设置单元格格式】对话框中进行字体、字形、字号、字体效果以及字体颜色的设置，如图4-9所示。

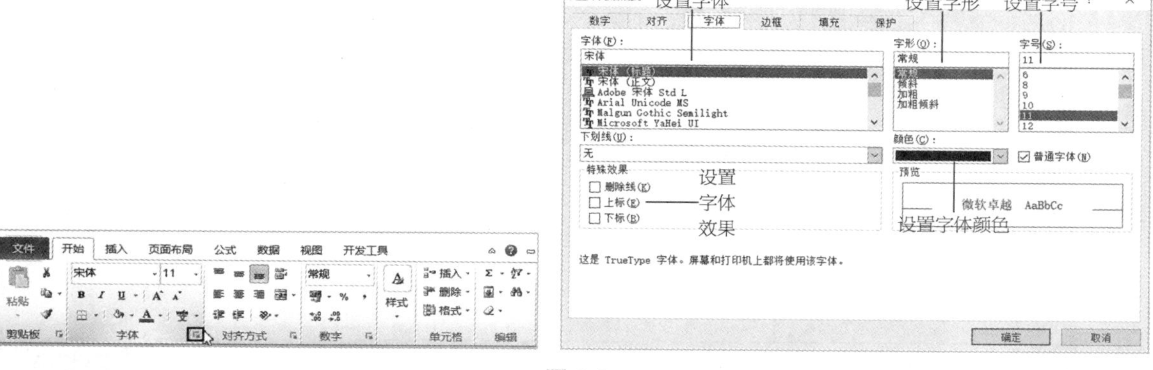

▲ 图 4-9

下面我们通过课堂练习来看一下，如何设置字体格式。

课堂练习　在"商品采购明细表"中设置字体格式

素材：第4章\商品采购明细表—原始文件　　重点指数：★★★

4-5 设置字体格式

01 打开本实例的原始文件，选中表格中的标题部分，即单元格区域A1:F1，将其字体格式设置为"微软雅黑，14，加粗"。

02 选中标题外的其他表格区域，将这部分区域的字体格式设置为"微软雅黑，12"。设置字体格式前后对比效果如图4-10所示。

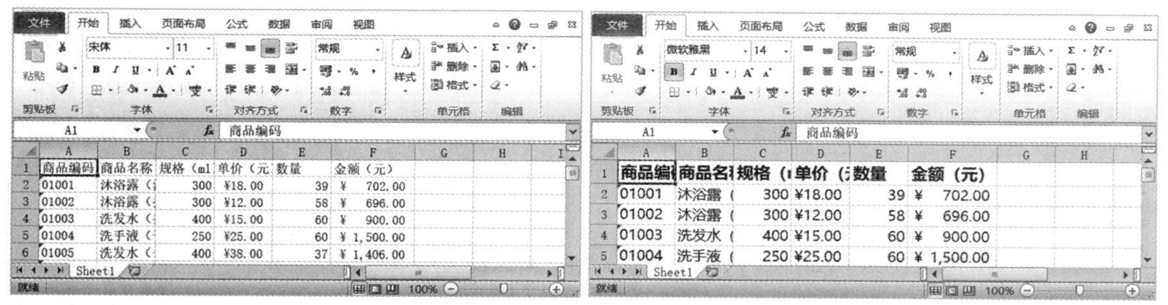

▲ 图 4-10

4.2.2 设置行高和列宽

行高和列宽过小会让数据显示不全，过大会让读者感觉空旷，所以在设置好字体格式后，用户还需适当地调整行高和列宽。

设置行高和列宽： 选中要调整的行或列，单击鼠标右键，在弹出的快捷菜单中选择【行高】或【列宽】选项，如图4-11所示，再在弹出的对话框中进行设置即可。

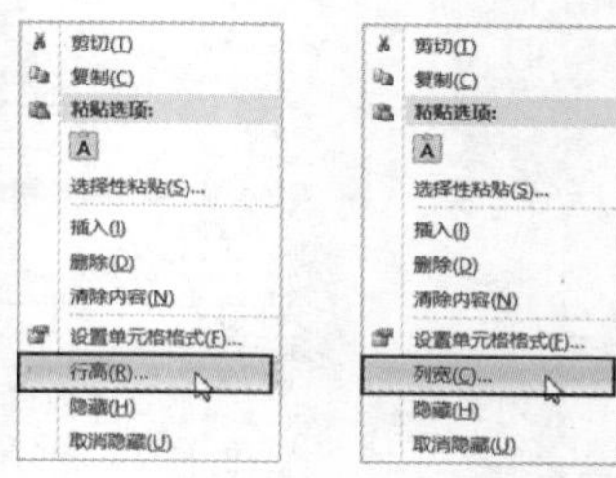

▲图 4-11

下面我们通过课堂练习来看一下，如何调整行高和列宽。

课堂练习 在“商品采购明细表”中设置行高和列宽

素材：第4章\商品采购明细表01—原始文件　　重点指数：★★★

4-6 设置行高和列宽

01 打开本实例的原始文件，选中要设置的行，这里选中所有行，将其行高设置为“26”。

02 选中要设置的列，这里选中所有列，将其列宽设置为“15”。设置列宽和行高的前后对比效果如图4-12所示。

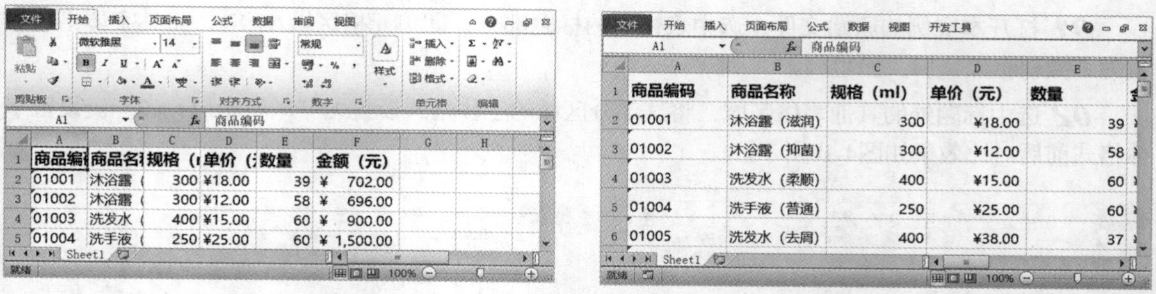

▲图 4-12

小贴士

行高和列宽的默认单位都是磅，行高默认为14.4磅，列宽默认为8.11磅。

4.2.3 设置对齐方式

设置好行高和列宽后，工作表中的数据已经都完整地显示在单元格中了。用户可以看到单元格中的数据有的靠左对齐，有的靠右对齐，这样的显示方式会让人看起来不是很舒服。

在Excel工作表中，在水平方向上常规型数据和文本型数据如果长度相同，一般选择居中对齐，若长度不同则选择左对齐；会计专用型数据和货币型数据通常选择右对齐，其他格式的数据保持默认设置即可，但是列标题通常选择水平居中对齐；在垂直方向上，一般选择靠下或居中对齐，很少选择靠上对齐。

设置对齐方式：在【开始】选项卡中，单击【对齐方式】组右下角的【对话框启动器】按

钮，在弹出的【设置单元格格式】对话框的“对齐”选项卡中进行设置即可，如图4-13所示。

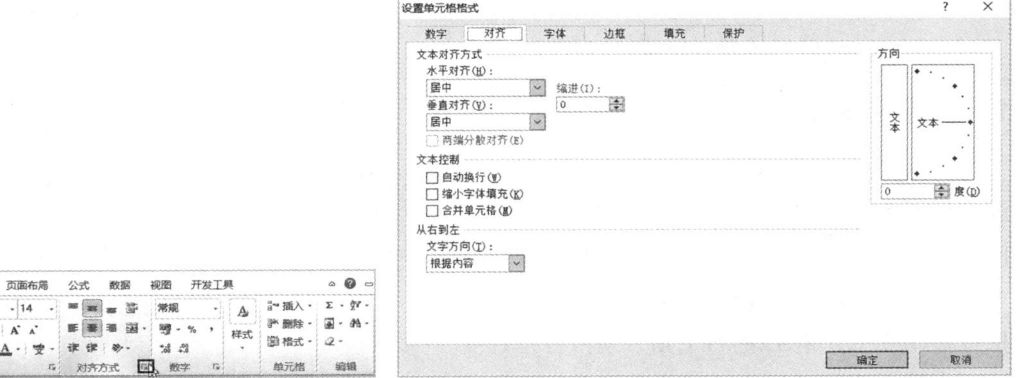

▲ 图 4-13

下面我们通过课堂练习来看一下，如何设置对齐方式。

课堂练习 在“商品采购明细表”中设置对齐方式

素材：第4章\商品采购明细表02—原始文件　　　重点指数：★★★

4-7 设置对齐方式

01 打开本实例的原始文件，选中表格中的标题部分，即单元格区域A1:F1，将【水平对齐】和【垂直对齐】设置为“居中”。

02 选中标题外的其他表格区域，按照前面介绍的方法分别设置其对齐方式即可。设置对齐方式前后对比效果如图4-14所示。

商品编码	商品名称	规格（ml）	单价（元）	数量	金额（元）
01001	沐浴露（滋润）	300	¥18.00	39	¥ 702.00
01002	沐浴露（抑菌）	300	¥12.00	58	¥ 696.00
01003	洗发水（柔顺）	400	¥15.00	60	¥ 900.00
01004	洗手液（普通）	250	¥25.00	60	¥ 1,500.00
01005	洗发水（去屑）	400	¥38.00	37	¥ 1,406.00
01006	洗手液（普通）	250	¥25.00	58	¥ 1,450.00
01007	洗手液（泡沫）	250	¥15.00	58	¥ 870.00

▲ 图 4-14

4.3　快速填充数据

【内容概述】

在Excel中输入数据时，经常会遇到一些在内容上相同或者在结构上有规律的数据（如1、2、3……或星期一、星期二、星期三……），对于这类数据，用户可以采用填充功能，进行快速填充。

【重点与实施】

一、连续单元格填充数据

二、不连续单元格填充数据

1. 在连续单元格中填充数据

如果想要在连续的单元格中输入相同或连续的数据，可以直接使用填充柄进行快速填充。

01 在单元格A2中输入数字“1”，将鼠标指针移动到单元格A2的右下角，当鼠标指针变成“十”字形状时，按住鼠标左键向下拖曳，拖曳到指定位置释放鼠标即可。此时可以看到填充的都是相同的数据，如图4-15所示。

商品编码	商品名称	规格（ml）
1	沐浴露（滋润）	300
	沐浴露（抑菌）	300
	洗发水（柔顺）	400
	洗手液（普通）	250
	洗发水（去屑）	400
	洗手液（普通）	250

商品编码	商品名称	规格（ml）
1	沐浴露（滋润）	300
1	沐浴露（抑菌）	300
1	洗发水（柔顺）	400
1	洗手液（普通）	250
1	洗发水（去屑）	400
1	洗手液（普通）	250

▲图 4-15

02 在填充序列的旁边，有一个【自动填充选项】按钮，单击该按钮，在弹出的下拉列表中选中【填充序列】单选钮，就可以自动生成连续的数据了，如图4-16所示。

商品编码	商品名称	规格（ml）
1	沐浴露（滋润）	300
1	沐浴露（抑菌）	300
1		00
1		50
1		00
1	液（普通）	250

复制单元格(C)
填充序列(S)
仅填充格式(F)
不带格式填充(O)

商品编码	商品名称	规格（ml）
1	沐浴露（滋润）	300
2	沐浴露（抑菌）	300
3	洗发水（柔顺）	400
4	洗手液（普通）	250
5	洗发水（去屑）	400
6	洗手液（普通）	250

▲图 4-16

2. 在不连续单元格中填充数据

在输入数据时，有时候会需要在不连续的单元格中输入相同的数据，如输入办公用品中的单位。

选中单元格C2，按住【Ctrl】键依次选中需要输入相同单位的单元格，然后在表格中输入“支”，然后按【Ctrl】+【Enter】组合键，即可在选中的单元格中同时输入“支”，如图4-17所示。

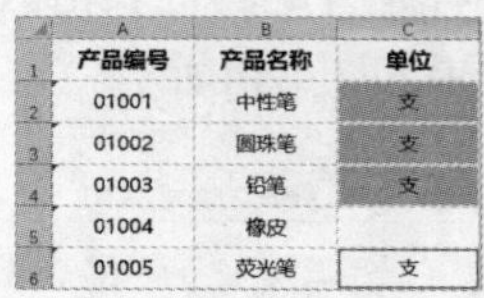

产品编号	产品名称	单位
01001	中性笔	支
01002	圆珠笔	支
01003	铅笔	支
01004	橡皮	
01005	荧光笔	支

▲图 4-17

素养教学

钱学森，世界著名科学家，空气动力学家，中国载人航天奠基人，两院院士，中国两弹一星功勋奖章获得者，被誉为“中国科制之父”和“火箭之王”，在20世纪40年代就已经成为航空航天领域内最为杰出的代表人物之一。在钱学森的努力带领下，1964年10月16日中国第一颗原子弹爆炸成功，1967年6月17日中国第一颗氢弹空爆试验成功，1970年4月24日中国第一颗人造卫星发射成功。钱学森一生默默治学，无论在什么时代，什么地方，他所选择的，既是一个科学家的最高职责，也是一个炎黄子孙的最高使命。

4.4 综合实训：制作面包销售明细表

4-8 综合实训

实训目标：在工作表中输入并填充数据，然后对数据进行相关设置。

操作步骤：

01 打开本实例的原始文件，在“产品编码”列中输入文本型数据，在“单价”列中输入货币型数据，在“金额”列中输入会计专用型数据，在“日期”列中输入日期型数据，在“产品名称”“数量”“单位”列中输入常规型数据。

02 将明细表的字体格式设置为“微软雅黑”，标题部分的字号为“14”；会计专用型数据和货币型数据设置为“右对齐”，其他格式的数据设置为“居中对齐”；行高设置为“25”，列宽根据内容进行调整。

03 “订单编号”列的内容一个个输入太烦琐，可以使用快速填充功能，在A2单元格中输入内容后，向下拖曳填充柄即可。最终效果如图4-18所示。

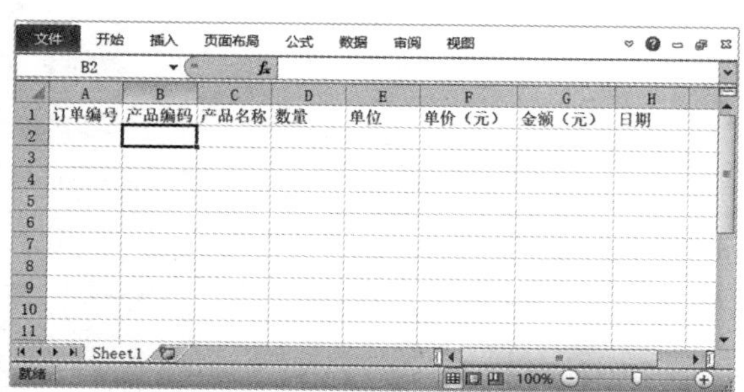

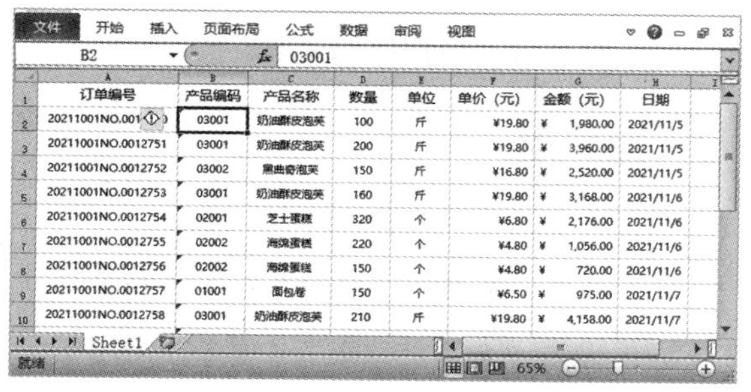

▲图 4-18

本章习题

一、单选题

1. 在Excel工作表中，以下关于设置对齐方式的说法中正确的是（　　）。

   A. 常规型数据和文本型数据，如果长度相同，一般选择居中对齐
   B. 会计专用型数据和货币型数据通常选择右对齐
   C. 垂直方向上，一般选择靠下或居中对齐，很少选择靠上对齐
   D. 以上说法都对

2. 以下关于设置行高的说法中正确的是（　　）。

   A. 选中要调整的行，单击鼠标右键，在弹出的快捷菜单中选择【插入】选项
   B. 选中要调整的行，在【插入】选项卡中，单击【表格】组中的【表格】按钮
   C. 选中要调整的行，单击鼠标右键，在弹出的快捷菜单中选择【行高】选项
   D. 选中要调整的行，在【开始】选项卡中，单击【对齐方式】组中的【格式】按钮

3. 选中不连续的单元格，需要按住（　　）键。

   A. 【Ctrl】　　B. 【Shift】　　C. 【Alt】　　D. 【Insert】

二、判断题

1. 在Excel表格中只能输入一种类型的数据。（　　）
2. 在Excel表格中，日期型数据直接输入就可以了。（　　）
3. 在Excel表格中，常规型数据和文本型数据如果长度相同，一般选择居中对齐。（　　）

三、简答题

1. 工作表中常用的数据类型包括哪些?
2. 设置工作表的操作有哪些?
3. 快速填充数据有哪两类?

四、操作题

1. 在“合同信息表”中输入数据。

   素材：第4章\合同信息表—原始文件

2. 设置“合同信息表”中数据的格式。

   素材：第4章\合同信息表01—原始文件

第5章

管理数据

【学习目标】

√熟悉数据有效性

√了解怎样删除重复项

√掌握快速分列的方法

√掌握替换表格中的数据的方法

√掌握快速定位的方法

【技能目标】

√学会利用数据有效性

√学会删除重复项

√学会使用分列功能提取不同的内容

√学会批量替换表格中的数据

√学会使用定位功能批量填充和删除数据

5.1 数据有效性

【内容概述】

在录入表格数据时，用户可以借助Excel的数据有效性功能来提高数据的输入速度与准确率。例如，在面试前公司已经确定了要招聘的岗位和部门，为了更快捷准确的输入应聘岗位，用户可以提前通过“招聘岗位一览表”中的“招聘岗位”限定“应聘岗位”的数据输入。除此之外，手机号码和身份证号码这种极易输错的长数字串，用户也可以通过“数据有效性”来限定其文本长度，从而有效降低出错率。

【重点与实施】

一、通过数据有效性限定文本长度

二、设置下拉列表

5.1.1 通过数据有效性限定文本长度

手机号码和身份证号码是我们在日常工作与生活中经常需要填写的长数字串，由于其数字较多，填写过程中多填一位或少填一位的情况时有发生，此时，用户就可以通过数据有效性来限定其长度。

限定文本长度：在【数据】选项卡中，单击【数据工具】组中的【数据有效性】按钮的左侧，弹出【数据有效性】对话框，选择【设置】选项卡，在【允许】下拉列表中选择合适的选项即可，如图5-1所示。

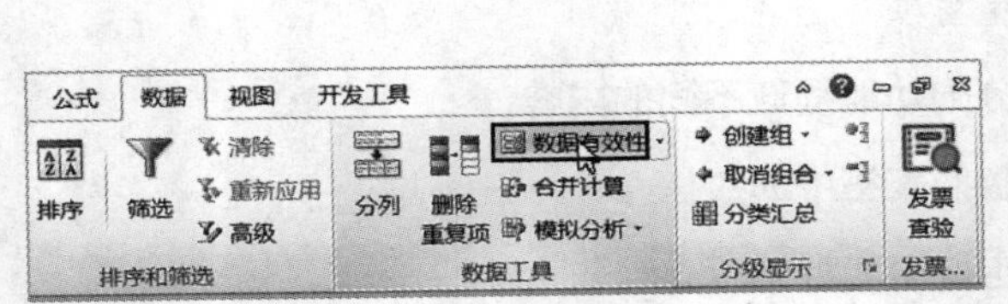

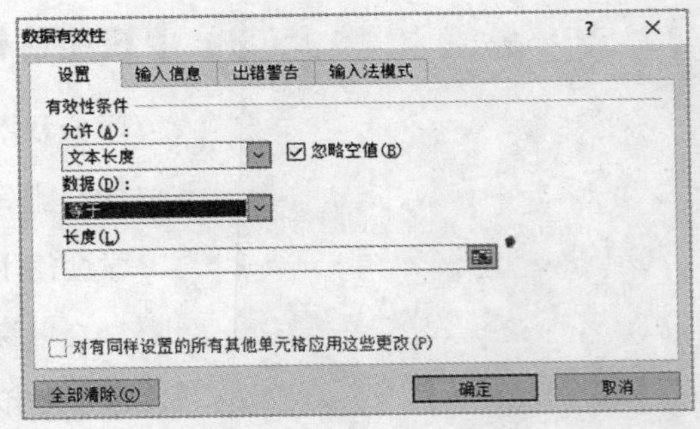

▲图 5-1

下面我们通过课堂练习来看一下，如何限定文本长度。

课堂练习 在“员工销售表”中输入手机号码

素材：第5章\员工销售表—原始文件　　重点指数：★★★★

5-1 通过数据有效性限定文本长度

01 打开本实例的原始文件，选中单元格区域C2:C20，打开【数据有效性】对话框在【允许】下拉列表中选择【文本长度】选项，在【数据】下拉列表中选择【等于】选项，在【长度】文本框

中输入“11”。

02 切换到【出错警告】选项卡，在【错误信息】文本框中输入“请检查手机号码是否为11位。”，设置完成后，输入正确的手机号码即可，如图5-2所示。

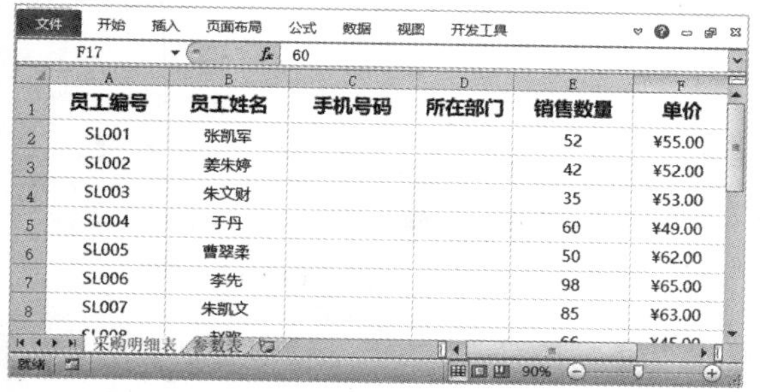

▲ 图 5-2

小贴士

数据有效性只对设置完成后手动输入的数据起作用，对已经输入的数据或复制粘贴过来的数据没有作用。

5.1.2 设置下拉列表

“所在部门”是工作中经常需要输入的信息，输入这样固定的数据时，可以使用下拉列表来输入。

设置下拉列表：在【数据】选项卡中，单击【数据工具】组中的【数据有效性】按钮的左侧，弹出【数据有效性】对话框，选择【设置】选项卡，在【允许】下拉列表中选择合适的选项即可，如图5-3所示。

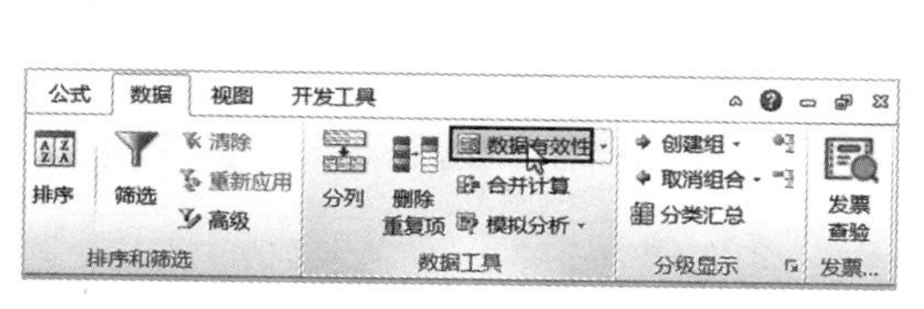

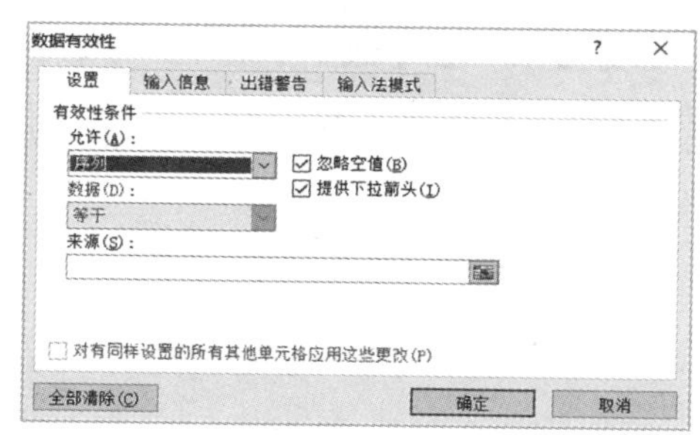

▲ 图 5-3

下面我们通过课堂练习来看一下，如何设置下拉列表。

课堂练习 在“员工销售表”中输入“所在部门”数据

素材：第5章\员工销售表01—原始文件　　重点指数：★★★★

5-2 设置下拉列表

01 打开本实例的原始文件，选中单元格区域D2:D20，打开【数据有效性】对话框在【允许】下拉列表中选择【序列】选项。

02 将鼠标指针定位到【来源】文本框中，切换到“参数表”工作表中，选中单元格区域A1:A9，即可将数据序列的“来源”设置为“参数表!$A$1:$A$9”，然后依次在下拉列表中选择对应的部门即可，如图5-4所示。

▲图5-4

5.2 删除重复项

【内容概述】

日常在输入数据时，重复记录的情况在所难免，那么怎样检查并提取出数据中的重复项，从而得到唯一的数据呢？可以使用删除重复项的方法，来保留唯一的数据。

【重点与实施】

一、删除重复项

二、保留唯一数据

删除重复项：在【数据】选项卡中，单击【数据工具】组中的【删除重复项】按钮，弹出【删除重复项】对话框，在该对话框中进行相应的设置即可，如图5-5所示。

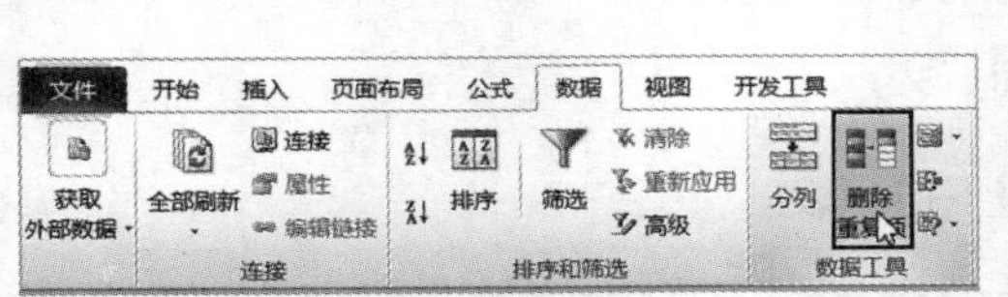

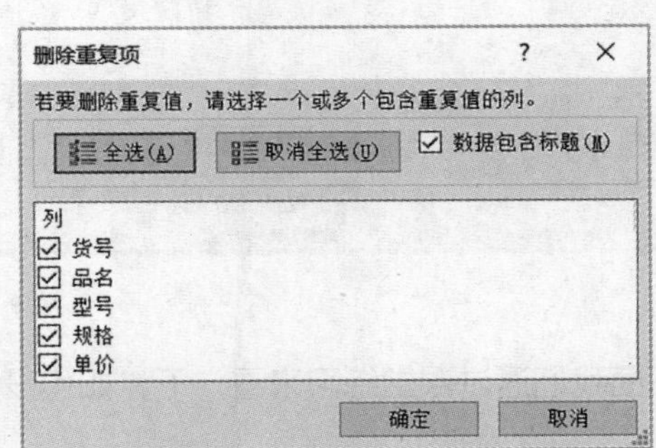

▲图5-5

下面我们通过课堂练习来看一下，如何删除重复项。

课堂练习 在“产品规格明细表”中删除重复项

素材：第5章\产品规格明细表—原始文件　　重点指数：★★★★

5-3 删除重复项

01 打开本实例的原始文件，可以看到表格中有很多数据都是重复出现的，需要将重复的数据删除。

02 选中整个数据区域A1:E15，在【删除重复项】对话框中单击【取消全选】按钮，并勾选【货号】复选框，单击“确定”按钮，即可将所有的重复项删除。重复项删除前后对比效果如图5-6所示。

货号	品名	型号	规格	单价
CNT01	奶糖	袋	100g	¥5.90
CNT02	奶糖	袋	180g	¥9.90
CNT03	奶糖	盒	250g	¥15.50
CNT02	奶糖	袋	180g	¥9.90
CNT03	奶糖	盒	250g	¥15.50
CSGT01	水果糖	袋	100g	¥4.90
CSGT02	水果糖	袋	180g	¥9.20
CQKL01	巧克力	袋	100g	¥6.60
CQKL02	巧克力	袋	180g	¥11.20
CSGT03	水果糖	盒	250g	¥13.50

货号	品名	型号	规格	单价
CNT01	奶糖	袋	100g	¥5.90
CNT02	奶糖	袋	180g	¥9.90
CNT03	奶糖	盒	250g	¥15.50
CSGT01	水果糖	袋	100g	¥4.90
CSGT02	水果糖	袋	180g	¥9.20
CQKL01	巧克力	袋	100g	¥6.60
CQKL02	巧克力	袋	180g	¥11.20
CSGT03	水果糖	盒	250g	¥13.50
CQKL03	巧克力	盒	250g	¥17.80

▲图 5-6

5.3 快速分列

【内容概述】

Excel中的分列功能可以将单元格中混乱的信息，或者在一个单元格中输入的多个字段，按照期望条件整理，或一分为多“隔离”开来。

【重点与实施】

一、按照分隔符号分列

二、按照固定列宽分列

5.3.1 按照分隔符号分列

日常工作中，我们经常会遇到同列数据中有多种不规范日期格式的表格，面对这样混乱的日期数据时，首先需要对其进行整理，再按照分隔符号对其进行分列。

按照分隔符号分列：在【数据】选项卡中，单击【数据工具】组中的【分列】按钮，弹出【文本分列向导-第1步，共3步】对话框，根据需要在对话框中进行设置，并继续进行操作，如图5-7所示。

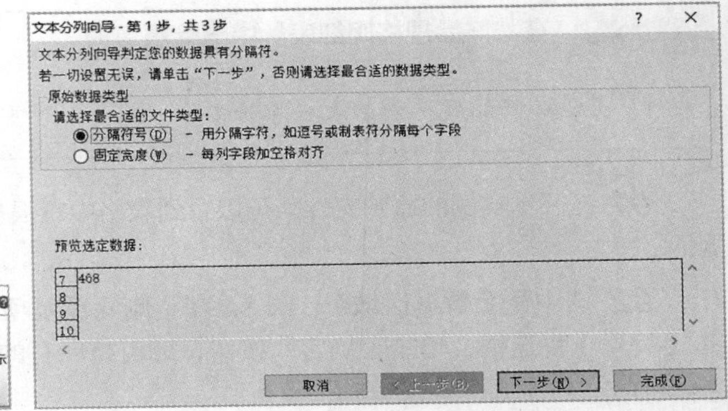

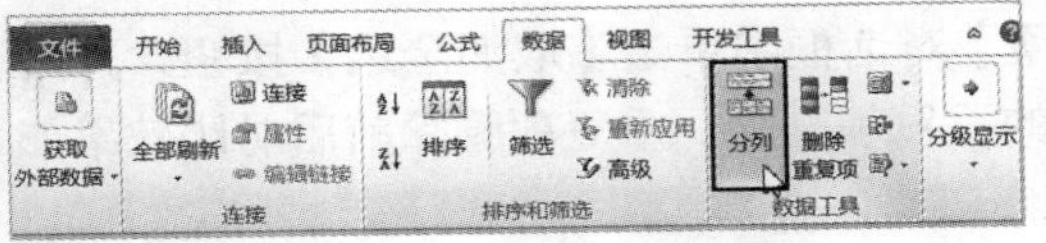

▲图 5-7

下面我们通过课堂练习来看一下，如何按照分隔符号分列。

课堂练习 在“设备销售明细表”中整理下单日期

素材：第5章\设备销售明细表—原始文件　　　　重点指数：★★★★

5-4 按照分隔符号分列

01 打开本实例的原始文件，选中不规范日期所在的单元格区域B2:B30，打开【文本分列向导—第1步，共3步】对话框，在对话框中选择【分隔符号】单选钮。

02 然后在【分隔符号】列表框中勾选【Tab键】复选框，在【列数据格式】列表框中选中【日期】单选钮，并在其右侧的下拉列表中选择合适的日期格式，如图5-8所示。

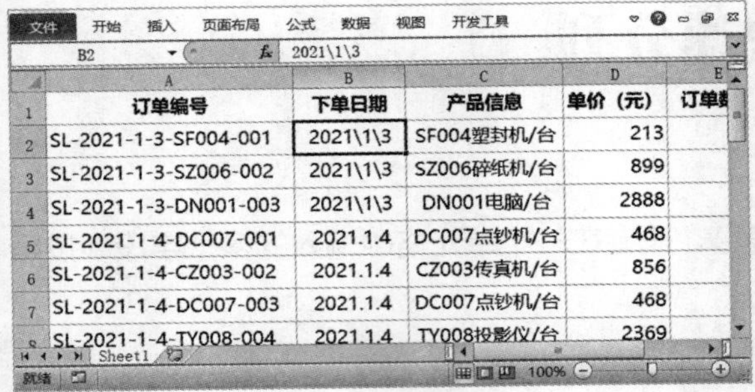

▲图 5-8

5.3.2 按照固定宽度分列

在日常工作中经常出现一种情况，就是多个字段（产品编码、产品名称和单位）内容都填在一列中，用户在具体使用时需要将它们分离开，如果逐个复制粘贴，工作量非常大。对于这种情况用户可以按照固定宽度进行分列。

插入列：选中一列，单击鼠标右键，在弹出的快捷菜单中选择【插入】选项，即可插入一个空白列。

按照固定宽度分列：在【数据】选项卡中，单击【数据工具】组中的【分列】按钮，弹出【文本分列向导-第1步，共3步】对话框，根据需要在对话框中进行设置，并继续进行操作，如图5-9所示。

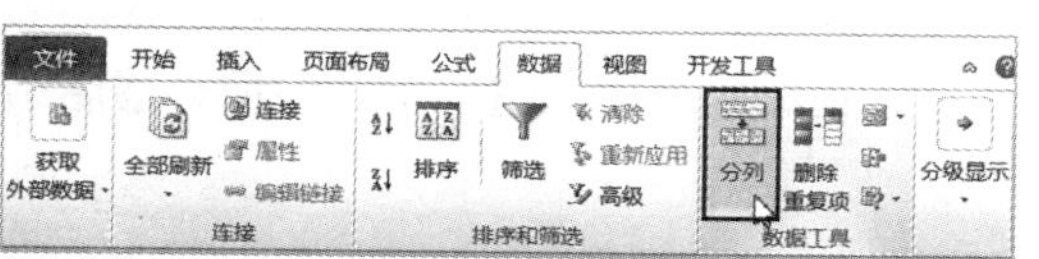

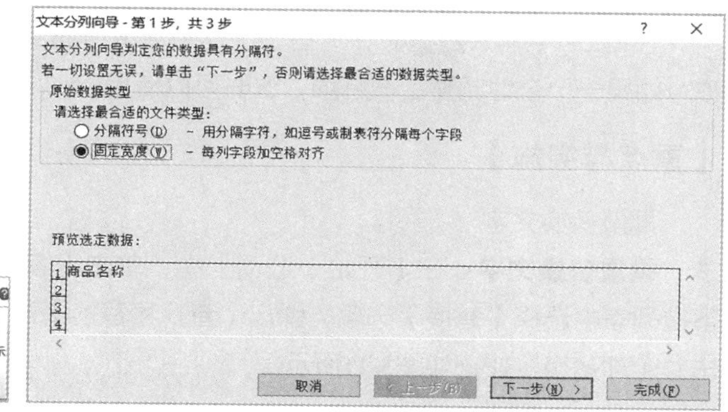

▲ 图 5-9

下面我们通过课堂练习来看一下，如何按照固定宽度分列。

课堂练习　在“设备销售明细表”中对“产品信息”进行分列

素材：第5章\设备销售明细表01—原始文件　　重点指数：★★★★

5-5 按照固定宽度分列

01 打开本实例的原始文件，在C列右侧插入2个空白列，选中“产品信息”列，即单元格区域C2:C30，进行分列操作后，在对话框中选择【固定宽度】单选钮。

02 在【数据预览】窗口中添加分列线，在【目标区域】文本框中输入首次分列后数据的存放位置，这里输入“=$C$2”，完成后替换C列内容，并将C列标题更改为“产品编码”。

03 按照前面介绍的按照分隔符号分列的方法，对单元格区域D2:D30进行分列的操作，并将列标题分别更改为“产品名称”和“单位”使用固定列宽分列前后的对比效果如图5-10所示。

	A	B	C	D	E
1	订单编号	下单日期	产品信息	单价（元）	订单数
2	SL-2021-1-3-SF004-001	2021/1/3	SF004塑封机/台	213	
3	SL-2021-1-3-SZ006-002	2021/1/3	SZ006碎纸机/台	899	
4	SL-2021-1-3-DN001-003	2021/1/3	DN001电脑/台	2888	
5	SL-2021-1-4-DC007-001	2021/1/4	DC007点钞机/台	468	
6	SL-2021-1-4-CZ003-002	2021/1/4	CZ003传真机/台	856	
7	SL-2021-1-4-DC007-003	2021/1/4	DC007点钞机/台	468	
8	SL-2021-1-4-TY008-004	2021/1/4	TY008投影仪/台	2369	

	B	C	D	E	F
1	下单日期	产品编码	产品名称	单位	单价（元）
2	2021/1/3	SF004	塑封机	台	213
3	2021/1/3	SZ006	碎纸机	台	899
4	2021/1/3	DN001	电脑	台	2888
5	2021/1/4	DC007	点钞机	台	468
6	2021/1/4	CZ003	传真机	台	856
7	2021/1/4	DC007	点钞机	台	468
8	2021/1/4	TY008	投影仪	台	2369

▲ 图 5-10

5.4 替换

【内容概述】

在Excel中输入数据时，一些员工难免会将所属部门输入错误，需要将其调整为正确的部门名称，如果一个个地调整会很麻烦，这时可以使用Excel的替换功能，来实现批量替换操作。

【重点与实施】

批量替换文字

批量替换文字：在【开始】选项卡中，单击【编辑】组中的【查找和选择】按钮，在弹出的下拉列表中选择【替换】选项，弹出【查找和替换】对话框，在该对话框中进行相关设置，最后单击“全部替换”按钮如图5-11所示。

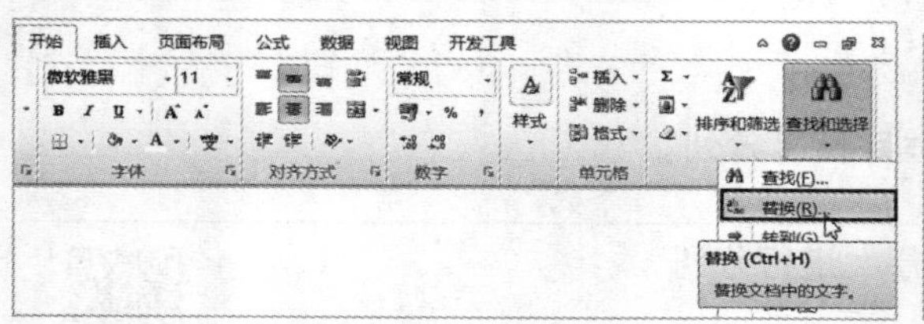

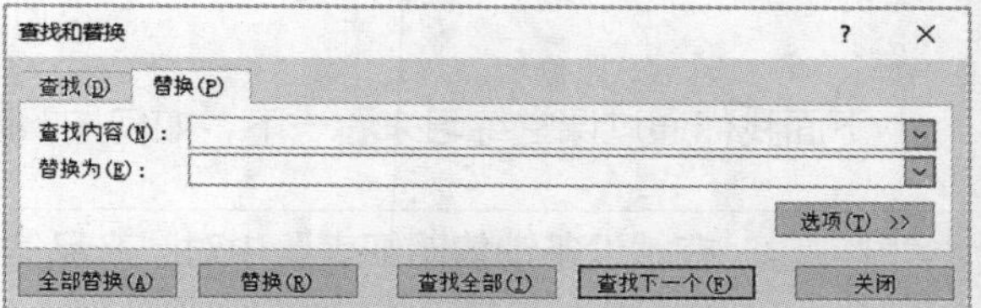

▲图 5-11

下面我们通过课堂练习来看一下，如何批量替换文字。

课堂练习 在“费用报销明细表”中将“运营部”批量替换为“生产部”

素材：第5章\费用报销明细表—原始文件　　重点指数：★★★★

5-6 替换

01 打开本实例的原始文件，选中要替换内容的单元格区域D2:D58，打开【查找和替换】对话框。

02 在【查找内容】文本框中输入“运营部”，在【替换为】文本框中输入“生产部”，然后单击“全部替换”按钮。全部替换后弹出提示框。提示全部完成，“所属部门”列批量替换文字前后对比效果如图5-12所示。

报销日期	员工编号	姓名	所属部门	费用类别	金额（元）	备注
2021/7/4	SL01188	吴佳丽	运营部	制造费用	40	折旧费
2021/7/5	SL01194	丁敏	运营部	制造费用	50	折旧费
2021/7/12	SL01109	沈丹	运营部	制造费用	50	折旧费
2021/7/16	SL01186	严海燕	运营部	制造费用	50	折旧费
2021/7/21	SL01195	吕雪倩	运营部	制造费用	60	折旧费
2021/7/23	SL01110	许昭娣	运营部	制造费用	60	折旧费

报销日期	员工编号	姓名	所属部门	费用类别	金额（元）	备注
2021/7/4	SL01188	吴佳丽	生产部	制造费用	40	折旧费
2021/7/5	SL01194	丁敏	生产部	制造费用	50	折旧费
2021/7/12	SL01109	沈丹	生产部	制造费用	50	折旧费
2021/7/16	SL01186	严海燕	生产部	制造费用	50	折旧费
2021/7/21	SL01195	吕雪倩	生产部	制造费用	60	折旧费
2021/7/23	SL01110	许昭娣	生产部	制造费用	60	折旧费

▲图 5-12

5.5　定位功能

【内容概述】

在数据表中不允许有空白行、空白列，否则会对数据的分析、处理造成影响。如果数据表中已经插入了空白行、空白列，用户可以使用定位功能删除这些空白行或空白列。

【重点与实施】

删除空白行或空白列

定位功能：在【开始】选项卡中，单击【编辑】组中的【查找和选择】按钮，在弹出的下拉列表中选择【定位条件】选项，弹出【定位条件】对话框，在该对话框中进行相关设置，如图5-13所示。

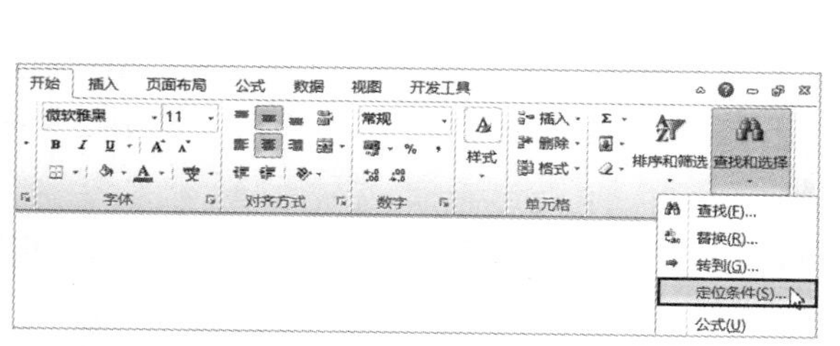

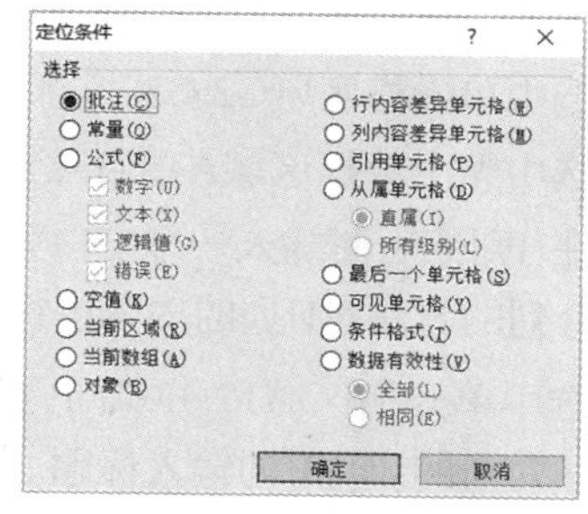

▲ 图 5-13

下面我们通过课堂练习来看一下，如何使用定位功能批量删除空白行。

课堂练习　在“费用报销明细表”中批量删除空白行

素材：第5章\费用报销明细表01—原始文件　　重点指数：★★★★

5-7 定位功能

打开本实例的原始文件，打开【定位条件】对话框，选中【空值】单选钮，在任意一个定位到的空单元格上单击鼠标右键，在弹出的快捷菜单中选择【删除】选项，选中【整行】单选钮，即可删除空白行。删除空白行的前后效果对比如图5-14所示。

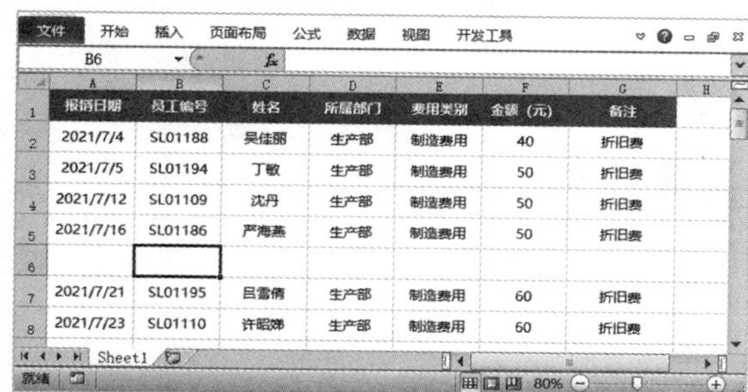

报销日期	员工编号	姓名	所属部门	费用类别	金额（元）	备注
2021/7/4	SL01188	吴佳丽	生产部	制造费用	40	折旧费
2021/7/5	SL01194	丁敏	生产部	制造费用	50	折旧费
2021/7/12	SL01109	沈丹	生产部	制造费用	50	折旧费
2021/7/16	SL01186	严海燕	生产部	制造费用	50	折旧费
2021/7/21	SL01195	吕雪倩	生产部	制造费用	60	折旧费
2021/7/23	SL01110	许昭娣	生产部	制造费用	60	折旧费
2021/7/4	SL01196	魏慧军	生产部	制造费用	80	折旧费

▲ 图 5-14

素养教学

5G主要特点是波长为毫米级，超宽带，超高速度，超低延时。1G～4G都是着眼于人与人之间更方便、快捷的通信，而5G将实现随时、随地、万物互联，让人类敢于期待与地球上的万物无时差地、同步参与其中。

5.6 综合实训：制作产品销售明细表

实训目标：完善“产品销售明细表”信息，删除重复项，分离内容，替换内容并删除空白列。

5-8 综合实训

操作步骤：

01 打开本实例的原始文件，选中单元格区域E2:E39，通过数据有效性限定“手机号”这一列的文本长度并输入相应数据。

02 选中单元格区域G2:G39，通过设置下拉列表来输入对应的部门数据。

03 选中整个数据区域A1:N39，通过删除重复项功能将产品销售明细表中的重复数据删除。

04 在H列的后面插入一个空白列，用来放置分列后的内容，选中单元格区域H2:H36，以按照分隔符号分列的方法对H列的内容进行分列。

05 选中单元格区域J2:J36，以按照固定列宽分列的方法对J列的内容进行分列，删掉多余的I列内容，并为新的I列和J列输入标题。

06 使用替换功能将“心心”更改为“欣欣”。

07 选中表格中的数据区域，使用定位功能，将“产品销售明细表”中的空白列删除，如图5-15所示。

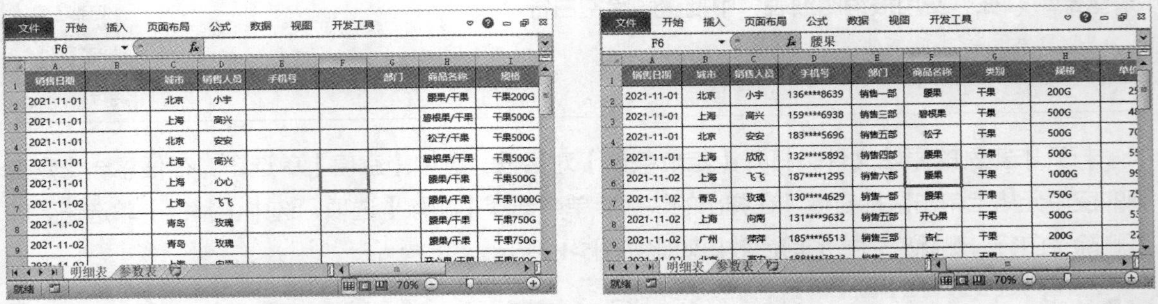

▲图 5-15

本章习题

一、单选题

1. 以下关于数据有效性的说法中，正确的是（　　）。

A. 数据有效性可以限定文本的长度

B. 数据有效性可以设置下拉列表

C. 使用数据有效性后，出错会弹出警告对话框

D. 以上说法都对

2. 以下关于替换的说法中，错误的是（　　）。

A. 使用替换功能，可以批量替换文本

B. 使用替换功能，可以批量替换数据

C. 操作路径为【数据】→【数据工具】→【替换】

D. 操作路径为【开始】→【查找和选择】→【替换】

3. 下面关于定位功能的说法中，错误的是（　　）。

A. 使用定位不能批量选中数据

B. 使用定位可以批量选中文本

C. 使用定位可以批量选中数据

D. 【开始】→【查找和选择】→【定位条件】

二、判断题

1. 数据有效性对已经输入的数据或复制粘贴过来的数据并没有作用。（　　）

2. 使用删除重复项功能来删除表格中的重复数据后，保留下来的数据并不是唯一的值。（　　）

3. 在按固定宽度分列前，需要先在表格中插入一个空白列来放置分列后的内容。（　　）

三、简答题

1. 如何设置下拉列表?

2. Excel中的分列方式有哪两种?

3. 怎样打开【定位条件】对话框?

四、操作题

1. 对“办公用品采购清单”中的C列进行分列。

素材：第5章\办公用品采购清单—原始文件

2. 批量设置“员工工资表”中的数据。

素材：第5章\员工工资表—原始文件

第6章

排序、筛选与分类汇总

【学习目标】

√熟悉对数据排序的方法

√了解怎样筛选数据

√掌握对数据进行分类汇总的方法

【技能目标】

√学会排序，让数据更有序

√学会筛选，搞定海量数据

√学会分类汇总，让数据按要求汇总

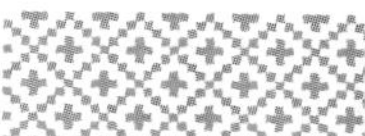

6.1 排序

【内容概述】

在分析数据的过程中，对数据进行排序是非常重要的一步。为了方便查看，用户可以使用排序功能对工作表中的数据进行排序。

【重点与实施】

一、升序/降序

二、自定义排序

6.1.1 升序 / 降序

在多数情况下，需要将数字按从小到大/从大到小的顺序排列，即对数据进行升序/降序排列。

排序： 选中需要排序的数据区域，在【数据】选项卡中，单击【排序和筛选】组中的【排序】按钮，弹出【排序】对话框，在该对话框中进行设置，如图6-1所示。

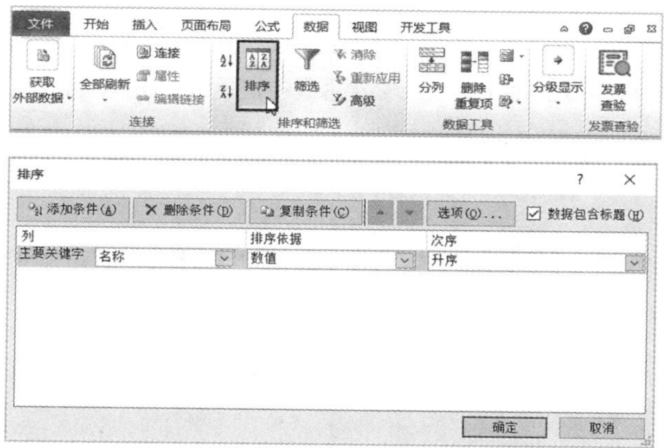

▲ 图 6-1

下面我们通过课堂练习来看一下，如何对数据进行排序。

课堂练习 在“销售统计月报”中对数据进行降序排列

素材：第6章\销售统计月报—原始文件　　重点指数：★★★★

6-1 升序 / 降序

01 打开本实例的原始文件，选中单元格区域 A1:G19，对“销售金额”列数据进行降序排列。

02 弹出【排序】对话框，勾选【数据包含标题】复选框，然后在【主要关键字】下拉列表中选择【销售金额】选项，在【排序依据】下拉列表中选择【单元格值】选项，在【次序】下拉列表中选择【降序】选项，单击“确定”按钮。对“销售金额（元）”列数据进行降序排列前后对比效果如图6-2所示。

▲图 6-2

6.1.2 自定义排序

在实际工作中，数据不一定都是按照升序或者降序来排列的，用户有时也需要按特定的需求来排序。例如，在“销售统计月报”中，重点的产品“类别”是电脑整机，然后是电脑配件、游戏设备和外设产品。如果用户希望数据按产品“类别”，即“电脑整机、电脑配件、游戏设备和外设产品”的顺序进行排列，应该如何实现呢？这时可以使用自定义排序功能。

自定义排序：选中需要排序的数据区域，在【数据】选项卡中，单击【排序和筛选】组中的【排序】按钮，弹出【排序】对话框，在第一个排序条件中的【次序】下拉列表中选择【自定义序列】选项，弹出【自定义序列】对话框，在该对话框中进行相应的设置，如图6-3所示。

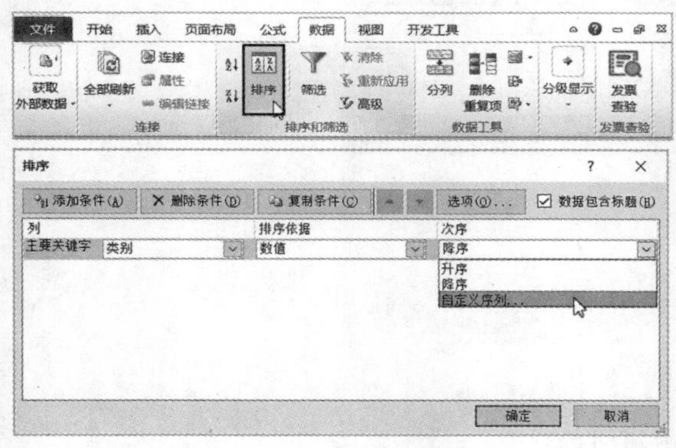

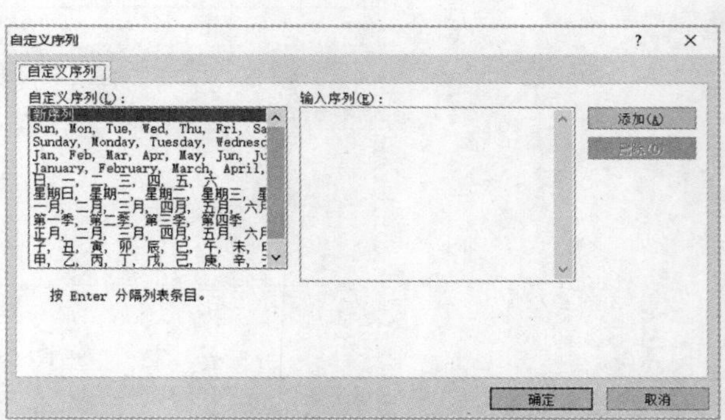

▲图 6-3

下面我们通过课堂练习来看一下，如何进行自定义排序。

课堂练习 在“销售统计月报”中进行自定义排序

素材：第6章\销售统计月报01—原始文件 重点指数：★★★★

6-2 自定义排序

01 打开本实例的原始文件，选中单元格区域 A1:G19，对“类别”进行自定义排列。

02 打开【自定义序列】对话框，在【自定义序列】列表框中选择【新序列】选项，在【输入序列】文本框中输入“电脑整机,电脑配件,游戏设备,外设产品”，中间用英文半角状态下的逗号隔

开，单击【添加】按钮添加即可。对“类别”列数据自定义序列排序前后对比效果如图6-4所示。

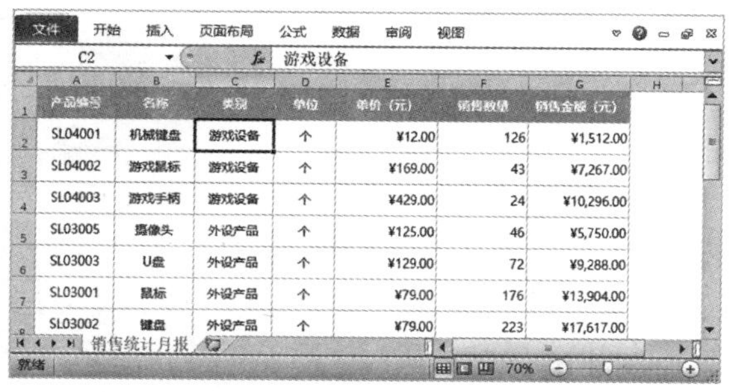

▲ 图 6-4

6.2 筛选

【内容概述】

一张工作表中通常包含几十甚至上百行数据，数据量越庞大，从这些冗杂的数据中找到自己需要的信息的难度就越大。如何快速找到符合条件的数据呢？我们可以通过筛选功能来实现。

【重点与实施】

一、自动筛选

二、高级筛选

6.2.1 自动筛选

自动筛选是Excel中最简单的筛选功能之一。它通常是按照选定的内容进行简单筛选，筛选时将不满足条件的数据暂时隐藏起来，只显示满足条件的数据。

自动筛选：选中需要筛选的数据区域，在【数据】选项卡中，单击【排序和筛选】组中的【筛选】按钮，随即各个列标题的右侧出现一个下拉按钮，进入筛选状态，如图6-5所示。

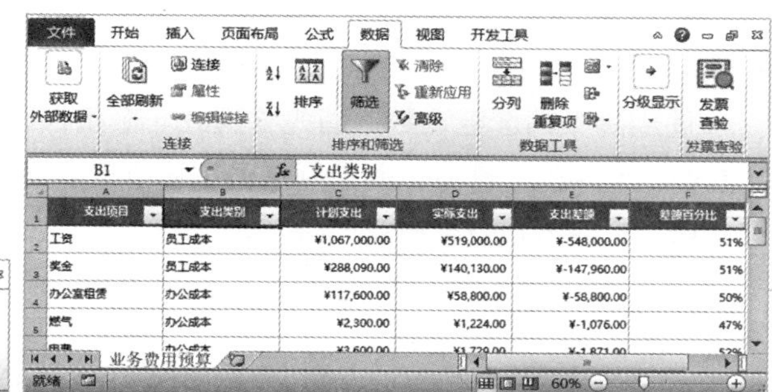

▲ 图 6-5

下面我们通过课堂练习来看一下，如何进行自动筛选。

课堂练习 在“业务费用预算表”中进行自动筛选

素材：第6章\业务费用预算表—原始文件　　重点指数：★★★★

6-3 自动筛选

01 打开本实例的原始文件，选中单元格区域A1:F19，使各列标题进入筛选状态。

02 单击列标题“支出类别”右侧的下拉按钮，从弹出的筛选列表中取消勾选【全选】复选框，然后勾选【市场营销成本】复选框对“支出类别”进行自动筛选前后对比效果如图6-6所示。

▲图6-6

小贴士

对已经筛选过的数据进行新的筛选时，需要先取消之前的筛选，再进行新的筛选。

6.2.2 高级筛选

高级筛选与自动筛选的区别在于：自动筛选是以下拉列表的方式来过滤数据的，并将符合条件的数据显示在列表中；高级筛选则必须给出用来进行筛选的条件。

要筛选的字段比较少时，适合使用自动筛选。但是如果需要筛选的字段比较多，而且筛选的条件又比较复杂时，就需要使用高级筛选。

使用高级筛选查看数据首先要建立一个条件区域，然后才能进行数据的查询。这个条件区域不是数据清单的一部分，而是用来确定筛选应该如何进行的，所以不能与数据区域连接在一起，而必须用一个空行或空列将它们隔开。

建立多行的条件区域时，行与行之间的条件是“或”的关系，而行内不同条件之间则是“与”的关系。

高级筛选：在【数据】选项卡中，单击【排序和筛选】组中的【高级】按钮，弹出【高级筛

选】对话框，在该对话框中进行相应的设置，如图6-7所示。

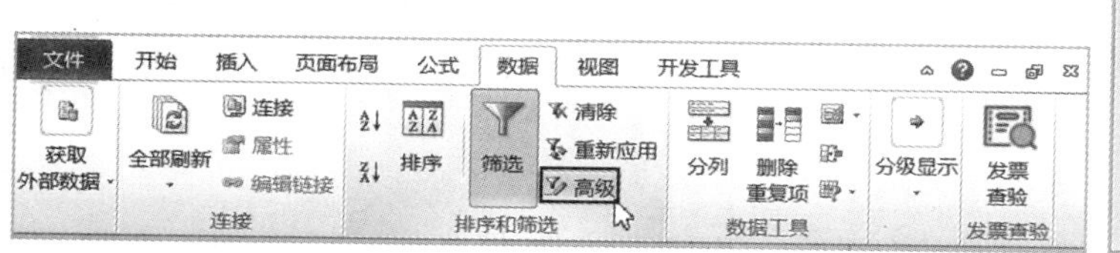

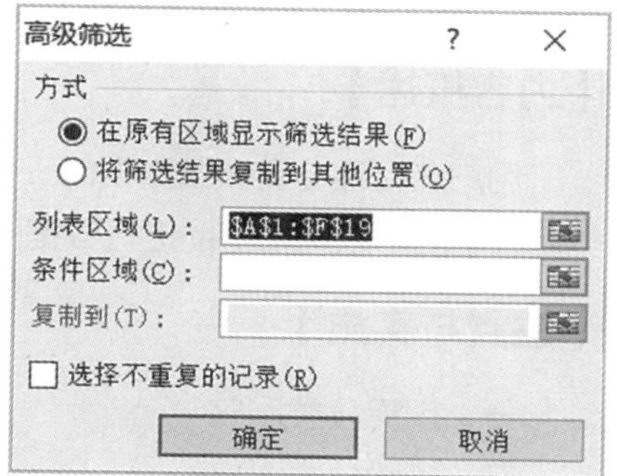

▲ 图 6-7

下面我们通过课堂练习来看一下，如何进行高级筛选。

课堂练习　在“业务费用预算表”中进行高级筛选

素材：第6章\业务费用预算表01—原始文件　　　　重点指数：★★★★

6–4 高级筛选

01 打开本实例的原始文件，先取消之前的筛选，然后在数据区域之外的空白单元格内输入筛选条件。例如，在单元格 D21 中输入“实际支出”，在单元格 D22 中输入“>5000”，在单元格 E21 中输入“差额百分比”，在单元格 E22 中输入“>50%”，在单元格 F21 中输入“支出类别”，在单元格 F22 中输入“员工成本”。

02 弹出【高级筛选】对话框，单击【条件区域】文本框右侧的【折叠】按钮，然后在工作表中选择条件区域 D21:F22。对多个字段进行高级筛选前后对比效果如图6-8所示。

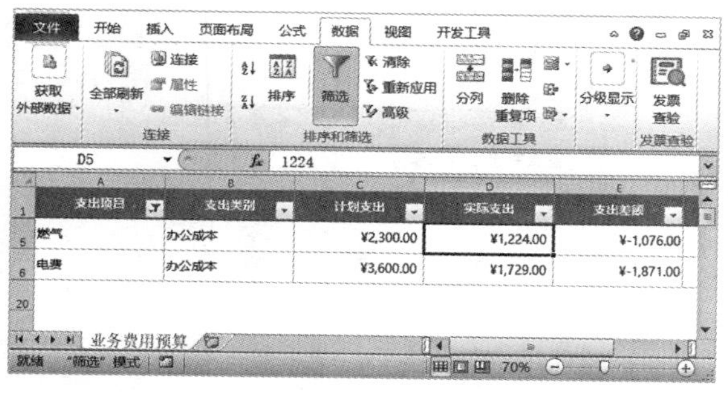

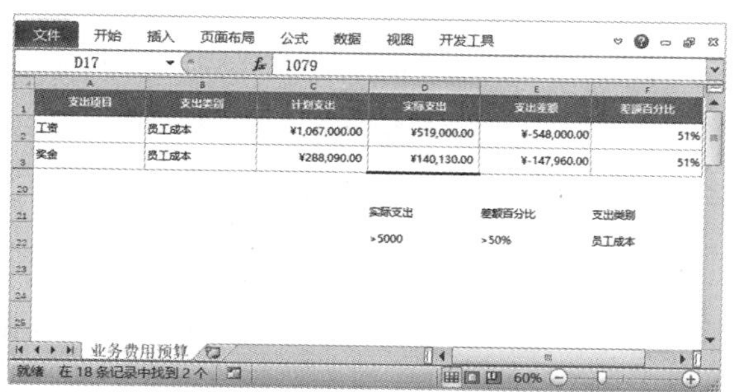

▲ 图 6-8

素养教学

人生的快乐在于自己对生活的态度，快乐是自己的事情，只要愿意，你可以随时调换手中的遥控器，将心灵的视窗调整到快乐频道。学会快乐，即使难过，也要微笑着面对。

6.3 分类汇总

【内容概述】

用户在处理含有大量数据的工作表的时候，往往需要对特定的数据进行汇总计算。Excel 的分类汇总功能可以用来协助进行数据的求和、乘积等运算。

【重点与实施】

一、创建分类汇总

二、删除分类汇总

6.3.1 创建分类汇总

在数据量较小的工作表中，用户通常需要对某些数据进行分类统计，Excel的分类汇总功能可以自动地计算相应数据的分类汇总值。当创建分类汇总后，Excel将分级显示列表，以便为每个分类汇总显示和隐藏明细数据行。但用户在创建分类汇总之前，需要先对工作表中的数据进行排序。

创建分类汇总：在【数据】选项卡中，单击【分级显示】组中的【分类汇总】按钮，弹出【分类汇总】对话框，在该对话框中进行相关的设置，如图6-9所示。

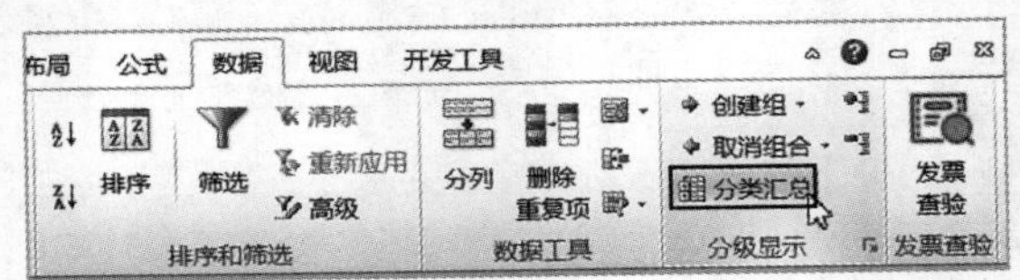

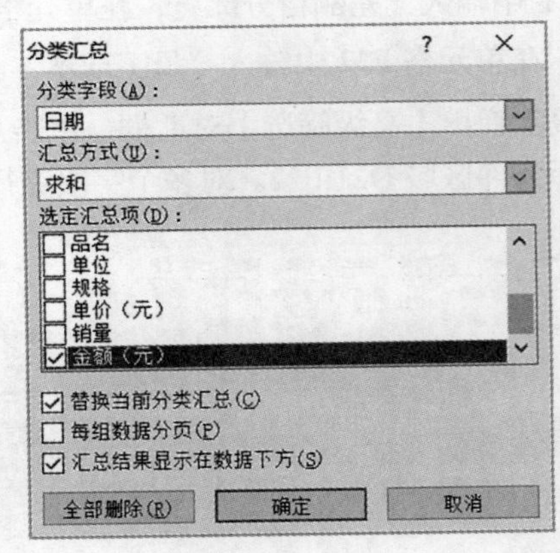

▲图 6-9

下面我们通过课堂练习来看一下，如何创建分类汇总。

课堂练习 在“12 月销售明细表”中创建分类汇总

素材：第6章\12月销售明细表—原始文件　　重点指数：★★★★

6-5 创建分类汇总

01 打开本实例的原始文件，首先对G列，即“品名”列的数据进行降序排列。

02 打开【分类汇总】对话框，在【分类字段】下拉列表中选择【品名】选项，在【汇总方式】下拉列表中选择【求和】选项，在【选定汇总项】列表框中勾选【销量】和【金额（元）】复选框。创建分类汇总前后对比效果如图6-10所示。

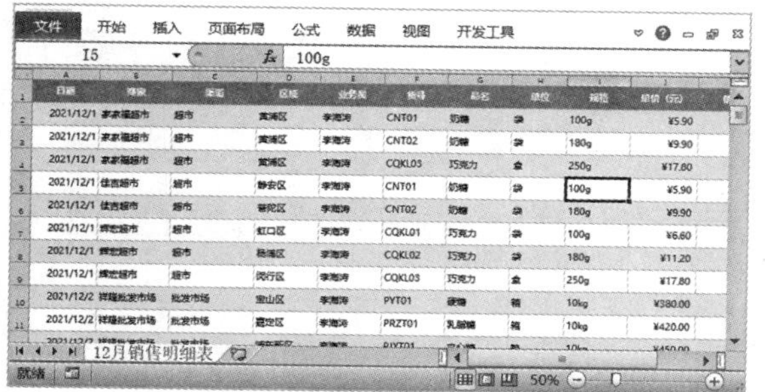

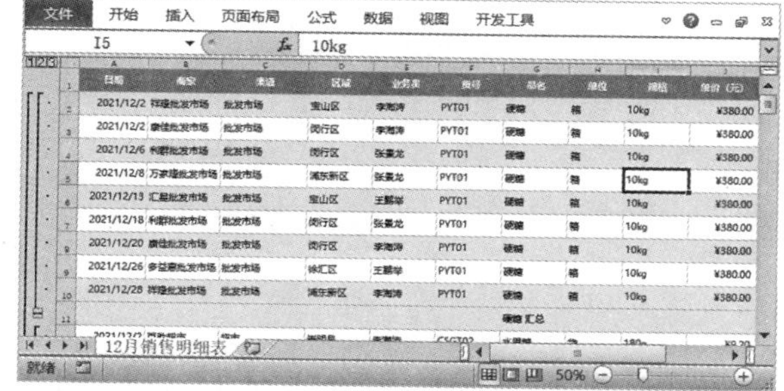

▲ 图 6-10

6.3.2 删除分类汇总

如果不再需要将工作表中的数据以分类汇总的方式显示出来，则可以删除刚刚创建的分类汇总。

删除分类汇总：在【数据】选项卡中，单击【分级显示】组中的【分类汇总】按钮，弹出【分类汇总】对话框，在该对话框中进行相关的设置，如图6-11所示。

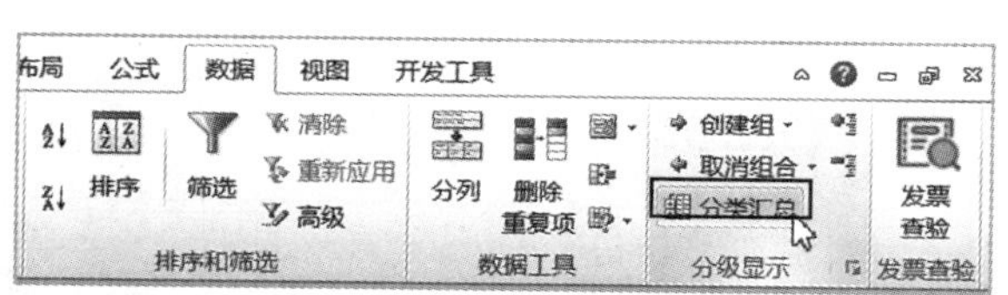

分类汇总

分类字段(A)：
日期
汇总方式(U)：
求和
选定汇总项(D)：
☐ 品名
☐ 单位
☐ 规格
☐ 单价（元）
☐ 销量
☑ 金额（元）

☑ 替换当前分类汇总(C)
☐ 每组数据分页(P)
☑ 汇总结果显示在数据下方(S)

全部删除(R) 确定 取消

▲ 图 6-11

下面我们通过课堂练习来看一下，如何删除分类汇总。

课堂练习 在“12月销售明细表”中删除分类汇总

素材：第6章\12月销售明细表01—原始文件　　重点指数：★★★★

6-6 删除分类汇总

在弹出的【分类汇总】对话框中，单击【全部删除】按钮，就可以将刚刚创建的分类汇总全部删除。删除分类汇总前后对比效果如图6-12所示。

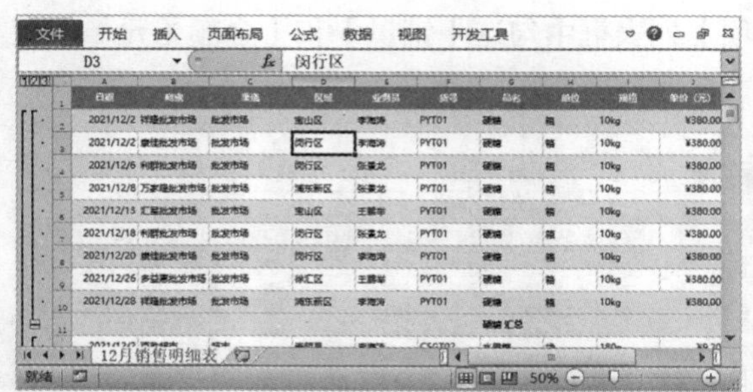
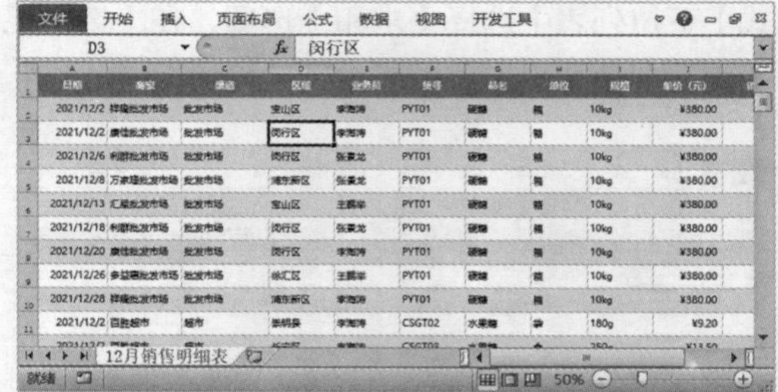

▲图 6-12

6.4 综合实训：编辑工资明细表

实训目标：对“工资明细表”进行排序、筛选，并按要求进行分类汇总。

操作步骤：

6-7 综合实训

01 打开本实例的原始文件，对“工资明细表”中的“组别”列的数据，按照“销售一组,销售二组,销售三组,销售四组,销售五组”（各组名之间用英文半角状态下的逗号隔开）进行自定义排列。

02 在单元格E18中输入“实发工资”，在单元格F18中输入“业绩奖金”，在单元格E19中输入“>4500”，在单元格F19中输入“<800”，并将筛选结果复制到单元格A21中。

03 打开【分类汇总】对话框，在【分类字段】下拉列表中选择【组别】选项，在【汇总方式】下拉列表中选择【求和】选项，在【选定汇总项】列表框中勾选【实发工资】复选框最终效果如图6-13所示。

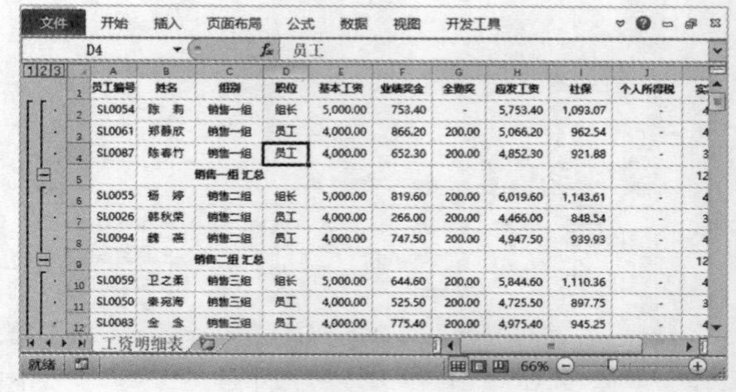

▲图 6-13

本章习题

一、单选题

1. 下列操作中，不能实现对数据的排序的是（ ）。

A. 单击数据区域中的任意单元格，在【排序】对话框中选择【升序】或【降序】选项

B. 选中要排序的数据区域，在【排序】对话框中选择【升序】或【降序】选项

C. 选中要排序的数据区域，单击【数字】组中的【排序】按钮

D. 选中要排序的数据区域，单击【排序和筛选】组中的【排序】按钮

2. 自动筛选可以通过（　　）来实现。

A. 在【格式】选项卡中，单击【自动套用格式】按钮

B. 在【数据】选项卡中，单击【筛选】按钮

C. 在【数据】选项卡中，单击【排序】按钮

D. 在【开始】选项卡中，单击【填充】按钮

3. 创建分类汇总前，必须先对工作表中的数据进行（　　）。

A. 筛选　　B. 查找　　C. 求和　　D. 排序

二、判断题

1. 工作表中的数据只能进行升序排列，不能进行降序排列。（　　）

2. 对于已经筛选过的数据，再进行筛选时，要先取消之前的筛选，再进行新的筛选。（　　）

3. 创建分类汇总前不需要任何操作，直接创建即可。（　　）

三、简答题

1. 如何进行自定义排序?

2. 高级筛选与自动筛选的区别有哪些?

3. 怎样创建分类汇总?

四、操作题

1. 对“产品销售明细表”的“金额（元）”列进行“升序”排序。

素材：第6章\产品销售明细表—原始文件

2. 对“产品销售明细表”进行分类汇总。

素材：第6章\产品销售明细表01—原始文件

第7章

公式与函数的应用

【学习目标】

√熟悉公式
√了解函数
√掌握求和函数的使用方法
√掌握查找与引用函数的使用方法
√掌握统计函数的使用方法
√掌握逻辑函数的使用方法
√了解文本函数的使用方法

【技能目标】

√学会使用求和函数汇总数据
√学会使用查找与引用函数查找和引用数据
√学会使用统计函数统计数据
√学会使用逻辑函数判定结果

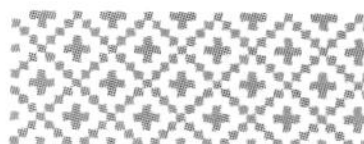

7.1 认识公式与函数

【内容概述】

公式与函数存在于数据处理与分析的多个阶段，它们既能用于完成复杂的计算分析，又能在现有数据的基础上通过特定的规则生成新的数据。

【重点与实施】

一、初识公式

二、初识函数

7.1.1 初识公式

Excel中的公式是以“=”开头，通过使用运算符将数据和函数等元素按一定顺序连接在一起的表达式。在Excel中，凡是在单元格中先输入“=”，再输入其他数据的，都会被系统自动判定为公式。

下面我们以两个公式为例，介绍公式的组成与结构。

公式1：

=TEXT(MID(A2,7,8),"0000-00-00")

该公式的功能是一个从身份证号码中提取出生日期，如图7-1所示。

C2 =TEXT(MID(A2,7,8),"0000-00-00")

	A	B	C	D
1	身份证号	性别	出生日期	年龄
2	51****197504095634	男	1975-04-09	
3	41****197705216362	女	1977-05-21	
4	43****197202247985	女	1972-02-24	
5	36****196309116732	男	1963-09-11	
6	43****197512036972	男	1975-12-03	
7	23****196908167521	女	1969-08-16	

▲ 图 7-1

公式2：

=(TODAY()-C2)/365

该公式的功能是一个根据出生日期计算年龄，如图7-2所示。

D2 =(TODAY()-C2)/365

	A	B	C	D
1	身份证号	性别	出生日期	年龄
2	51****197504095634	男	1975-04-09	47
3	41****197705216362	女	1977-05-21	44
4	43****197202247985	女	1972-02-24	50
5	36****196309116732	男	1963-09-11	58
6	43****197512036972	男	1975-12-03	46
7	23****196908167521	女	1969-08-16	52

▲ 图 7-2

公式由以下几个基本元素组成。

①等号（=）：公式必须以等号开头，例如，公式1和公式2。

②常量：常量包括常数和字符串。例如公式1中的7和8都是常数，"0000-00-00"是字符串；公式2中的365也是常数。

③单元格引用：单元格引用是指以单元格地址或名称来代表单元格的值进行计算。例如，公式1中的A2，公式2中的C2。

④函数：函数也是公式中的一个元素，对于一些特殊、复杂的运算，使用函数会更简单。例如，公式1中的TEXT和MID都是函数，公式2中的TODAY也是函数。

⑤括号：一般每个函数后面都会跟一个括号，用于设置参数，另外括号还可以用于控制公式中各元素运算的先后顺序。

⑥运算符：运算符是将多个参与计算的元素连接起来的运算符号，Excel公式中的运算符包含引用运算符、算术运算符、文本运算符和比较运算符。例如，公式2中的“/”就是算术运算符。

> **小贴士**
>
> 在Excel的公式中，开头的等号（=）可以用加号（+）代替。

1. 单元格引用

单元格引用的作用在于标识工作表上的单元格或单元格区域。

单元格引用分为A1和R1C1两种引用样式。在A1引用样式中，用单元格所在列标和行号表示其位置，如B5，表示B列第5行。在R1C1引用样式中，R表示Row（行）、C表示Column（列），R3C4表示第3行第4列，即D3单元格。

单元格引用包括相对引用、绝对引用和混合引用3种。

①相对引用。相对引用就是在公式中用列标和行号直接表示单元格，如A5、B6等。当某个单元格中的公式被复制到另一个单元格中时，原单元格中的公式的地址在新的单元格中就会发生变化，但其引用的单元格地址之间的相对位置间距不变。例如，在单元格B5中输入公式“=SUM(B2:B4)”，当将单元格B5中的公式复制到单元格C5中后，公式就会变成“=SUM(C2:C4)”，如图7-3所示。

B5 =SUM(B2:B4)

	A	B	C
1	车间	合格数量	不合格数量
2	生产一部	355	45
3	生产二部	317	83
4	生产三部	298	102
5	合计	970	

C5 =SUM(C2:C4)

	A	B	C
1	车间	合格数量	不合格数量
2	生产一部	355	45
3	生产二部	317	83
4	生产三部	298	102
5	合计	970	230

▲ 图 7-3

②绝对引用。绝对引用就是在表示单元格的列标和行号前面加上“$”符号。其功能是保证在将单元格中的公式复制到新的单元格中时，公式中引用的单元格地址始终保持不变。例如，在单元格B5中输入公式“=SUM($B$2:$B$4)”，当单元格B5中的公式被复制到单元格C5中后，公式依然是“=SUM($B$2:$B$4)”，如图7-4所示。

B5 =SUM($B$2:$B$4)

A	B	C
车间	合格数量	不合格数量
生产一部	355	45
生产二部	317	83
生产三部	298	102
合计	970	

C5 =SUM($B$2:$B$4)

A	B	C
车间	合格数量	不合格数量
生产一部	355	45
生产二部	317	83
生产三部	298	102
合计	970	970

▲ 图 7-4

③混合引用。混合引用包括绝对列和相对行，或者绝对行和相对列。绝对列和相对行是指列采用绝对引用，而行采用相对引用，如$A1、$B1等；绝对行和相对列是指行采用绝对引用，而列采用相对引用，如A$1、B$1等；在公式中如果采用混合引用，当公式所在的单元格位置改变时，绝对引用不变，相对引用将对应发生改变。例如，在单元格B5中输入公式“=SUM(B$2:B$4)”,那么将单元格B5中的公式复制到单元格C5中后，公式就会变成“=SUM(C$2:C$4)”，如图7-5所示。

B5 =SUM(B$2:B$4)

A	B	C
车间	合格数量	不合格数量
生产一部	355	45
生产二部	317	83
生产三部	298	102
合计	970	

C5 =SUM(C$2:C$4)

A	B	C
车间	合格数量	不合格数量
生产一部	355	45
生产二部	317	83
生产三部	298	102
合计	970	230

▲ 图 7-5

> **小贴士**
>
> F4键是转换引用方式的快捷键。连续按F4建，就会依照相对引用→绝对引用→绝对行相对列→绝对列相对行→相对引用……这样的顺序循环。

2. 运算符

运算符是Excel公式中连接各操作对象的纽带，常用的运算符有算术运算符、文本运算符和比较运算符等。

①算术运算符。算术运算符用于完成基本的算术运算，算术运算符有百分号（%）、乘方（^）、乘（*）、除（/）、加（+）、减（-）。

②文本运算符。文本运算符用于将两个或两个以上的文本值连接起来产生一个连续的文本值，文本运算符主要是指文本连接运算符&。例如，公式“=A1&B1&C1”就是将单元格A1、B1、C1的文本值连接起来组成一个新的文本值。

③比较运算符。比较运算符用于比较两个值，并返回逻辑值TRUE或FLASE。比较运算符包括等于（=）、小于（<）、小于等于（<=）、大于（>）、大于等于（>=）、不等于（<>），常与逻辑函数搭配使用。

7.1.2 初识函数

Excel提供了大量的内置函数，利用这些函数进行数据计算与分析，不仅可以大大提高工作效率，还可以提高数据计算与分析的准确性。

1. 函数的基本构成

大部分函数由函数名称和函数参数两部分组成，即函数名(参数1,参数2,…,参数*n*)，例如，SUM(A1:A10)。

还有小部分函数没有函数参数，即函数名()，如TODAY()就是得出计算机系统的当前日期的函数。

2. 函数的种类

根据运算类别及应用领域的不同，Excel中的函数可以分为很多种，如财务函数、日期和时间函数、数学和三角函数、统计函数、查找与引用函数、数据库函数、文本函数、逻辑函数、信息函数、多维数据集函数、兼容性函数等。

7.2 求和函数

【内容概述】

求和是进行数据统计时的常规需求之一。Excel提供了多个求和函数，现在就逐个来认识一下Excel中的求和函数。

【重点与实施】

一、SUM函数
二、SUMIF函数
三、SUMIFS函数

7.2.1 SUM 函数

SUM函数是专门用来执行求和运算的，想对哪些单元格区域的数据求和，就将这些单元格区域写在参数中。其语法格式为：

SUM(需要求和的单元格区域)。

例如，我们对单元格区域A2:A10中的所有数据进行求和，比较直接的方式就是输入公式“=A2+A3+A4+A5+A6+A7+A8+A9+A10”，但是如果要求单元格区域A2:A100的和呢，逐个相加不仅输入量大，而且容易输错，此时使用SUM函数求和就简单多了。

SUM函数：在【公式】选项卡中，单击【函数库】组中的【数学和三角函数】按钮，在弹出的下拉列表中选择【SUM】选项，弹出【函数参数】对话框，根据函数的语法格式进行设置即可，如图7-6所示。

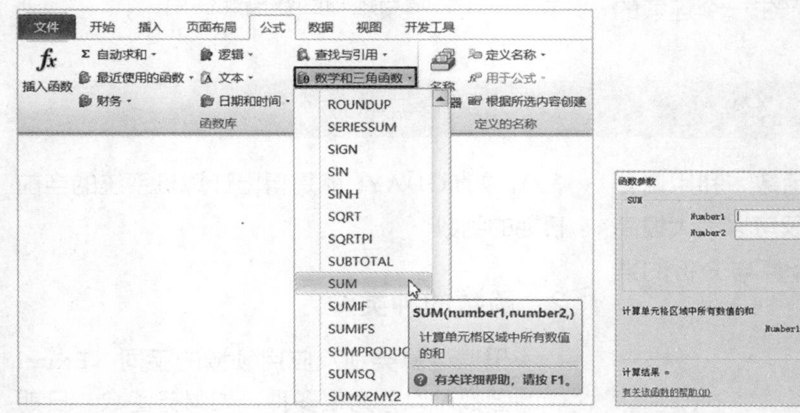

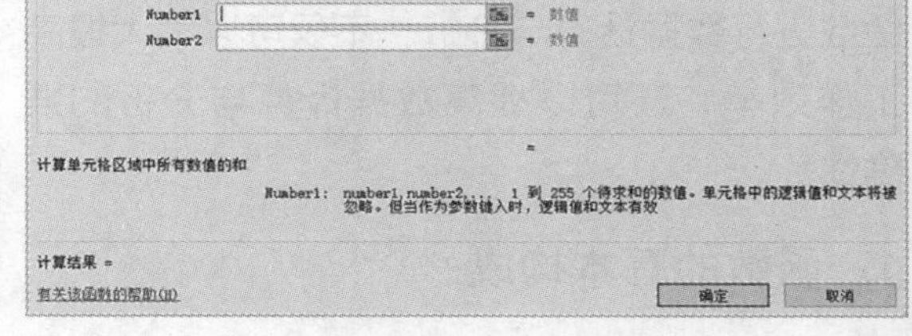

▲ 图 7-6

下面我们通过课堂练习来看一下，如何使用SUM函数。

课堂练习 在“销售报表”中计算“销售总额”

素材：第7章\销售报表—原始文件 重点指数：★★★★

7-1 SUM 函数

01 打开本实例的原始文件，求所有产品的“销售总额”，即对“金额”列的所有数据求和。

02 选中单元格I1，打开SUM函数的【函数参数】对话框，在第1个参数文本框中输入“F2:F86”，单击“确定”按钮，即可在单元格I1中得出“销售总额”的数据，如图7-7所示。

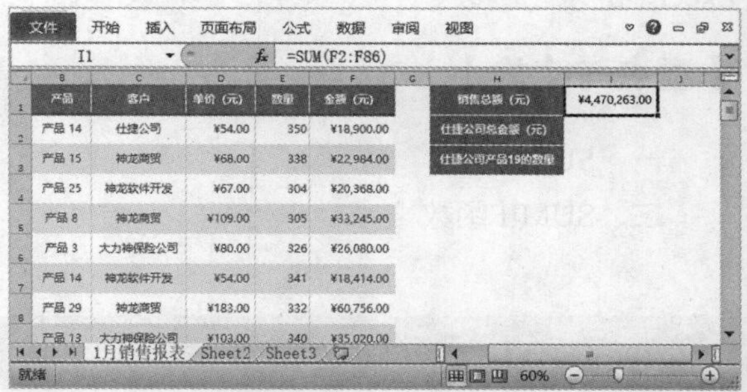

▲ 图 7-7

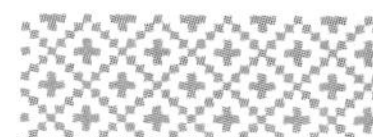

7.2.2 SUMIF 函数

SUM函数虽然很常用，但是也只能完成简单的求和，无法实现按条件求和。例如，要求按条件求出仕捷公司的销售总额，SUM函数就无法实现，这时可以使用SUMIF函数。

SUMIF函数的功能是对报表范围中符合指定条件的值求和。其语法格式为：

SUMIF(条件区域,求和条件,求和区域)。

SUMIF函数：在【公式】选项卡中，单击【函数库】组中的【数学和三角函数】按钮，在弹出的下拉列表中选择【SUMIF】选项，弹出【函数参数】对话框，根据函数的语法格式进行相关设置，如图7-8所示。

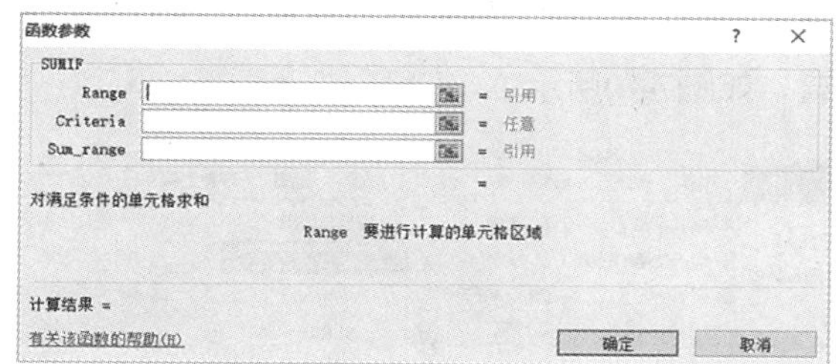

▲ 图 7-8

下面我们通过课堂练习来看一下，如何使用SUMIF函数。

课堂练习 在“销售报表”中计算“仕捷公司总金额”

素材：第7章\销售报表01—原始文件　　　　重点指数：★★★★

7-2 SUMIF 函数

01 打开本实例的原始文件，求“仕捷公司总金额”，选中单元格I2。

02 打开SUMIF函数的【函数参数】对话框，在第1个参数文本框中输入“C2:C86”，第2个参数文本框数输入文本“仕捷公司”，第3个参数文本框中输入“F2:F86”，单击“确定”按钮，即可得出结果，如图7-9所示。

▲ 图 7-9

小贴士

在输入函数公式时，建议使用【函数参数】对话框，主要有两个原因：一是可以避免手动输入造成错误；二是【函数参数】对话框对每个参数的内容都有提示，可以进一步保证输入参数的准确性。

7.2.3 SUMIFS 函数

SUMIFS函数的功能是根据指定的多个条件，对指定区域内满足所有条件的单元格数据进行求和。其语法格式为：

SUMIFS(实际求和区域,条件判断区域1,条件值1,条件判断区域2,条件值2,条件判断区域3,条件值3……)。

SUMIFS函数：在【公式】选项卡中，单击【函数库】组中的【数学和三角函数】按钮，在弹出的下拉列表中选择【SUMIFS】选项，弹出【函数参数】对话框，根据函数的语法格式进行设置，如图7-10所示。

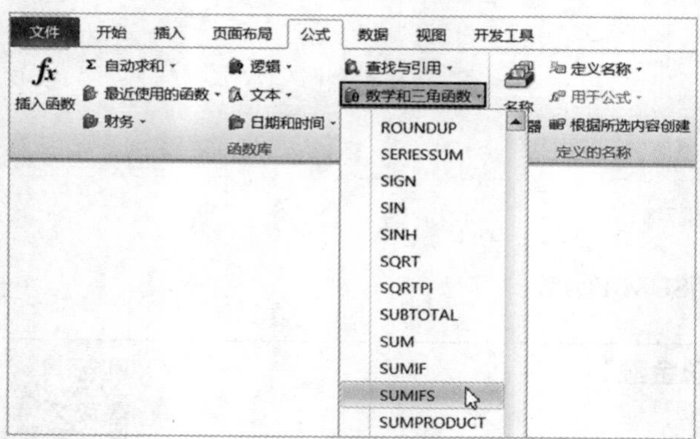

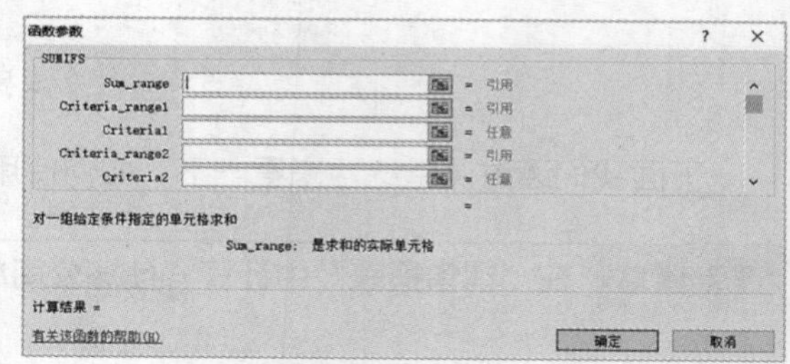

▲图 7-10

下面我们通过课堂练习来看一下，如何使用SUMIFS函数。

课堂练习 在"销售报表"中计算"仕捷公司产品 19 的数量"

素材：第7章\销售报表02—原始文件　　重点指数：★★★★

7-3 SUMIFS 函数

01 打开本实例的原始文件，求"仕捷公司产品19的数量"，选中单元格I3。

02 打开SUMIFS【函数参数】对话框，在第1个参数文本框中输入"E2:E86"，在第2个参数文本框中输入"C2:C86"，在第3个参数文本框中输入文本"仕捷公司"，在第4个参数文本框中输入"B2:B86"，在第5个参数文本框中输入文本"产品19"，单击"确定"按钮，即可得出结果，如图7-11所示。

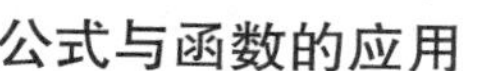

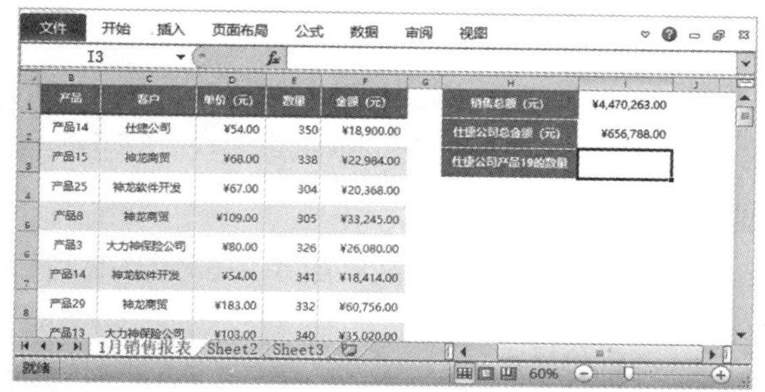
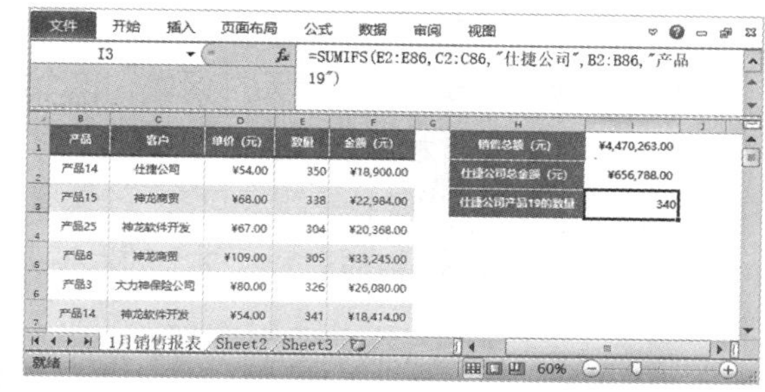

▲ 图 7-11

7.3 查找与引用函数

【内容概述】

查找与引用函数用于在数据清单或表格中查找特定数值，或者查找某一单元格的引用。常用的查找与引用函数包括 VLOOKUP函数、HLOOKUP函数、LOOKUP函数等。

【重点与实施】

一、VLOOKUP函数

二、HLOOKUP函数

三、LOOKUP函数

7.3.1 VLOOKUP 函数

VLOOKUP函数是Excel中的一个纵向查找函数，它的功能是根据一个指定的条件（即查找值），在指定的查找列表或区域内（即查找区域），在第1列里匹配是否满足指定的条件（匹配查找值），然后从右边某列取出满足该条件的数据。例如，从“员工业绩管理表”中查找“员工编号”为“SL001”的“3月份”的销售额如图7-12所示。其语法格式为:

VLOOKUP(查找值,查找区域,返回查找区域第N列的列号,匹配模式)

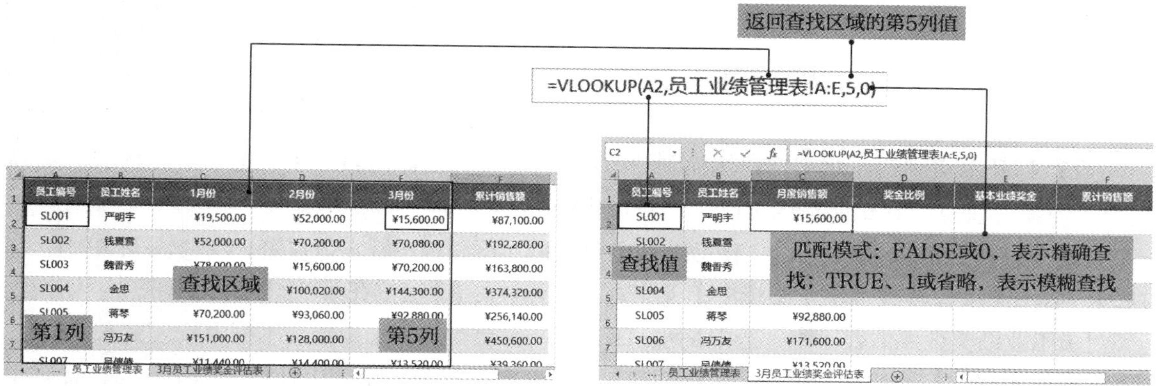

▲ 图 7-12

查找值：指定的查找值。

查找区域：需要查询的单元格区域，这个区域中的首列必须要包含查询值，也就是说，查找值是什么，就将其选为区域的第1列，否则公式将返回错误值。如果查询区域中包含多个符合条件的查询值，VLOOKUP函数只能返回第一个查找到的结果。

返回查找区域第N列的列号：这个列号是列表或区域的第几列，它是从匹配条件那列开始向右计算的。

匹配模式：决定函数的查找方式，如果为0或FALSE，用精确匹配方式；如果为TRUE、1或被省略，则使用近似匹配方式。

VLOOKUP函数：切换到【公式】选项卡，在【函数库】组中，单击【查找与引用】按钮，在弹出的下拉列表中选择【VLOOKUP】选项，弹出【函数参数】对话框，根据函数的语法格式来设置，如图7-13所示。

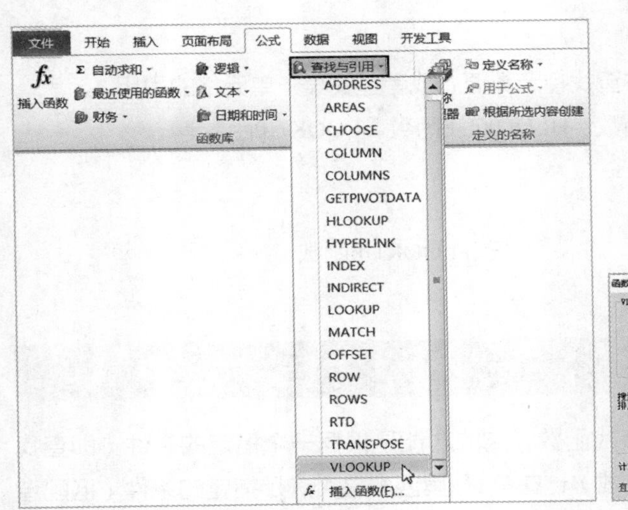

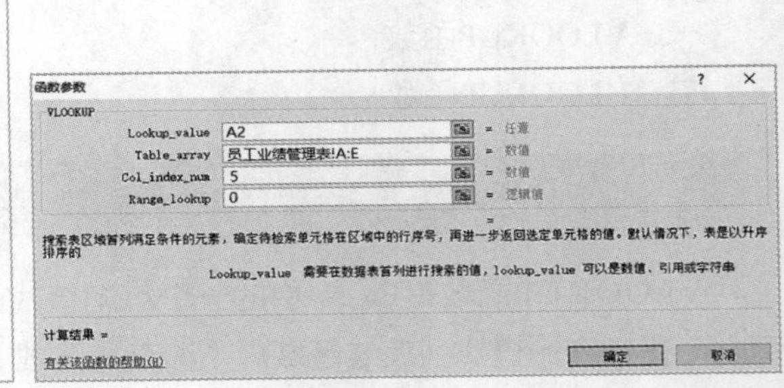

▲图 7-13

下面我们通过课堂练习来看一下，如何使用VLOOKUP函数。

课堂练习 在“员工业绩表”中纵向查找每位员工的月度销售额

素材：第7章\员工业绩表—原始文件　　重点指数：★★★★

7-4 VLOOKUP 函数

01 打开本实例的原始文件，切换到“3月员工业绩奖金评估表”中，选中单元格C2，要从“员工业绩管理表”中查询每个员工的3月份销售额。

02 打开VLOOKUP函数的【函数参数】对话框，将鼠标指针定位在第1个参数文本框中，切换到“员工业绩管理表”中单击选中单元格A2；将鼠标指针定位在第2个参数文本框中，切换到“3月员工业绩奖金评估表”中，选中A列～E列的单元格；在第3个参数文本框中输入文本“5”；在第4个参数文本框中输入“0”，单击“确定”按钮在单元格C2中即可计算出结果。将鼠标定位在单元格C2下方，双击向下填充，将公式不带格式的向下填充，即可得出结果，如图7-14所示。

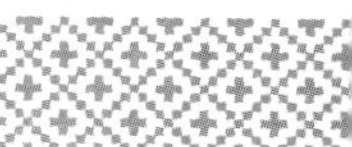

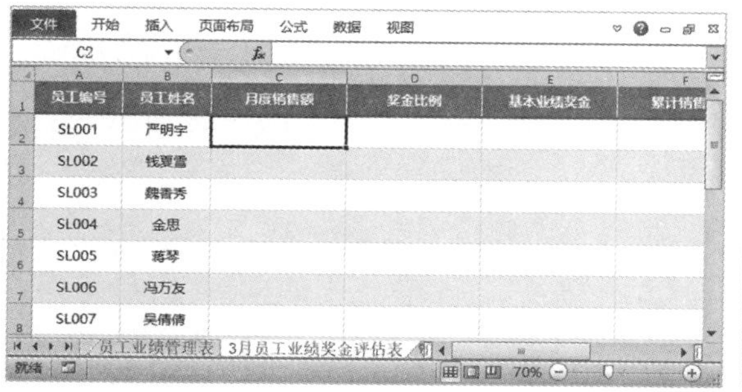

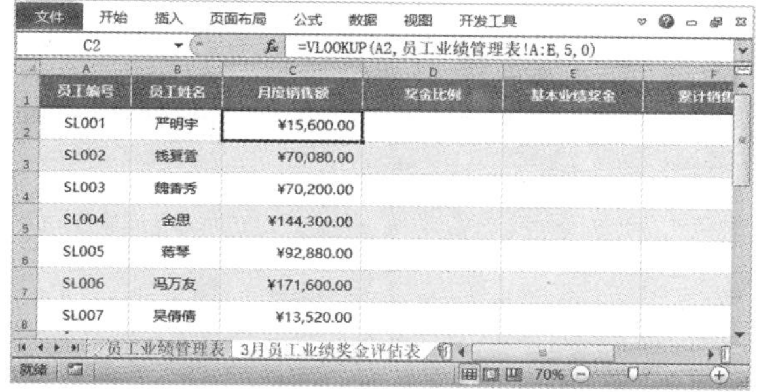

▲ 图 7-14

7.3.2 HLOOKUP 函数

HLOOKUP函数是Excel中的一个横向查找函数，HLOOKUP函数同前文的VLOOKUP函数是一对“兄弟”，HLOOKUP函数可以实现按行查找数据，如图7-15所示。其语法格式为：

HLOOKUP(查找值,查找区域,返回查找区域第N行的行号,匹配模式)。

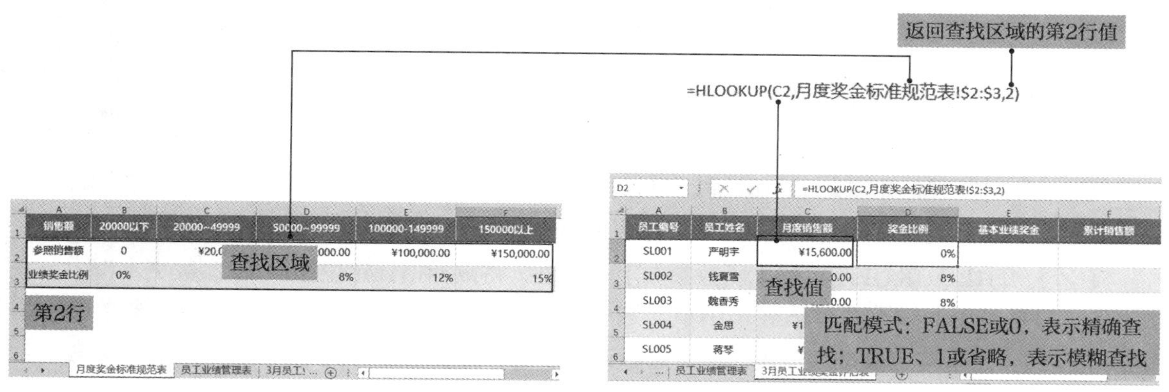

▲ 图 7-15

查找值：指定的查找值。

查找区域：需要查询的单元格区域，这个区域中的首行必须要包含查询值，也就是说，查找值是什么，就将其选为区域的第1行，否则公式将返回错误值。

返回查找区域第N行的行号：这个行号是列表或区域的第几行，它是从匹配条件那行开始向下计算的。

匹配模式：决定函数的查找方式，如果为0或FALSE，用精确匹配方式；如果为TRUE、1或被省略，则使用近似匹配方式。

HLOOKUP函数：切换到【公式】选项卡，在【函数库】组中，单击【查找与引用】按钮，在弹出的下拉列表中选择【HLOOKUP】选项，弹出【函数参数】对话框，根据函数的语法格式来设置，如图7-16所示。

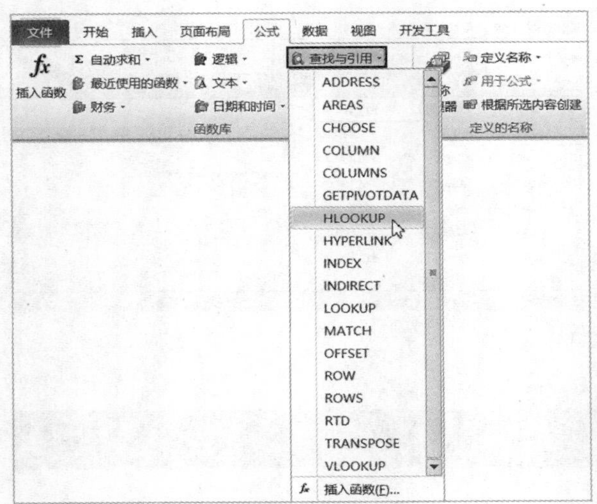

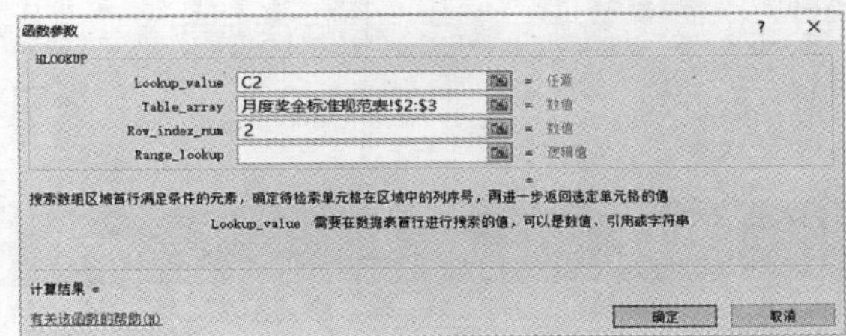

▲图 7-16

下面我们通过课堂练习来看一下，如何使用HLOOKUP函数。

课堂练习 在"员工业绩表"中横向查找每位员工的奖金比例

素材：第7章\员工业绩表01—原始文件　　　　重点指数：★★★★

7-5 HLOOKUP 函数

01 打开本实例的原始文件，切换到"3月员工业绩奖金评估表"，选中单元格D2，要求把每个人对应的业绩奖金从"月度奖金标准规范表"中查询出来，保存到"3月员工业绩奖金评估表"中。

02 打开HLOOKUP函数的【函数参数】对话框，将鼠标指针定位在第1个参数文本框中，在切换到"3月员工业绩奖金评估表"中单击选中单元格C2；将鼠标指针定位在第2个参数文本框中，切换到"月度奖金标准规范表"中，选中该表中的第2行～第3行的单元格；在第3个参数文本框中输入文本"2"，忽略第4个参数，单元格D2中即可得出结果。

03 由于我们在向下填充公式的时候，参数使用相对引用会改变行号，此时我们需要将不能改变行号的参数更改为绝对引用。双击单元格D2，使其进入编辑状态，选中公式中的参数"月度奖金标准规范表!2:3"，按F4键，即可使参数变为绝对引用"月度奖金标准规范表!$2:$3"，然后将公式不带格式的向下填充，如图7-17所示。

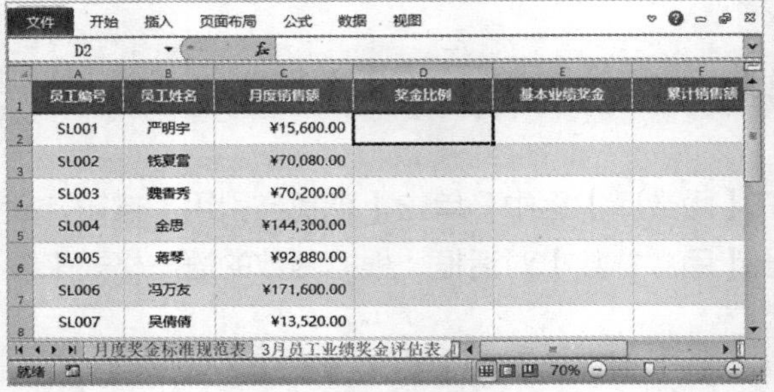

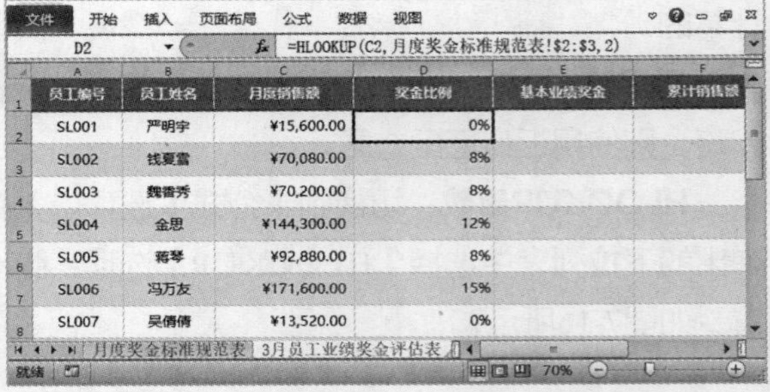

▲图 7-17

7.3.3 LOOKUP 函数

LOOKUP函数的功能是返回向量或数组中的数值。LOOKUP函数有向量和数组两种语法形式。

（1）LOOKUP函数的向量形式是在单行区域或单列区域（向量）中查找数值，然后返回第二个单行区域或单列区域中相同位置的数值。

其语法格式为：

LOOKUP(查找值,查找值范围,返回值范围)。

① 查找值是指 LOOKUP 函数在第1个向量中所要查找的数值，它可以是文本、数字、逻辑值或包含数值的名称或引用。

② 查找值范围是指只包含1行或1列的区域，其数值可以为文本、数字或逻辑值。

③ 返回值范围也是指只包含1行或1列的区域，其数值大小必须与查找值范围的数值大小相同。

（2）LOOKUP函数的数组形式是在数组的第1行或第1列中查找指定的数值，然后返回数组的最后1行或最后1列中相同位置的数值。

其语法格式为：

LOOKUP(查找值,数组)。

① 查找值是指包含文本、数字或逻辑值的单元格区域或数组。

② 数组是指任意包含文本、数字或逻辑值的单元格区域或数组，但无论是什么数组，查找值所在行或列的数据都应按升序排列。

LOOKUP函数的向量形式和数组形式之间的区别，其实就是参数设置上的区别。但是无论使用哪种形式，LOOPUP函数的查找规则都相同：查找小于或等于第1个参数的最大值，再根据找到的匹配值确定返回结果。

LOOKUP函数：在【公式】选项卡中，单击【函数库】组中的【查找与引用】按钮，在弹出的下拉列表中选择【LOOKUP】选项，弹出【选定参数】对话框，根据函数的语法格式进行设置，如图7-18所示。

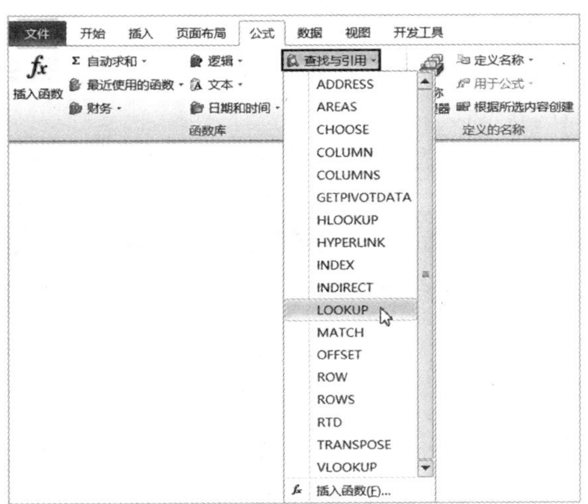

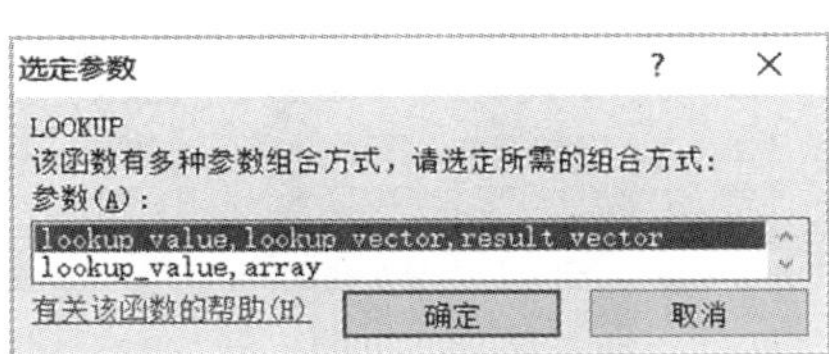

▲ 图 7-18

下面我们通过课堂练习来看一下，如何使用LOOKUP函数。

课堂练习 在“员工业绩管理表”中查找月度销售额

素材：第7章\员工业绩管理表02—原始文件　　　重点指数：★★★★

7-6 LOOKUP 函数

1. LOOKUP函数的向量形式

01 打开本实例的原始文件，切换到“3月员工业绩奖金评估表”中，在D列前插入一个新的列，并输入标题“月度销售额”。

02 选中单元格D2，打开LOOKUP函数向量形式的【函数参数】对话框，在第1个参数文本框中输入“A2”，在第2个参数文本框中输入“员工业绩管理表 !A:A”，在第3个参数文本框中输入“员工业绩管理表 !E:E”，单击“确定”按钮，即可得出结果，然后将公式不带格式地填充到下面的单元格区域中，如图7-19所示。

员工编号	员工姓名	月度销售额	奖金比例	基本业绩奖金	累计销售
SL001	严明宇	¥15,600.00			
SL002	钱夏雪	¥70,080.00			
SL003	魏香秀	¥70,200.00			
SL004	金思	¥144,300.00			
SL005	蒋琴	¥92,880.00			
SL006	冯万友	¥171,600.00			
SL007	吴倩倩	¥13,520.00			

=LOOKUP(A2, 员工业绩管理表!A:A, 员工业绩管理表!E:E)

员工编号	员工姓名	月度销售额	月度销售额	月度销售额	奖金比例
SL001	严明宇	¥15,600.00	¥15,600.00	¥15,600.00	
SL002	钱夏雪	¥70,080.00	¥70,080.00	¥70,080.00	
SL003	魏香秀	¥70,200.00	¥70,200.00	¥70,200.00	
SL004	金思	¥144,300.00	¥144,300.00	¥144,300.00	
SL005	蒋琴	¥92,880.00	¥92,880.00	¥92,880.00	
SL006	冯万友	¥171,600.00	¥171,600.00	¥171,600.00	
SL007	吴倩倩	¥13,520.00	¥13,520.00	¥13,520.00	

▲ 图 7-19

2. LOOKUP函数的数组形式

01 再次在D列前插入一个新的列，并输入标题“月度销售额”。

02 选中单元格D2，打开LOOKUP函数数组形式的【函数参数】对话框，在第1个参数文本框中输入“A2”，在第2个参数文本框中输入“员工业绩管理表 !A:E”，即可得出结果，然后将公式不带格式地填充到下面的单元格区域中，如图7-20所示。

=LOOKUP(A2, 员工业绩管理表!A:A, 员工业绩管理表!E:E)

员工编号	员工姓名	月度销售额	月度销售额	月度销售额	奖金比例
SL001	严明宇	¥15,600.00	¥15,600.00	¥15,600.00	
SL002	钱夏雪	¥70,080.00	¥70,080.00	¥70,080.00	
SL003	魏香秀	¥70,200.00	¥70,200.00	¥70,200.00	
SL004	金思	¥144,300.00	¥144,300.00	¥144,300.00	
SL005	蒋琴	¥92,880.00	¥92,880.00	¥92,880.00	
SL006	冯万友	¥171,600.00	¥171,600.00	¥171,600.00	
SL007	吴倩倩	¥13,520.00	¥13,520.00	¥13,520.00	

=LOOKUP(A2, 员工业绩管理表!A:E)

员工编号	员工姓名	月度销售额	月度销售额	月度销售额	奖金比例
SL001	严明宇	¥15,600.00	¥15,600.00	¥15,600.00	
SL002	钱夏雪	¥70,080.00	¥70,080.00	¥70,080.00	
SL003	魏香秀	¥70,200.00	¥70,200.00	¥70,200.00	
SL004	金思	¥144,300.00	¥144,300.00	¥144,300.00	
SL005	蒋琴	¥92,880.00	¥92,880.00	¥92,880.00	
SL006	冯万友	¥171,600.00	¥171,600.00	¥171,600.00	
SL007	吴倩倩	¥13,520.00	¥13,520.00	¥13,520.00	

▲ 图 7-20

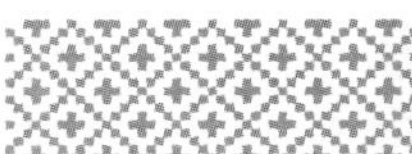

7.4 统计函数

【内容概述】

统计函数通常用于对数据进行统计分析。

【重点与实施】

一、COUNT函数
二、MAX函数
三、MIN函数
四、AVERAGE 函数
五、COUNTIF函数
六、COUNTIFS函数

7.4.1 COUNT 函数

COUNT函数的功能是计算参数列表中的数字项的个数。

其语法格式为：

COUNT(单元格区域)

函数COUNT在计数时，将把数值型的数据计算进去；但是错误值、空值、逻辑值、文字则被忽略。

COUNT函数：在【公式】选项卡中，单击【函数库】组中的【其他函数】按钮，在弹出的下拉列表中选择【统计】→【COUNT】选项，弹出【函数参数】对话框，根据函数的语法格式进行设置，如图7-21所示。

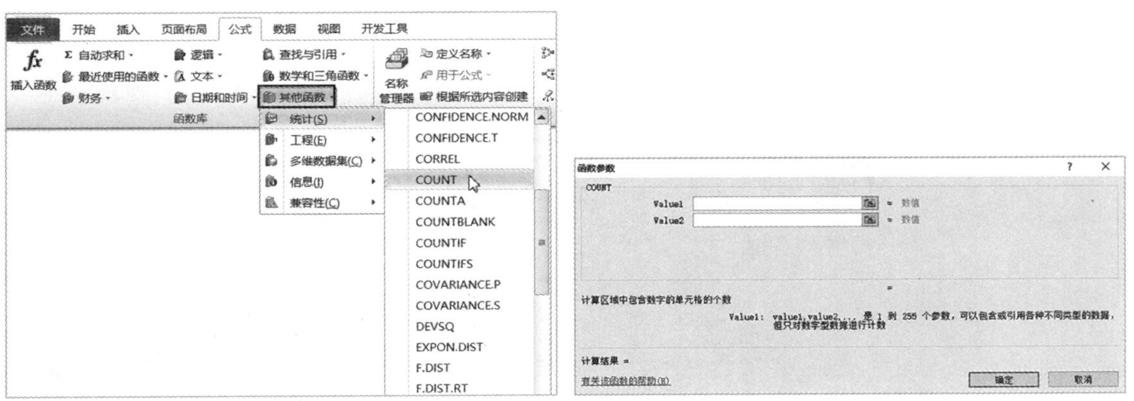

▲图 7-21

下面我们通过课堂练习来看一下，如何使用COUNT函数。

课堂练习 在“产品销量表”中统计业务员人数

素材：第7章\产品销量表—原始文件　　重点指数：★★★★

7-7 COUNT 函数

01 打开本实例的原始文件，选中单元格D22。

02 打开COUNT函数的【函数参数】对话框，在第1个参数文本框中输入"E2:E20"，单击"确定"按钮，即可得出结果，如图7-22所示。

▲图 7-22

7.4.2 MAX 函数

MAX函数用于返回一组值中的最大值。

其语法格式为：

MAX(数值1,数值2,…)

数值1是必需的，后续数字是可选的，要从中查找最大值的1到30个数值。

MAX函数：在【公式】选项卡中，单击【函数库】组中的【其他函数】按钮，在弹出的下拉列表中选择【统计】→【MAX】选项，弹出【函数参数】对话框，根据函数的语法格式进行设置，如图7-23所示。

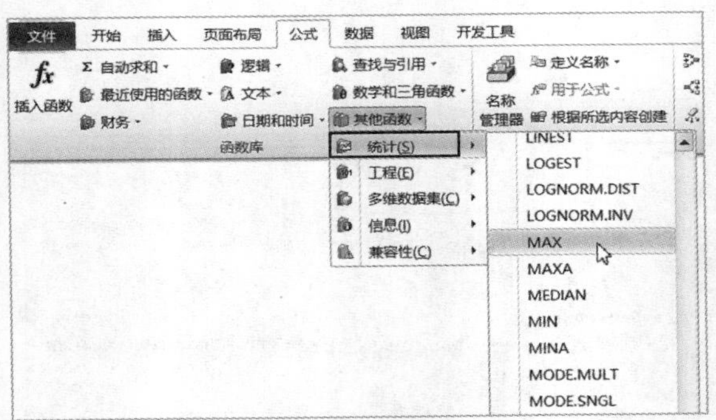

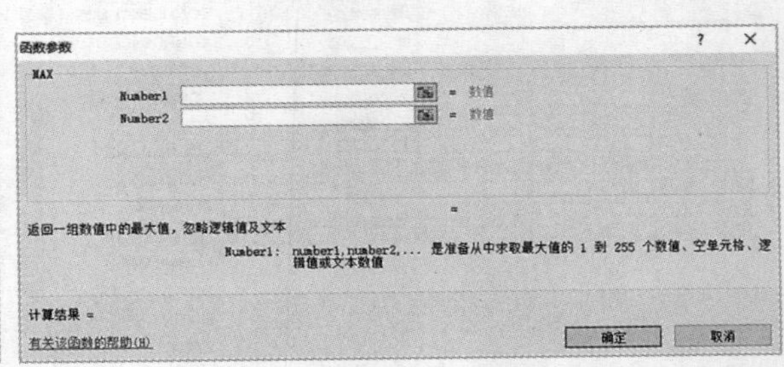

▲图 7-23

下面我们通过课堂练习来看一下，如何使用MAX函数。

课堂练习 在"产品销量表"中计算最高销售金额

素材：第7章\产品销量表01—原始文件　　重点指数：★★★★

7-8 MAX 函数

01 打开本实例的原始文件，选中单元格D23。

02 打开MAX函数的【函数参数】对话框，在第1个参数文本框中输入“G2:G20”，单击“确定”按钮，即可得出结果，如图7-24所示。

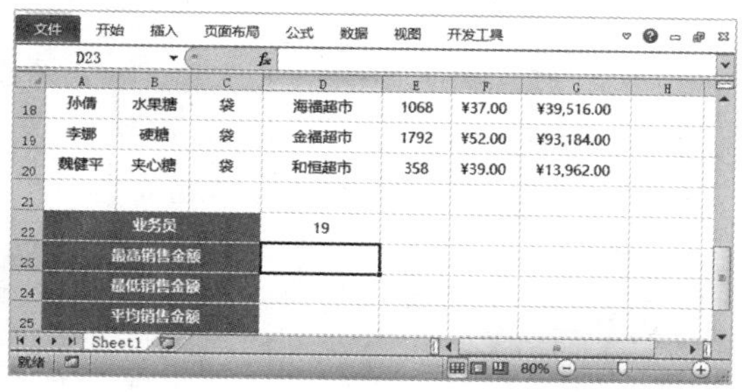

▲ 图 7-24

7.4.3 MIN 函数

MIN函数用于返回一组值中的最小值。

其语法格式为:

MIN(数值1,数值2,…)。

数值1是必需的，后续数字是可选的，要从中查找最小值的1到30个数值。

MIN函数：在【公式】选项卡中，单击【函数库】组中的【其他函数】按钮，在弹出的下拉列表中选择【统计】→【MIN】选项，弹出【函数参数】对话框，根据函数的语法格式进行设置，如图7-25所示。

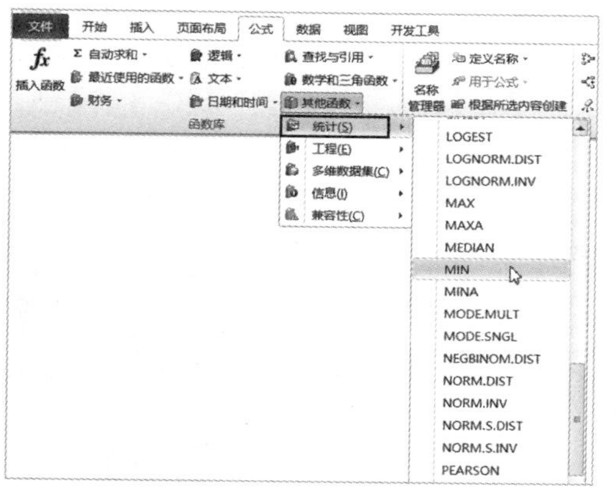

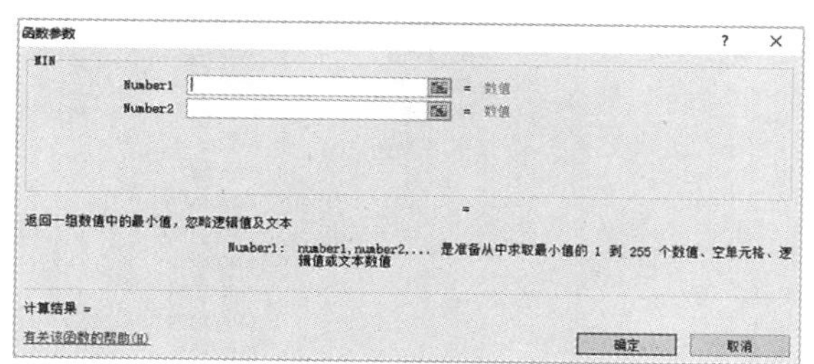

▲ 图 7-25

下面我们通过课堂练习来看一下，如何使用MIN函数。

课堂练习 **在“产品销量表”中计算最低销售金额**

素材：第7章\产品销量表02—原始文件　　重点指数：★★★★

7-9 MIN 函数

01 打开本实例的原始文件，选中单元格D24。

02 打开MIN函数的【函数参数】对话框，在第1个参数文本框中输入“G2:G20”，单击“确定”按钮，即可得出结果，如图7-26所示。

▲图 7-26

7.4.4 AVERAGE 函数

AVERAGE函数是Excel表格中的计算平均值的函数，参数可以是数字，或者是涉及数字的名称、数组或引用，如果数组或单元格引用参数中有文字、逻辑值或空单元格，则忽略其值。但是，如果单元格中包含零值则计算在内。

其语法格式为：

AVERAGE(数值1,数值2,…)。

AVERAGE函数：在【公式】选项卡中，单击【函数库】组中的【其他函数】按钮，在弹出的下拉列表中选择【统计】→【AVERAGE】选项，弹出【函数参数】对话框，根据函数的语法格式进行设置，如图7-27所示。

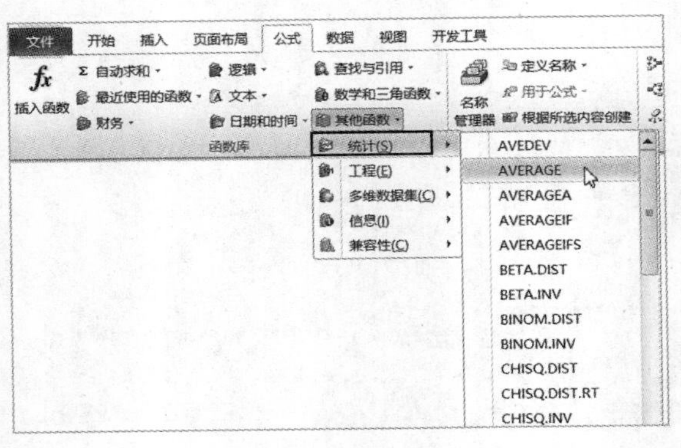

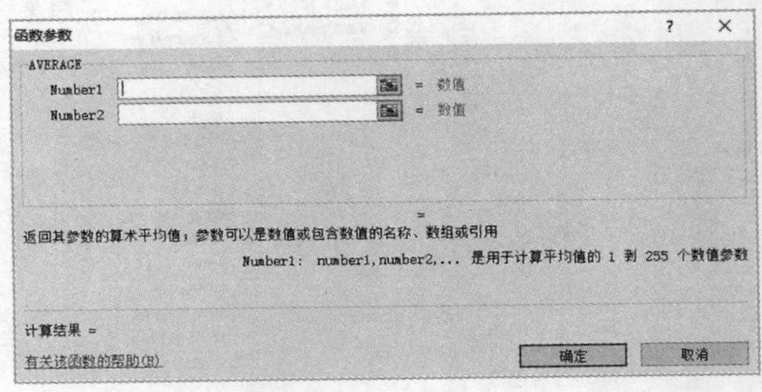

▲图 7-27

下面我们通过课堂练习来看一下，如何使用AVERAGE函数。

课堂练习 在“产品销量表”中计算平均销售金额

素材：第7章\产品销量表03—原始文件　　重点指数：★★★★

7-10 AVERAGE 函数

01 打开本实例的原始文件，选中单元格D25。

02 打开AVERAGE函数的【函数参数】对话框，在第1个参数文本框中输入“G2:G20”，单击“确定”按钮，即可得出结果，如图7-28所示。

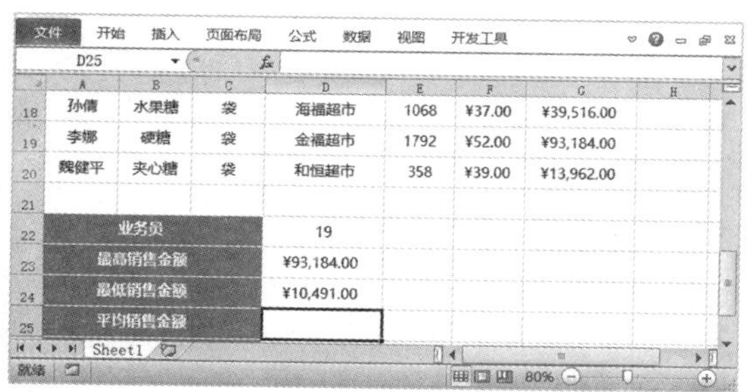

▲ 图 7-28

7.4.5 COUNTIF 函数

COUNTIF函数是Excel中对指定区域中符合指定条件的单元格计数的一个函数。

其语法格式为:

COUNTIF(单元格区域,条件)。

- 单元格区域为要计算其中非空单元格数目的区域。
- 条件为以数字、表达式或文本形式定义的条件。

COUNTIF函数就是一个条件计数函数，其与COUNT函数的区别在于，它可以限定条件。

COUNTIF函数：在【公式】选项卡中，单击【函数库】组中的【其他函数】按钮，在弹出的下拉列表中选择【统计】→【COUNTIF】选项，弹出【函数参数】对话框，根据函数的语法格式进行设置，如图7-29所示。

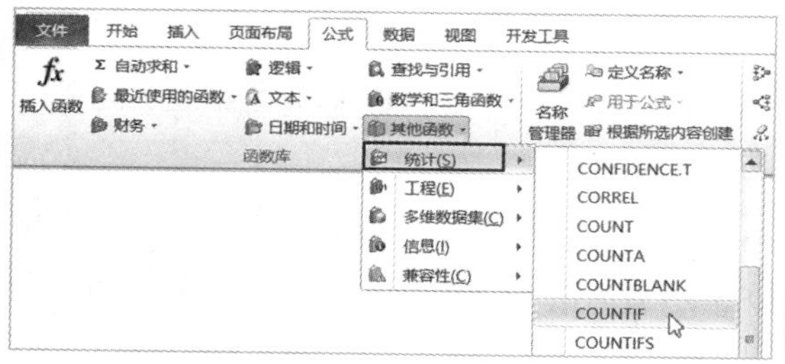

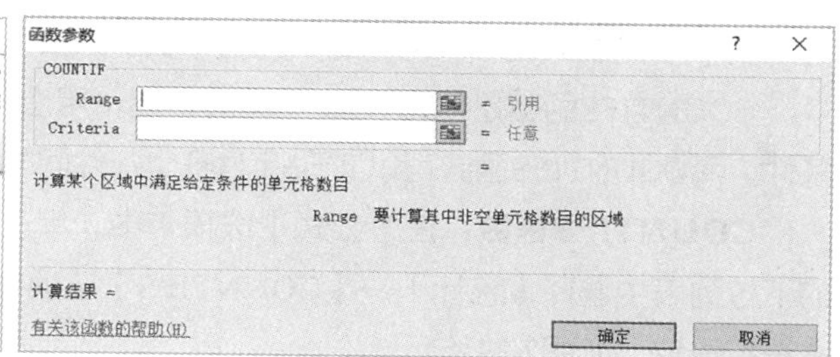

▲ 图 7-29

下面我们通过课堂练习来看一下，如何使用COUNTIF函数。

课堂练习 **在“产品销量表”中统计销售金额在 5 万元以上和 1.5 万元以下的员工数量**

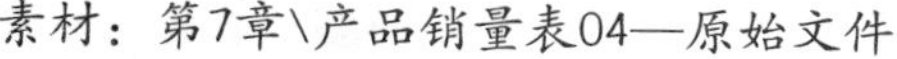
素材：第7章\产品销量表04—原始文件

重点指数：★★★★

7-11 COUNTIF 函数

01 打开本实例的原始文件，选中单元格D26。

02 打开COUNTIF函数的【函数参数】对话框，在第1个参数文本框中输入“G2:G20”，在第2个参数文本框中输入“>50000”，单击“确定”按钮，即可得出结果，按照相同的方法，计算金额在1.5万元以下的员工数量如图7-30所示。

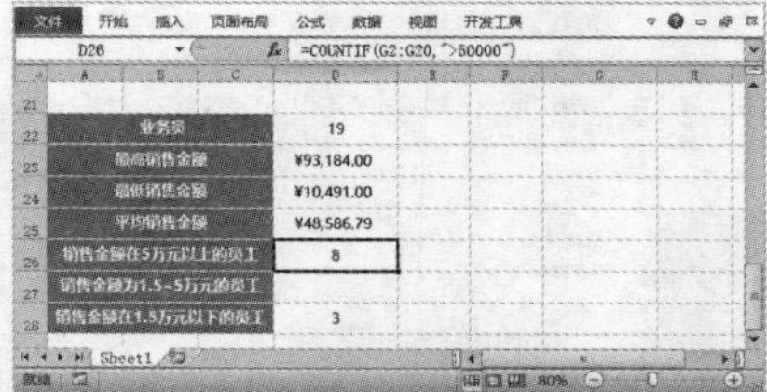

▲图 7-30

素养教学

人生中一个重要的智慧：不在于先天有多么聪明，而要在前进的道路上学会总结，形成总结的习惯。总结是一个整理、提炼的过程，是我们获得进步的好方法。在工作中，我们要总结经验教训，厘清发展思路。总结既是对过去的回顾，更是对未来更好地开拓。

7.4.6 COUNTIFS函数

COUNTIFS函数的功能是用来统计多个区域中满足给定条件的单元格个数。

其语法格式为：

COUNTIFS(统计区域1,条件1,统计区域2,条件2,…)。

统计区域1为第1个需要计算其中满足某个条件的单元格数目的单元格区域（简称为统计区域），条件1为第1个区域中将被计算在内的条件（简称为条件），其形式可以为数字、表达式或文本。同理，统计区域2为第2个统计区域，条件2为第2个条件，依此类推。COUNTIFS函数最终返回的是多个区域中满足所有条件的单元格个数。

COUNTIFS函数是COUNTIF函数的扩展，用法与COUNTIF类似，但COUNTIF函数是针对单一条件，而COUNTIFS函数可以实现针对多个条件同时求结果。

COUNTIFS函数：在【公式】选项卡中，单击【函数库】组中的【其他函数】按钮，在弹出的下拉列表中选择【统计】→【COUNTIFS】选项，弹出【函数参数】对话框，根据函数的语法格式进行设置，如图7-31所示。

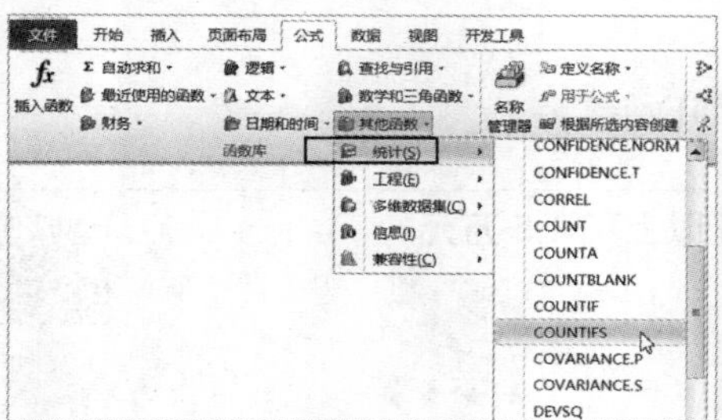

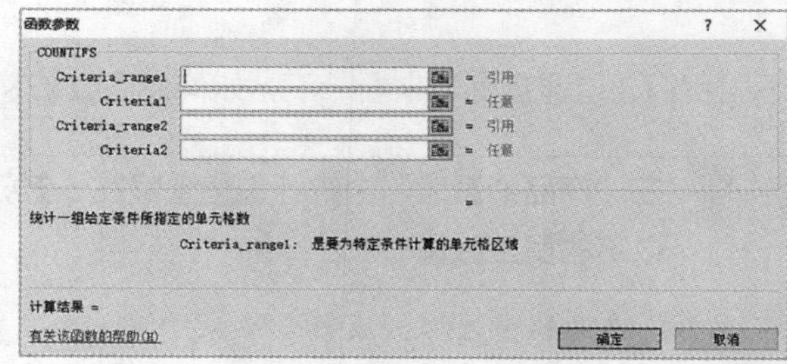

▲图 7-31

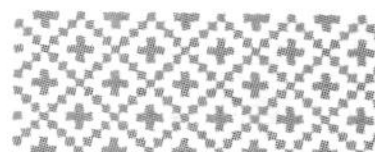

下面我们通过课堂练习来看一下，如何使用COUNTIFS函数。

课堂练习 **在“产品销量表”中统计销售金额为 1.5 万 ~5 万元的员工数量**

素材：第7章\产品销量表05—原始文件　　重点指数：★★★★

7-12 COUNTIFS 函数

01 打开本实例的原始文件，在产品销量表中使用COUNTIFS函数统计销售金额为1.5～5万元的员工数量。

02 选中单元格D27，打开COUNTIFS函数的【函数参数】对话框，在第1个参数文本框中输入“G2:G20”，在第2个参数文本框中输入“>15000”，在第3个参数文本框中输入“G2:G20”，在第4个参数文本框中输入“<50000”，单击“确定”按钮，即可得出结果，如图7-32所示。

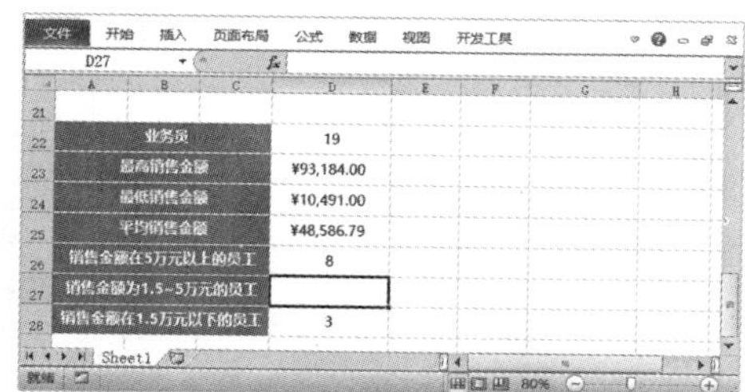

▲ 图 7-32

7.5 逻辑函数

【内容概述】

逻辑函数是一种用于进行真假值判断或复合检验的函数。逻辑函数是 Excel 中最常用的函数之一，常用的逻辑函数包括IF函数、OR函数、AND函数等。

【重点与实施】

一、IF函数

二、OR函数

三、AND函数

7.5.1 IF 函数

IF函数的应用十分广泛，其基本用法是根据指定的条件进行判断，得到满足条件的结果1或者不满足条件的结果2其逻辑关系图如图7-33所示。

其语法结构为：

IF(判断条件,满足条件的结果1,不满足条件的结果2)。

首先，我们需要进行分析，并根据分析绘制逻辑关系图。

例如，若实际销量大于等于计划销量即为业绩达标，实际销量小于计划销量即为业绩未达标，其逻辑关系图如图7-34所示。

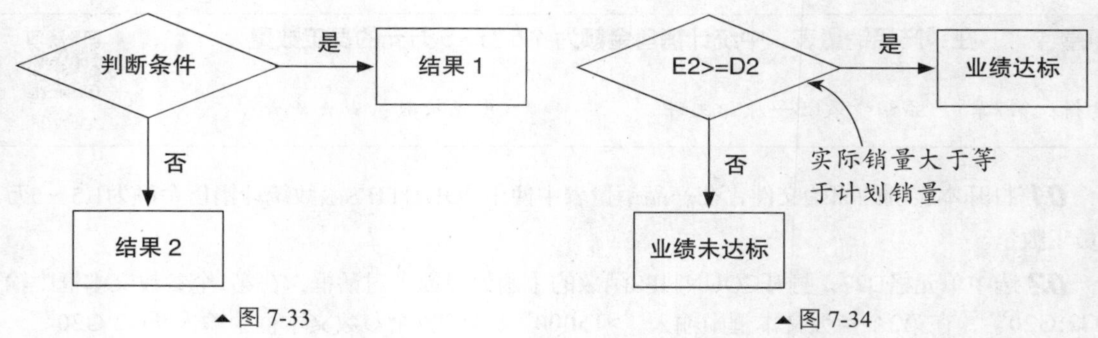

▲图 7-33　　▲图 7-34

IF函数：在【公式】选项卡中，单击【函数库】组中的【逻辑】按钮，在弹出的下拉列表中选择【IF】选项，弹出【函数参数】对话框，根据函数的语法格式进行设置，如图7-35所示。

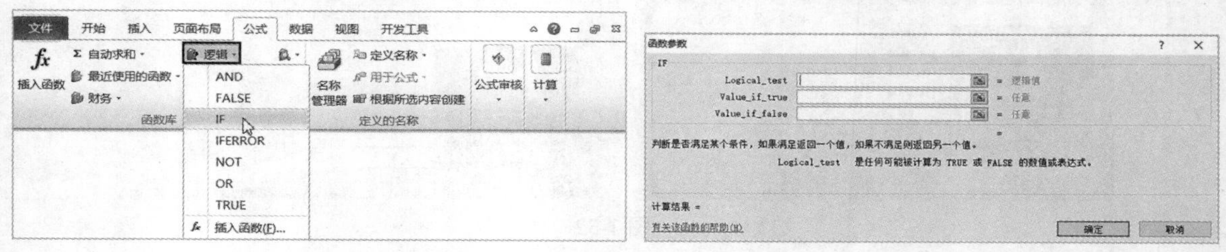

▲图 7-35

下面我们通过课堂练习来看一下，如何使用IF函数。

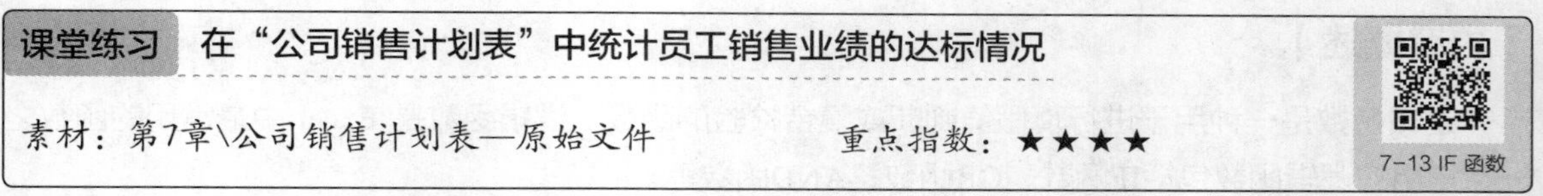

01 打开本实例的原始文件，选中单元格F2。

02 打开IF函数的【函数参数】对话框，在第1个参数文本框中输入“E2>=D2”，在第2个参数文本框中输入“达标”，在第3个参数文本框中输入“未达标”，即可得出结果，然后双击单元格F2向下填充。“达标情况”计算结果如图7-36所示。

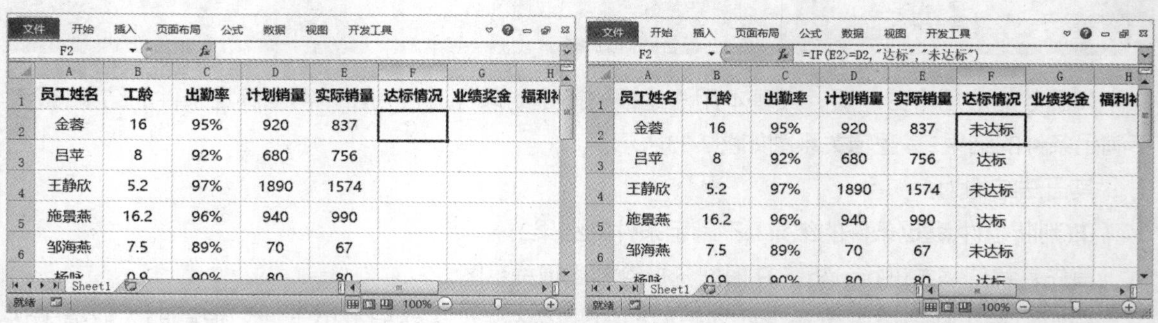

员工姓名	工龄	出勤率	计划销量	实际销量	达标情况
金蓉	16	95%	920	837	未达标
吕苹	8	92%	680	756	达标
王静欣	5.2	97%	1890	1574	未达标
施景燕	16.2	96%	940	990	达标
邹海燕	7.5	89%	70	67	未达标

▲图 7-36

小贴士

在“函数参数”对话框中输入函数的参数时，若逻辑值为文本，直接输入文本内容即可，系统会自动添加半角双引号，用户无须手动添加。

7.5.2 OR 函数

OR函数的功能是对公式中的条件进行连接。

其语法格式为:

OR(条件1,条件2,…)。

OR函数的特点是，在众多条件中，只要有一个条件为真，其逻辑值就为真；只有全部条件为假时，其逻辑值才为假。

OR函数的逻辑关系如图7-37所示。

条件1	条件2	逻辑值
真	真	真
真	假	真
假	真	真
假	假	假

▲ 图 7-37

在下文判断员工是否能得到1000元的业绩奖金的示例中，条件1为业绩达标，条件2为出勤率大于等于95%，员工只要满足两个条件中的任何一个就能得到1000元的业绩奖金。

由于OR函数返回的结果就是一个逻辑值，不能直接参与数据计算和处理，因此一般需要与其他函数嵌套使用。

例如，前面介绍的IF函数只对一个条件进行判断，在实际应用中，经常需要同时对几个条件进行判断，如在下文的课堂练习中要判断员工是否能拿到业绩奖金，只使用IF函数是无法做出判断的，这时就需要使用OR函数来辅助了。

我们还是根据条件绘制逻辑关系图。

首先确定判断条件，即业绩达标或出勤率大于等于95%；然后确定判断的结果，满足一个条件或两个条件的结果为“1000”，不满足条件的结果为“0”，如图7-38所示。

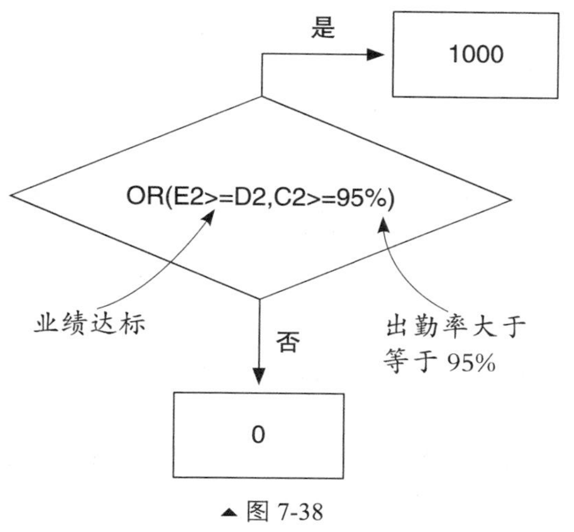

▲ 图 7-38

OR函数：将光标定位在IF的【函数参数】对话框中的第1个文本框中，单击工作表中【名称框】右侧的下拉按钮，在弹出的下拉列表中选择【其他函数】，弹出【插入函数】对话框，在【选择函数】列表框中选择【OR】选项，弹出【函数参数】对话框，根据函数的语法格式进行设置，如图7-39所示。

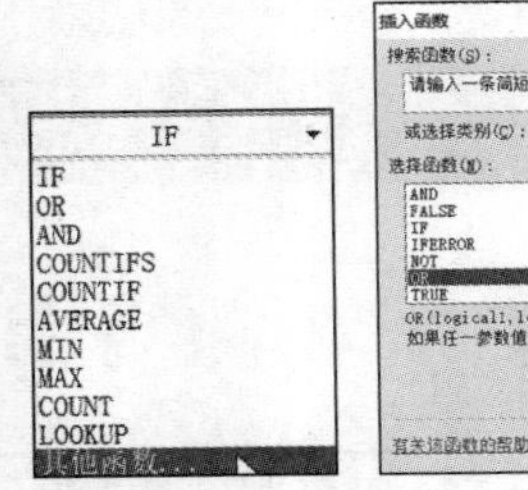

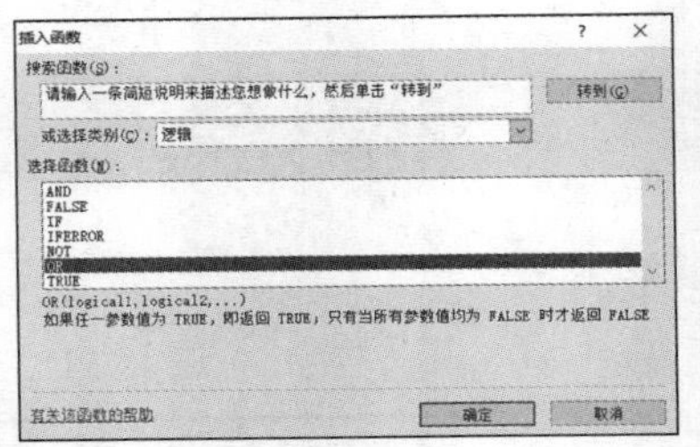

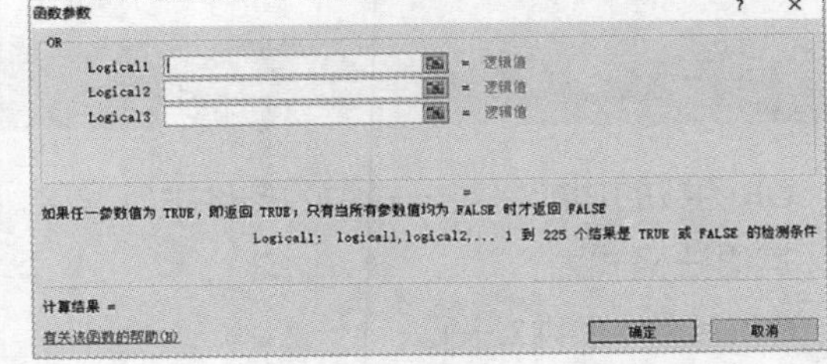

▲ 图 7-39

下面我们通过课堂练习来看一下，如何使用OR函数。

课堂练习 **在"公司销售计划表"中计算员工的业绩奖金**

素材：第7章\公司销售计划表01—原始文件　　重点指数：★★★★

7-14 OR 函数

01 打开本实例的原始文件，选择单元格G2。

02 打开IF函数的【函数参数】对话框，在第2个参数文本框中输入"1000"，第3个参数文本框中输入"0"，将光标移动到第1个判断条件所在的参数文本框中。

03 打开OR函数的【函数参数】对话框，依次在两个参数文本框中输入参数"E2>=D2"和"C2>=95%"，依次单击"确定"按钮，即可得出结果，然后双击单元格G2向下填充。"业绩奖金"计算结果如图7-40所示。

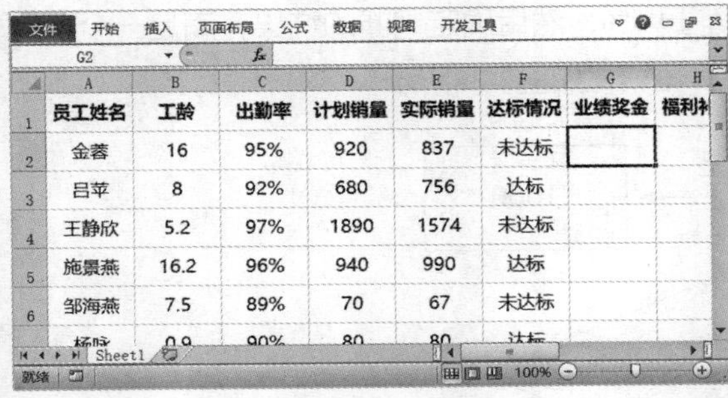

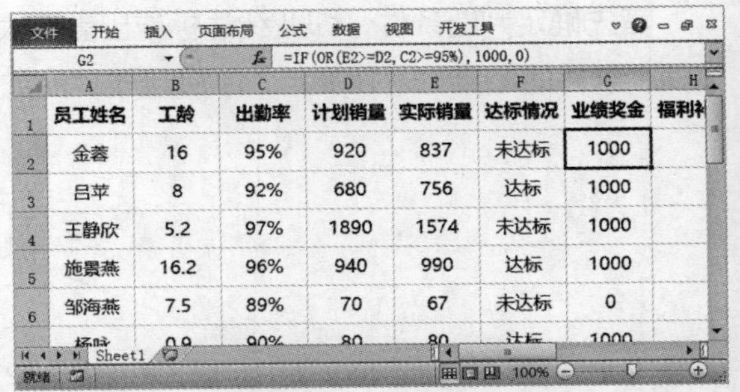

▲ 图 7-40

小贴士

嵌套函数就是指在某些情况下，将某函数作为另一函数的参数使用。例如，单元格G2的公式为"=IF(OR(E2>=D2,C2>=95%),1000,0)"

即在IF函数的参数中嵌套OR函数，就是将OR函数作为IF函数的一个参数来使用。

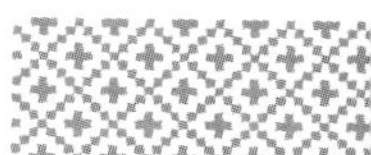

7.5.3 AND 函数

AND是用来判断多个条件是否同时成立的逻辑函数，其语法格式为：

AND(条件 1,条件 2,…)。

AND函数的特点是，在众多条件中，只有全部条件为真，其逻辑值才为真，只要有一个条件为假，其逻辑值为假。

AND函数的逻辑关系如图7-41所示。

条件1	条件2	逻辑值
真	真	真
真	假	假
假	真	假
假	假	假

▲ 图 7-41

AND函数与OR函数一样，其返回的结果也是一个逻辑值，不能直接参与数据计算和处理，一般需要与其他函数嵌套使用。例如，年终时公司要给这一年表现优秀的员工发放5000元的福利补贴，要拿到这份福利补贴，员工必须同时满足3个条件：①工龄3年及以上；②出勤率95%及以上；③达成销售目标。此时用户就需要同时使用IF函数和AND函数，才能判断出哪些员工可以拿到5000元的福利补贴。

下面我们还是根据条件绘制逻辑关系图。首先确定判断条件，即“工龄>=3”“出勤率>=95%”和“达标情况=达标”；然后确定判断的结果，同时满足3个条件的结果为“5000”，否则结果为“0”，如图7-42所示。

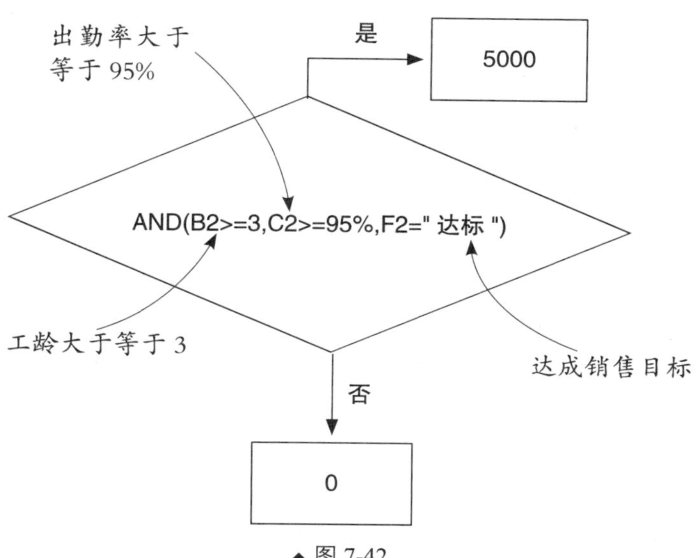

▲ 图 7-42

AND函数：将光标定位在IF的【函数参数】对话框中的第1个参数文本框中，单击工作表中【名称框】右侧的下拉按钮，在弹出的下拉列表中选择【其他函数】，弹出【插入函数】对话框，在【选择函数】列表框中选择【AND】选项，弹出【函数参数】对话框，根据函数的语法格式进行设置，如图7-43所示。

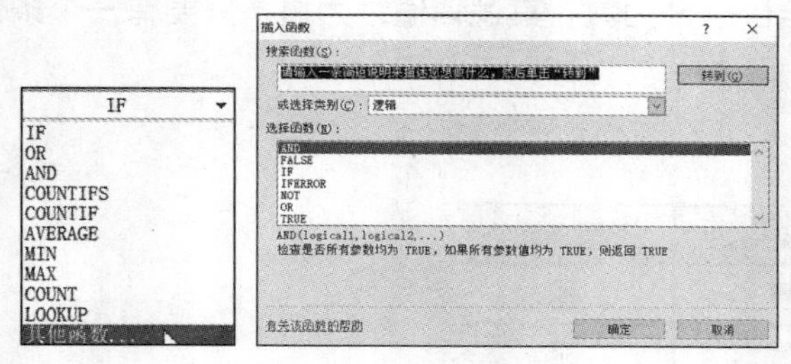

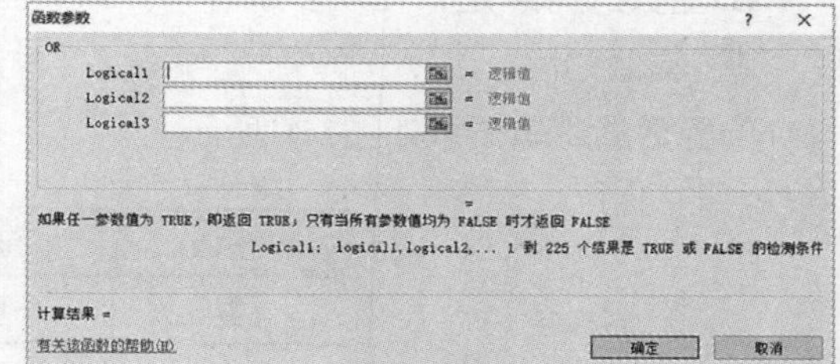

▲图 7-43

下面我们通过课堂练习来看一下，如何使用AND函数。

课堂练习　在"公司销售计划表"中统计员工的福利补贴

素材：第7章\公司销售计划表02—原始文件　　重点指数：★★★★

7-15 AND 函数

01 打开本实例的原始文件，选中单元格H2。

02 打开IF的【函数参数】对话框，在第2个参数文本框中输入"5000"，第3个参数文本框中输入"0"，将光标移动到第1个判断条件所在的参数文本框中。

03 打开AND函数的【函数参数】对话框，然后依次在3个参数文本框中输入参数"B2>=3""C2>=95%"和"F2="达标""，单击"确定"按钮，即可得出结果，然后双击单元格H2向下填充。"福利补贴"计算结果如图7-44所示。

员工姓名	工龄	出勤率	计划销量	实际销量	达标情况	业绩奖金	福利补贴
金蓉	16	95%	920	837	未达标	1000	
吕苹	8	92%	680	756	达标	1000	
王静欣	5.2	97%	1890	1574	未达标	1000	
施景燕	16.2	96%	940	990	达标	1000	
邹海燕	7.5	89%	70	67	未达标	0	
杨咏	0.9	90%	80	80	达标	1000	

H2　=IF(AND(B2>=3, C2>=95%, F2="达标"), 5000, 0)

员工姓名	工龄	出勤率	计划销量	实际销量	达标情况	业绩奖金	福利补贴
金蓉	16	95%	920	837	未达标	1000	0
吕苹	8	92%	680	756	达标	1000	0
王静欣	5.2	97%	1890	1574	未达标	1000	0
施景燕	16.2	96%	940	990	达标	1000	5000
邹海燕	7.5	89%	70	67	未达标	0	0
杨咏	0.9	90%	80	80	达标	1000	0

▲图 7-44

小贴士

单击工作表中【名称框】右侧的下拉按钮，在弹出的下拉列表中如果有AND函数，也可以直接选择AND函数，OR函数也是如此。

7.6 文本函数

【内容概述】

文本函数是指可以在公式中处理字符串的函数。常用的文本函数有从字符串中截取部分字符的LEFT、RIGHT、MID函数，查找指定字符在字符串中位置的FIND函数，计算文本长度的LEN函数，将数字转换为指定格式文本的TEXT函数，等等。

【重点与实施】

一、LEFT函数
二、RIGHT函数
三、MID函数
四、FIND函数
五、LEN函数
六、TEXT函数

7.6.1 LEFT 函数

LEFT函数是一个在字符串中从左到右截取字符的函数。

其语法结构为:

LEFT(字符串,截取的字符个数)。

LEFT函数：在【公式】选项卡中，单击【函数库】组中的【文本】按钮，在弹出的下拉列表中选择【LEFT】选项，弹出【函数参数】对话框，根据函数的语法格式进行设置，如图7-45所示。

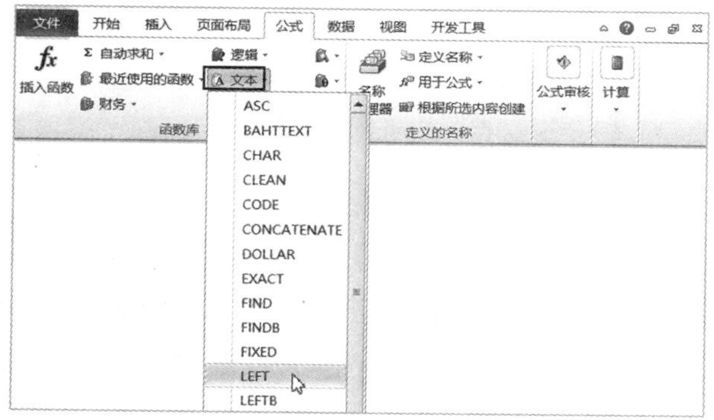

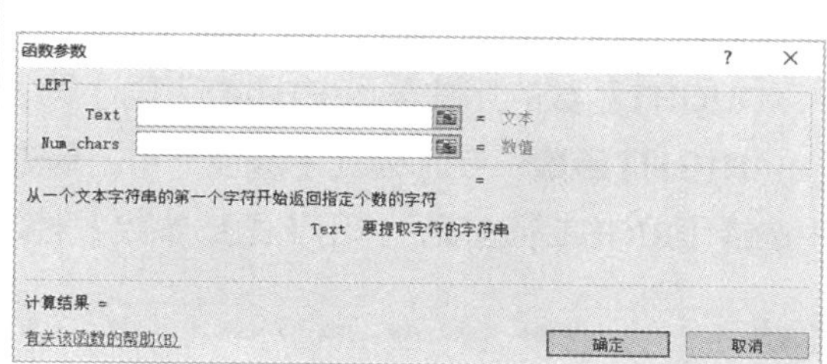

▲ 图 7-45

下面我们通过课堂练习来看一下，如何使用LEFT函数。

课堂练习 在"产品订单表"中的"产品名称"列提取产品类别

素材：第7章\产品订单表—原始文件　　重点指数：★★★★

7-16 LEFT 函数

01 打开本实例的原始文件，切换到“订单明细表”中在“产品名称”列右侧插入新的一列，输入标题“产品类别”。

02 选中单元格C2，打开LEFT函数的【函数参数】对话框，在第1个参数文本框中输入“B2”，在第2个参数文本框中输入“3”，单击“确定”按钮，即可得出结果，然后双击单元格C2向下填充。从“产品名称”列提取产品类别的结果如图7-46所示。

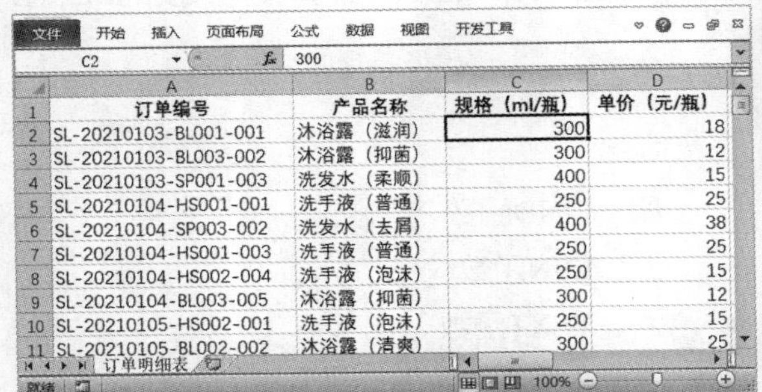

订单编号	产品名称	规格（ml/瓶）	单价（元/瓶）
SL-20210103-BL001-001	沐浴露（滋润）	300	18
SL-20210103-BL003-002	沐浴露（抑菌）	300	12
SL-20210103-SP001-003	洗发水（柔顺）	400	15
SL-20210104-HS001-001	洗手液（普通）	250	25
SL-20210104-SP003-002	洗发水（去屑）	400	38
SL-20210104-HS001-003	洗手液（普通）	250	25
SL-20210104-HS002-004	洗手液（泡沫）	250	15
SL-20210104-BL003-005	沐浴露（抑菌）	300	12
SL-20210105-HS002-001	洗手液（泡沫）	250	15
SL-20210105-BL002-002	沐浴露（清爽）	300	25

订单编号	产品名称	产品类别	规格（ml/瓶）
SL-20210103-BL001-001	沐浴露（滋润）	沐浴露	300
SL-20210103-BL003-002	沐浴露（抑菌）	沐浴露	300
SL-20210103-SP001-003	洗发水（柔顺）	洗发水	400
SL-20210104-HS001-001	洗手液（普通）	洗手液	250
SL-20210104-SP003-002	洗发水（去屑）	洗发水	400
SL-20210104-HS001-003	洗手液（普通）	洗手液	250
SL-20210104-HS002-004	洗手液（泡沫）	洗手液	250
SL-20210104-BL003-005	沐浴露（抑菌）	沐浴露	300

▲图7-46

小贴士

了解了LEFT函数的用法后，读者是否想到第5章中介绍的数据分列的内容呢？当分列位置左侧的字符数一定时，就可以使用LEFT函数进行分列操作。

7.6.2 RIGHT函数

RIGHT函数是一个在字符串中从右到左截取字符的函数。

其语法结构为：

RIGHT(字符串,截取的字符个数)

RIGHT函数的用法与LEFT函数大同小异，只是字符的截取方向不同。

RIGHT函数：在【公式】选项卡中，单击【函数库】组中的【文本】按钮，在弹出的下拉列表中选择【RIGHT】选项，弹出【函数参数】对话框，根据函数的语法格式进行设置，如图7-47所示。

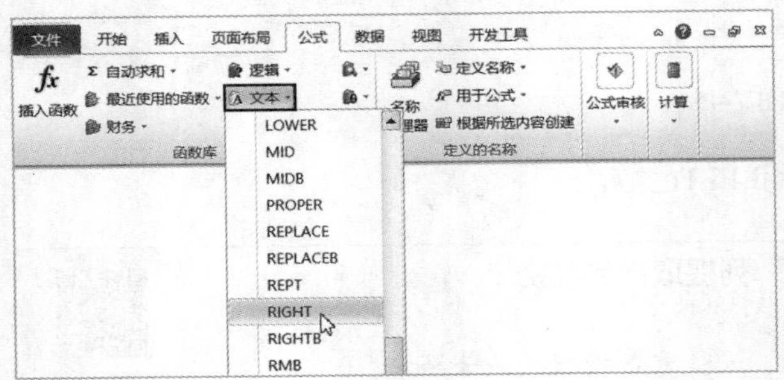

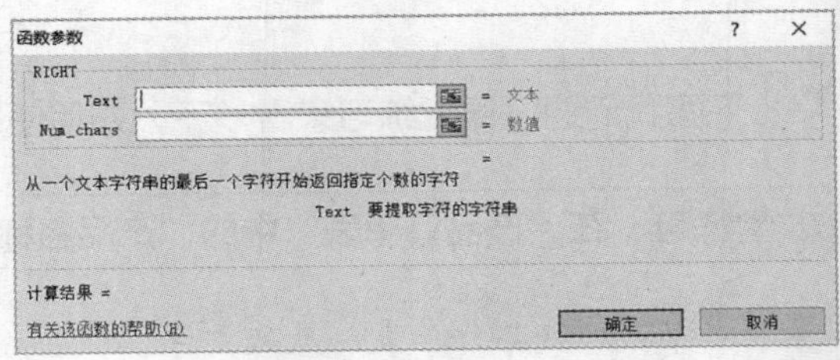

▲图7-47

下面我们通过课堂练习来看一下，如何使用RIGHT函数。

课堂练习　在“产品订单表”中的“客户名称”列提取客户渠道

素材：第7章\产品订单表01—原始文件　　　　重点指数：★★★★

7-17 RIGHT 函数

01 打开本实例的原始文件，切换到“订单明细表”中在“客户名称”右侧插入新的一列，输入标题“渠道”。

02 选中单元格K2，打开RIGHT函数的【函数参数】对话框，在第1个参数文本框中输入“J2”，在第2个参数文本框中输入“2”，单击“确定”按钮，即可得出结果，然后双击单元格K2向下填充。从“客户名称”列提取客户渠道的结果如图7-48所示。

	F	G	H	I	J	
1	订单数量	订单金额(元)	员工编号	员工姓名	客户名称	
2	39	总金额702	SL0064	邹海燕	百佳超市	上海市上海市
3	58	总金额696	SL0039	赵伊萍	百胜超市	北京市北京市
4	60	总金额900	SL0067	孙书同	宝尔奇超市	广东省广州市
5	60	总金额1500	SL0060	施晨燕	鼎富超市	上海市上海市
6	37	总金额1406	SL0065	杨咏	多宝利超市	浙江省杭州市
7	58	总金额1450	SL0066	郑欢	多多超市	浙江省杭州市
8	58	总金额870	SL0068	戚优优	多益惠批发市场	广东省广州市
9	52	总金额624	SL0064	邹海燕	多又好超市	上海市上海市

	G	H	I	J	K	
1	订单金额(元)	员工编号	员工姓名	客户名称	渠道	
2	总金额702	SL0064	邹海燕	百佳超市	超市	上海市
3	总金额696	SL0039	赵伊萍	百胜超市	超市	北京市
4	总金额900	SL0067	孙书同	宝尔奇超市	超市	广东省
5	总金额1500	SL0060	施晨燕	鼎富超市	超市	上海市
6	总金额1406	SL0065	杨咏	多宝利超市	超市	浙江省
7	总金额1450	SL0066	郑欢	多多超市	超市	浙江省
8	总金额870	SL0068	戚优优	多益惠批发市场	市场	广东省
9	总金额624	SL0064	邹海燕	多又好超市	超市	上海市

▲ 图 7-48

7.6.3 MID 函数

MID函数的功能是从一个文本字符串的指定位置开始，截取指定数目的字符。

其语法结构为：

MID(字符串,截取字符的起始位置,截取的字符个数)。

MID函数：在【公式】选项卡中，单击【函数库】组中的【文本】按钮，在弹出的下拉列表中选择【MID】选项，弹出【函数参数】对话框，根据函数的语法格式进行设置，如图7-49所示。

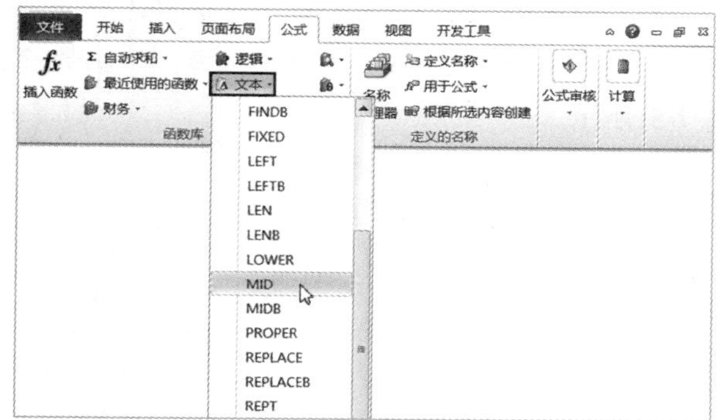

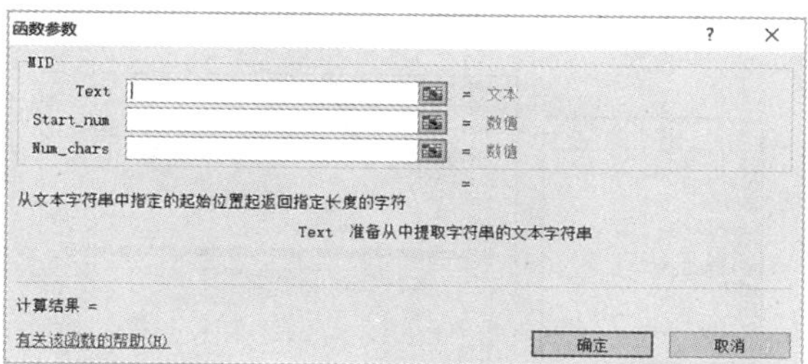

▲ 图 7-49

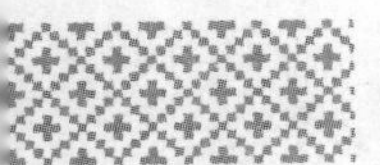

下面我们通过课堂练习来看一下，如何使用MID函数。

课堂练习 在“产品订单表”中的“客户地址”列提取所属市

7-18 MID 函数

素材：第7章\产品订单表02—原始文件　　重点指数：★★★★

01 打开本实例的原始文件，切换到“订单明细表”工作表中，在“客户地址”右侧插入新的一列，输入标题“所属市”。

02 选中单元格M2，打开MID函数的【函数参数】对话框，在字符串文本框中输入“L2”，在要截取字符的起始位置文本框中输入“4”，在截取的字符个数文本框中输入“3”，单击“确定”按钮，即可得出结果，然后双击单元格M2向下填充，从“客户地址”列提取所属市的结果如图7-50所示。

	渠道	客户地址	联系人	联系电话
2	超市	上海市上海市松江区****街道***号	褚**	
3	超市	北京市北京市海淀区****街道***号	金**	
4	超市	广东省广州市荔湾区****街道***号	金**	
5	超市	上海市上海市静安区****街道***号	吴*	
6	超市	浙江省杭州市下城区****街道***号	冯**	
7	超市	浙江省杭州市桐庐县****街道***号	魏**	
8	市场	广东省广州市增城市****街道***号	孔**	
9	超市	上海市上海市金山区****街道***号	姜**	

	渠道	客户地址	所属市
2	超市	上海市上海市松江区****街道***号	上海市
3	超市	北京市北京市海淀区****街道***号	北京市
4	超市	广东省广州市荔湾区****街道***号	广州市
5	超市	上海市上海市静安区****街道***号	上海市
6	超市	浙江省杭州市下城区****街道***号	杭州市
7	超市	浙江省杭州市桐庐县****街道***号	杭州市
8	市场	广东省广州市增城市****街道***号	广州市
9	超市	上海市上海市金山区****街道***号	上海市

▲ 图 7-50

7.6.4 FIND 函数

FIND函数用于从一个字符串中查找指定字符的位置。

其语法结构为：

FIND(指定字符,字符串,开始查找的起始位置)

省略第3个参数表示从字符串的第一个字符开始查找。由于FIND函数查找的是字符的位置，其最终返回的结果就是一个数字，一般情况下需要与其他函数嵌套使用。

FIND函数：单击工作表中【名称框】右侧的下拉按钮，在弹出的下拉列表中选择【其他函数】，弹出【插入函数】对话框，在【选择函数】列表框中选择【FIND】选项，弹出【函数参数】对话框，根据函数的语法格式进行设置，如图7-51所示。

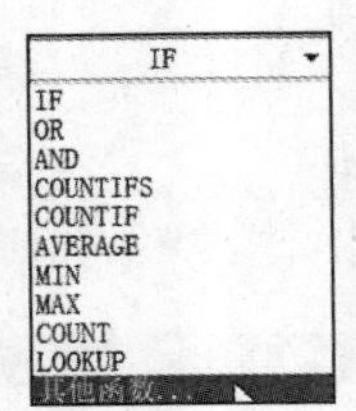

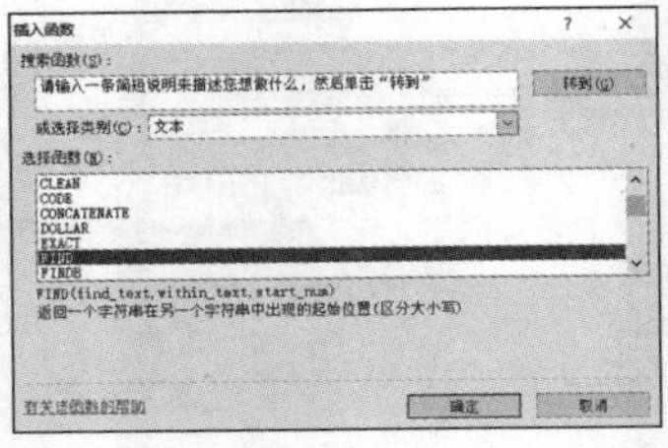

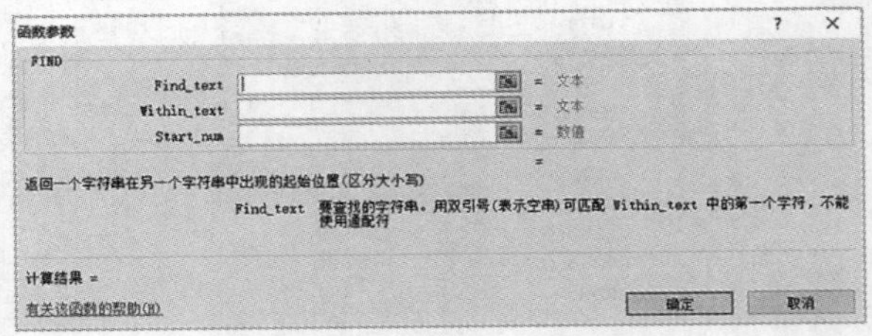

▲ 图 7-51

下面我们通过课堂练习来看一下，如何使用FIND函数。

课堂练习 在“产品订单表”中的“订单金额（元）”列中提取总金额

素材：第7章\产品订单表03—原始文件　　重点指数：★★★★

01 打开本实例的原始文件，在“订单金额（元）”列的右侧插入新的一列，输入标题“总金额（元）”。

02 选中单元格H2，打开MID函数的【函数参数】对话框，在字符串文本框中输入“G2”，在截取字符的起始位置文本框中输入“+1”，在截取的字符个数文本框中输入“4”。

03 将鼠标光标定位到“+1”的前面，打开FIND函数的【函数参数】对话框，在指定字符文本框中输入“额”，在字符串文本框中输入“G2”，即可得出结果，依次单击“确定”按钮，然后双击单元格H2向下填充。从“订单金额（元）”列中提取总金额结果如图7-52所示。

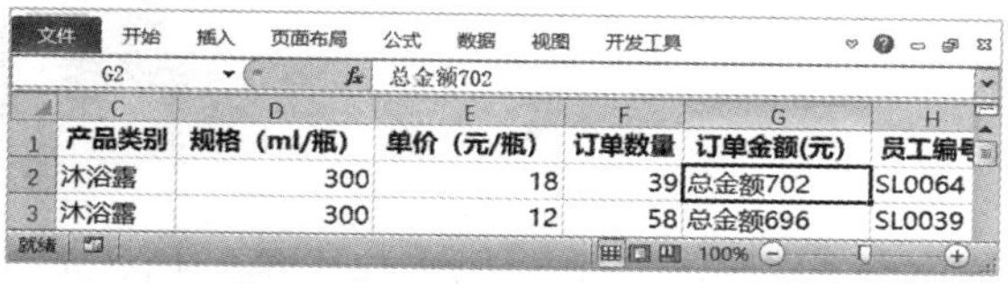

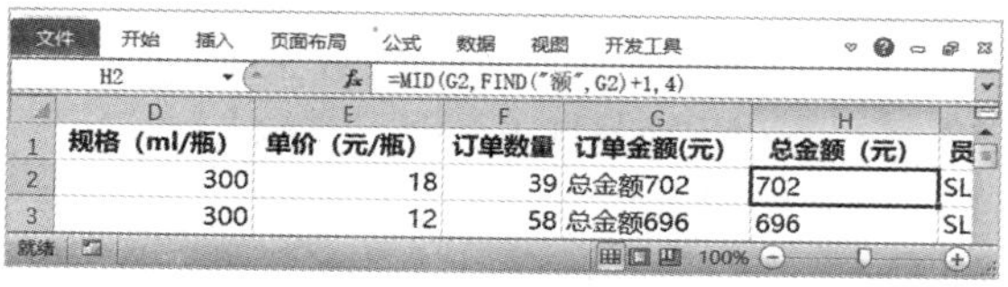

▲ 图 7-52

7.6.5 LEN 函数

LEN函数是一个计算字符长度的函数。其语法结构为：

LEN(参数)

LEN函数只有一个参数，这个参数可以是单元格引用、定义的名称、常量或公式等，具体应用说明如图7-53所示。

公式	公式结果	公式说明
=LEN(" 神龙 ")	2	参数是 2 个汉字组成的字符串，所以公式结果为 2
=LEN("shenlong")	8	参数是 8 个字母组成的字符串，所以公式结果为 8
=LEN(" 神 龙 ")	3	参数为两个汉字和一个空格，空格也算一个字符，所以公式结果为 3
=LEN(A2)	1	假设单元格 A2 中的内容为数字 8，参数就是一个数字，所以公式结果为 1

▲ 图 7-53

LEN函数是一个很有用的函数，但是由于它计算的是字符长度，而计算字符长度对分析数据没有什么实际的意义，因此在实际工作中更多的是将LEN函数和数据有效性结合起来使用或者与其他函数嵌套使用。

数据有效性：在【数据】选项卡中，单击【数据工具】组中的【数据有效性】按钮的左侧，弹出【数据有效性】对话框。

LEN函数：在【数据有效性】对话框中的【允许】下拉列表中选择【自定义】选项，然后在【公式】文本框中输入LEN函数即可，如图7-54所示。

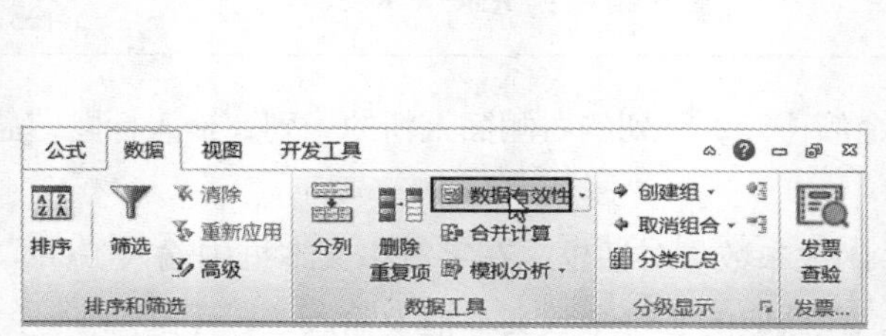

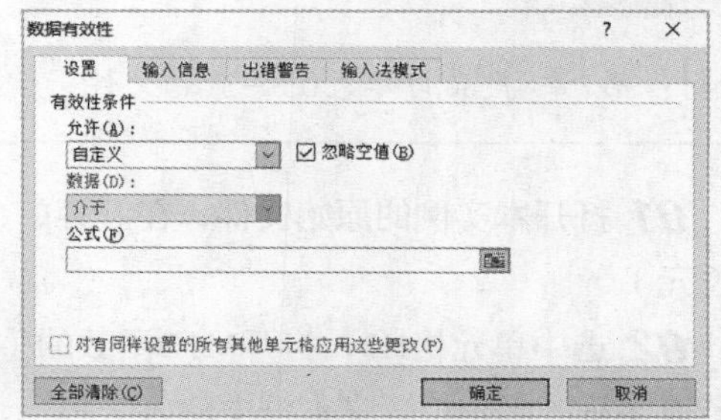

▲图 7-54

下面我们通过课堂练习来看一下，如何使用LEN函数。

课堂练习　在“产品订单表”中填写联系电话

素材：第7章\产品订单表04—原始文件　　重点指数：★★★★

7-20 LEN 函数

01 打开本实例的原始文件，切换到“订单明细表”工作表中，先选中单元格区域P2:P299，打开【数据有效性】对话框，在【允许】下拉列表中选择【自定义】选项，在【公式】文本框中输入公式“=LEN(P2)=11”。

02 切换到【出错警告】选项卡，在【错误信息】文本框中输入“请检查联系电话是否为11位！”，当单元格区域P2:P299中输入的联系电话位数不是11位时，系统就会弹出提示框提示输入错误，从而避免出现错误。设置完成后，依次输入联系电话即可，如图7-55所示。

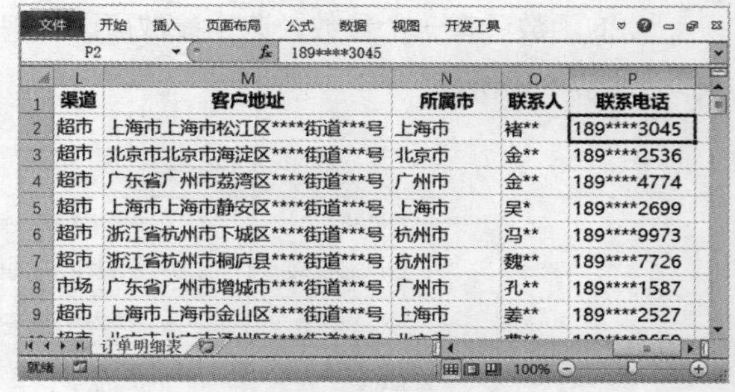

▲图 7-55

7.6.6 TEXT 函数

TEXT函数主要用来将数字转换为指定格式的文本。

其语法结构为：

TEXT(数字,格式代码)

TEXT函数的宗旨是将自定义格式体现在最终的结果里。

TEXT函数：在【公式】选项卡中，单击【函数库】组中的【文本】按钮，在弹出的下拉列表中选择【TEXT】选项，弹出【函数参数】对话框，根据函数的语法格式进行设置，如图7-56所示。

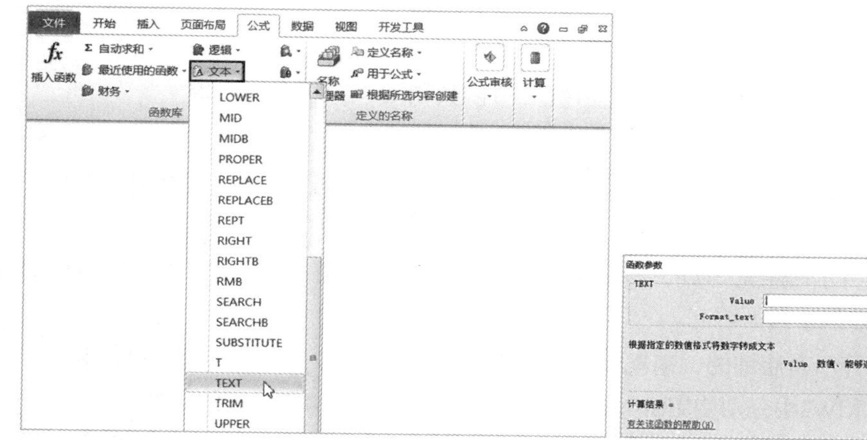

函数参数
TEXT
Value = 任意
Format_text = 文本
根据指定的数值格式将数字转成文本
Value 数值、能够返回数值的公式，或者对数值单元格的引用
计算结果 =
有关该函数的帮助(H)
确定 取消

▲ 图 7-56

下面我们通过课堂练习来看一下，如何使用TEXT函数。

课堂练习 在“产品订单表”中的“订单编号”列提取订单日期

素材：第7章\产品订单表05—原始文件　　重点指数：★★★★

7-21 TEXT 函数

01 打开本实例的原始文件，切换到“订单明细表”工作表中，在A列右侧插入一列，输入标题“订单日期”。

02 选中单元格B2，弹出TEXT函数的【函数参数】对话框，在格式代码文本框中输入“0000-00-00”，然后将鼠标光标定位到数字文本框中，选择【MID】函数，并打开MID的【函数参数】对话框，在字符串文本框中输入“A2”，在截取字符的起始位置文本框中输入“4”，在截取的字符个数文本框中输入“8”，依次单击“确定”按钮，即可得出结果，然后双击单元格B2向下填充即可。从“订单编号”列中提取订单日期结果如图7-57所示。

A2　SL-20210103-BL001-001

订单编号	产品名称	产品类别	规格（ml/瓶）
SL-20210103-BL001-001	沐浴露（滋润）	沐浴露	300
SL-20210103-BL003-002	沐浴露（抑菌）	沐浴露	300
SL-20210103-SP001-003	洗发水（柔顺）	洗发水	400
SL-20210104-HS001-001	洗手液（普通）	洗手液	250
SL-20210104-SP003-002	洗发水（去屑）	洗发水	400
SL-20210104-HS001-003	洗手液（普通）	洗手液	250
SL-20210104-HS002-004	洗手液（泡沫）	洗手液	250
SL-20210104-BL003-005	沐浴露（抑菌）	沐浴露	300

B2　=TEXT(MID(A2,4,8),"0000-00-00")

订单编号	订单日期	产品名称	产品类别
SL-20210103-BL001-001	2021-01-03	沐浴露（滋润）	沐浴露
SL-20210103-BL003-002	2021-01-03	沐浴露（抑菌）	沐浴露
SL-20210103-SP001-003	2021-01-03	洗发水（柔顺）	洗发水
SL-20210104-HS001-001	2021-01-04	洗手液（普通）	洗手液
SL-20210104-SP003-002	2021-01-04	洗发水（去屑）	洗发水
SL-20210104-HS001-003	2021-01-04	洗手液（普通）	洗手液
SL-20210104-HS002-004	2021-01-04	洗手液（泡沫）	洗手液
SL-20210104-BL003-005	2021-01-04	沐浴露（抑菌）	沐浴露

▲ 图 7-57

7.7 综合实训：制作外卖统计表

实训目标：使用求和函数、统计函数和文本函数来计算外卖统计表中的数据。

操作步骤：

01 打开本实例的原始文件，在“营业时间”的左侧插入2列，并将标题分别命名为“营业开始时间”和“营业结束时间”，并使用LEFT函数和RIGHT函数分别提取出对应的时间，然后双击向下填充即可。

02 在“地址”列的左侧插入1列，将标题命名为“区域”，使用MID函数将区域提取出来，并双击向下填充。

03 在“距离配送费”的左侧插入1列，将标题命名为“配送费”，嵌套使用FIND函数与MID函数将配送费提取出来，并双击向下填充。

04 在单元格W1中计算所有店铺的“销售总量”，即求单元格区域I2:I107中所有数据的和。

05 依次在单元格W2和W3中分别使用SUMIF函数和SUMIFS函数求得相对应的数据。

06 在单元格B109中统计所有参与店铺的数量，使用COUNT函数，打开【函数参数】对话框，在第1个参数文本框中输入“I2:I107”，单击“确定”按钮即可得出结果。

07 依次使用MAX函数、MIN函数、AVERAGE函数、COUNTIF函数和COUNTIFS函数，分别统计最高好评数、最低好评数等数据。

“外卖统计表”最后结果如图7-58所示。

▲图 7-58

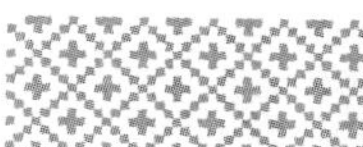

本章习题

一、单选题

1. 在一个单元格中输入公式或函数时，必须以（　　）开头。

A. %　　B. =　　C. >　　D. /

2. 下列函数中属于求和函数的是（　　）。

A. SUM函数　　B. SUMIF函数

C. SUMIFS函数　　D. 以上全是

3. Excel中有多个常用函数，其中AVERAGE函数的功能是（　　）。

A. 求区域内数据的个数　　B. 求区域内数据的和

C. 返回函数的最大值　　D. 求区域内所有数据的平均值

二、判断题

1. F4键是转换引用方式的快捷方式。（　　）

2. VLOOKUP函数是一个横向查找函数。（　　）

3. 逻辑函数是一种用于进行真假值判断或复合检验的函数。（　　）

三、简答题

1. 公式由哪几个基本元素组成?

2. Excel中的函数可以分为几种? 分别是什么?

3. 常用的文本函数有哪些?

四、操作题

1. 在“销售部工资表”中自动查询工资。

素材：第7章\销售部工资表—原始文件

2. 在“员工考勤表”使用逻辑函数查询员工的迟到、早退、旷工和出勤情况。

素材：第7章\员工考勤表—原始文件

第8章

图表

【学习目标】

√熟悉图表的种类

√了解图表的适用场合

√掌握各类常用的图表

【技能目标】

√学会各种图表的绘制流程

√学会快速美化图表

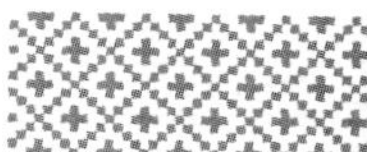

8.1 图表的种类及适用场合

【内容概述】

图表的种类有很多，在这众多的图表中，到底应该在什么情况下选用哪种图表呢？图表类型的选择与数据的形式密切相关，应该根据数据的不同选择不同类型的图表。

【重点与实施】

一、图表的主要种类

二、图表的适用场合

Excel为用户提供了11大类图表，包括柱形图、条形图、折线图、饼图、面积图、XY散点图、股价图、曲面图、圆环图、气泡图、雷达图等。

Excel 中的图表类型千变万化，但是最常用的就是柱形图、条形图、折线图、饼图、圆环图、散点图、面积图等。面对如此多的图表类型，究竟该如何选择呢？

我们可以根据数据形式或数据分析目的的不同选用合适的图表。下面分别介绍几种常用图表的适用场合，以便用户选择。

1. 柱形图

柱形图也叫“簇状柱形图”，是以宽度相等的垂直柱体的高度差异来显示统计指标数值多少或大小的一种图形。

柱形图是最常用的图表类型之一，它由一个个垂直柱体组成的，主要用于显示不同时期的数量变化情况或同一时期内不同类别之间的差异，如图8-1所示。

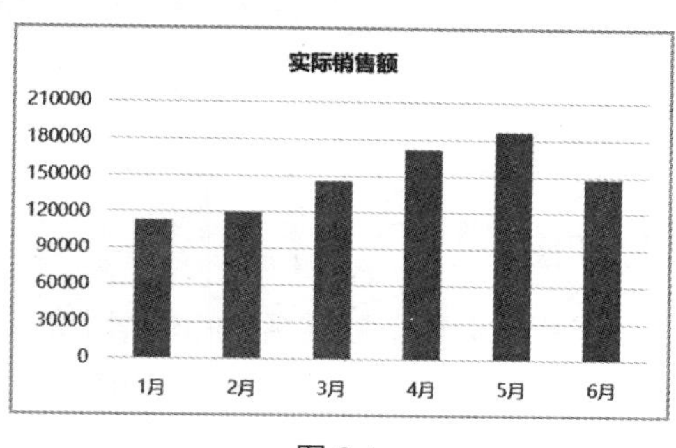

▲ 图 8-1

例如，根据产品销售数据分别创建簇状柱形图、堆积柱形图和百分比堆积柱形图，三个图主要表现销售额维度的不同。簇状柱形图侧重于比较不同月份的实际销售额大小；堆积柱形图侧重于比较实际销售额与计划销售额在各月的对比情况，其中垂直柱体的总高度代表计划销售额；百分比堆积柱形图侧重于显示实际销售额和计划完成的差额占计划销售额的百分比随月份变化的情况，每个垂直柱体的总值为100%，如图8-2所示。

月份	实际销售额(元)	计划销售额（元）	差额（元）
1月	112572	190000	77428
2月	119383	190000	70617
3月	145370	190000	44630
4月	171251	190000	18749
5月	185987	190000	4013
6月	147779	190000	42221

产品销售数据

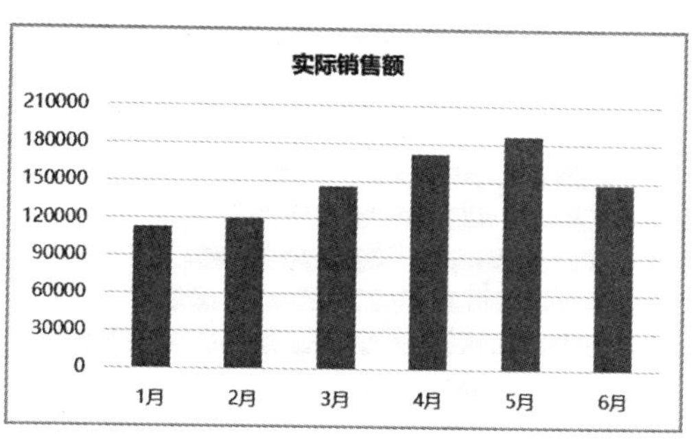

簇状柱形图

▲ 图 8-2

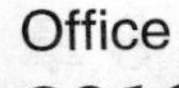

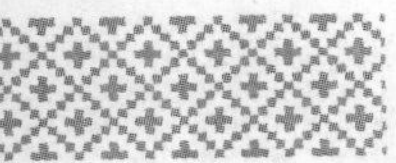

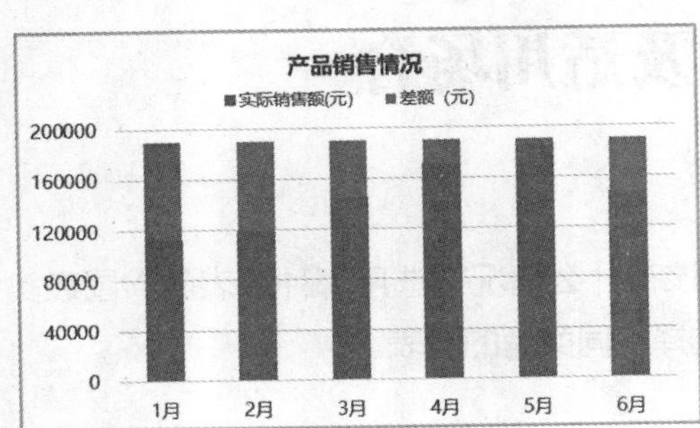

堆积柱形图

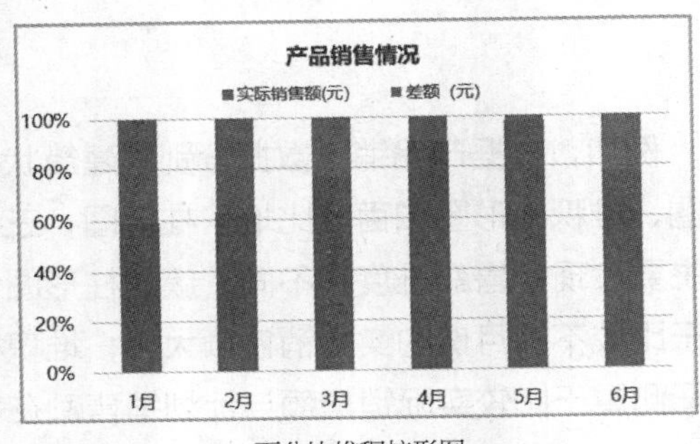

百分比堆积柱形图

▲图 8-2（续）

2. 条形图

条形图显示各个项目之间的比较情况。比起柱形图，条形图的优势是分类轴在纵坐标轴上，当展示的项目较多或项目名称较长时，可以充分利用水平方向的空间，不会太拥挤。

条形图由一个个水平条组成，主要突出数据的差异而淡化时间和类别的差异。如果按从低到高的顺序进行排序，就可以一目了然地看到数据的最大值和最小值，非常直观，如图8-3所示。

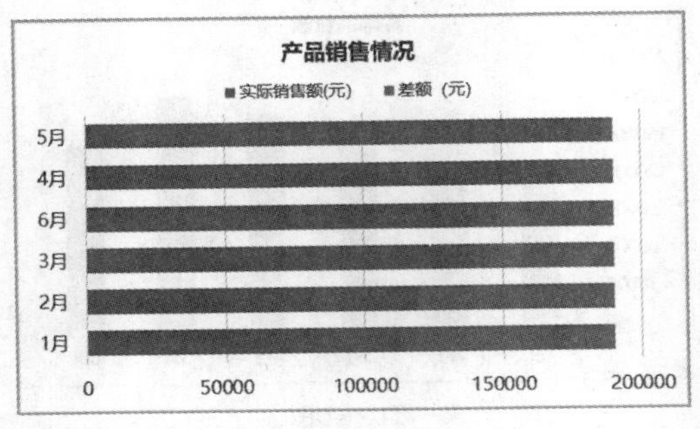

▲图 8-3

3. 折线图

折线图一般用来显示一段时间内数据的变化趋势，一般来说横轴是时间序列，折线图的 x 轴只能是时间，而不是类别；更强调的是时间性和变动趋势，而不是变动量。

通过折线图的线条波动，可以判断出数据在一段时间内是呈上升还是下降趋势，数据的变化是平稳的还是波动的，如图8-4所示。

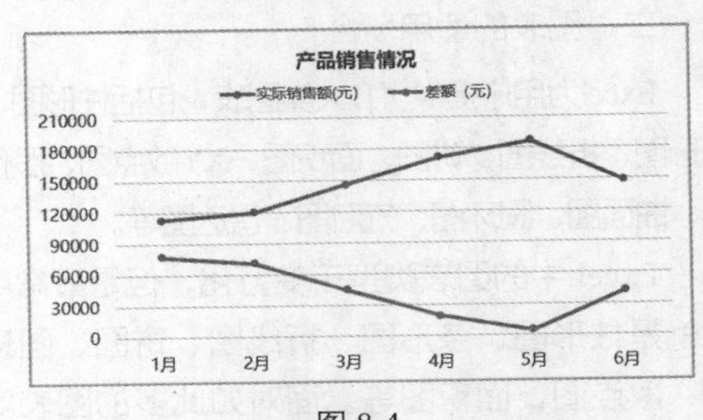

▲图 8-4

4. 饼图

饼图主要是用于显示某一个数据系列中各项目所占份额或组成结构的图表，饼图只能显示一个数据系列的比例关系。如果有几个系列同时被选中作为数据源，那么只能显示其中的一个系列，如图8-5所示。

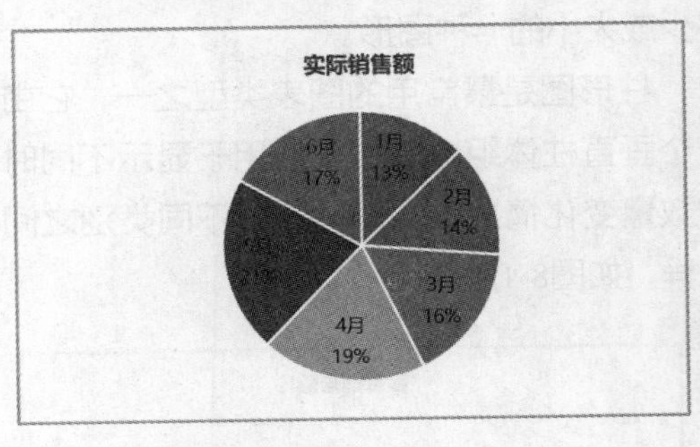

▲图 8-5

5. 圆环图

如果要分析多个数据系列的数据中每个数据占各自数据集总数的百分比，则可以使用圆环图，如图8-6所示。

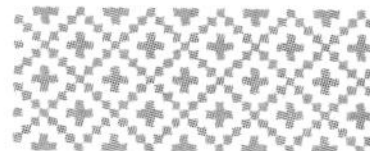

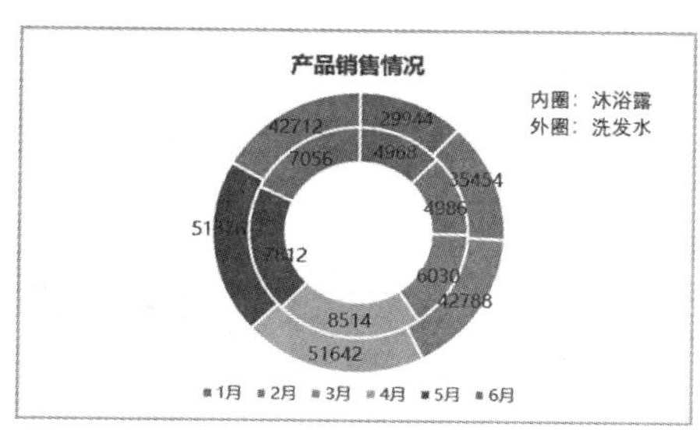

▲ 图 8-6

6. 面积图

面积图多用于强调数量随时间而变化的程度，也可用于引起人们对总值趋势的注意。面积图可以看作是折线图的升级，除了体现项目随时间的变化趋势外，还体现了部分与整体的占比关系。

通过面积图，读者可以清晰地看到单独各部分的变动，同时也可以看到总体的变化情况，从而进行多维度分析。根据不同产品销量做出的面积图，如图8-7所示。

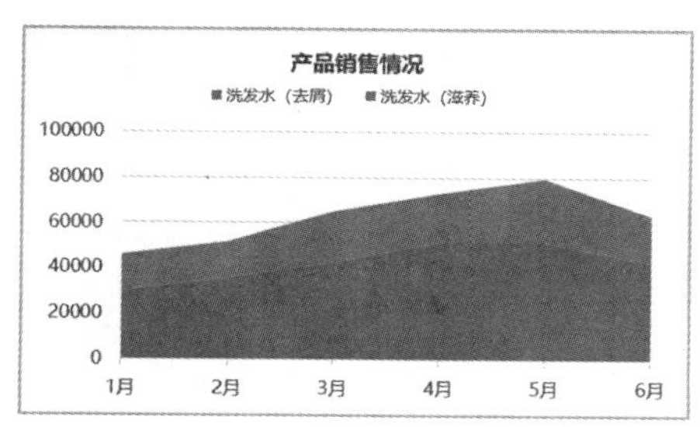

▲ 图 8-7

7. 散点图

散点图是指在回归分析中，数据点在直角坐标系平面上的分布图，散点图表示因变量随自变量而变化的大致趋势，据此可以选择合适的函数对数据点进行拟合，散点图是用于体现数据之间相关性的图表，在数据分析中的出镜率也是非常高的。

散点图多用于展现两组数据之间的相关性，一组数据作为横坐标，另一组数据作为纵坐标，从而形成直角坐标系上的位置。通过观察数据点在直角坐标系上的分布位置，可以分析两组数据之间是否存在关联，如图8-8所示。

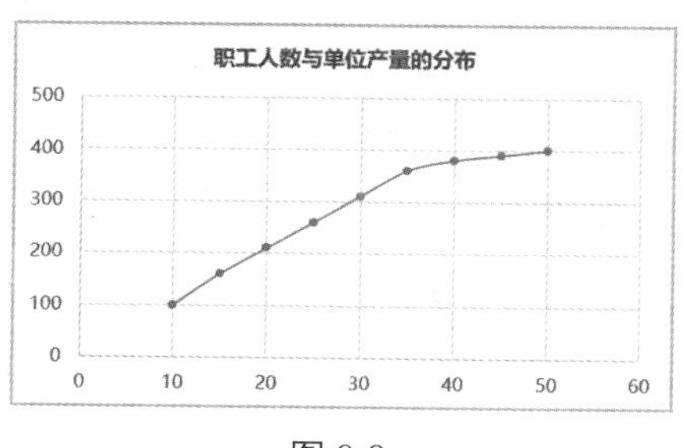

▲ 图 8-8

8. 股价图

股价图是用来描绘股票走势的图形。股价图多用于金融、商贸等行业，用来描述商品价格、货币兑换率和温度、压力测量等，当然对股价进行描述是最拿手的，如图8-9所示。

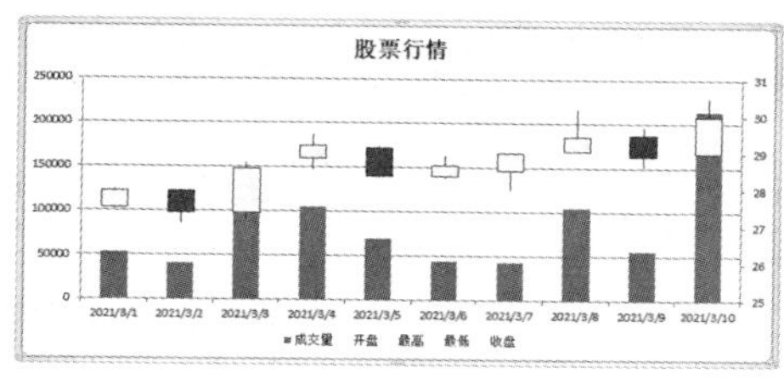

▲ 图 8-9

9. 雷达图

雷达图用于显示数据系列相对于中心点及彼此数据系列间的变化，是将多个数据的特点以蜘蛛网的形式展现出来的图表，以便分析和把握重点。

雷达图适用于多维数据（四维以上），且每个维度必须可以排序；但是，它有一个局限，就是数据点最多6个，否则无法辨别，如图8-10所示。

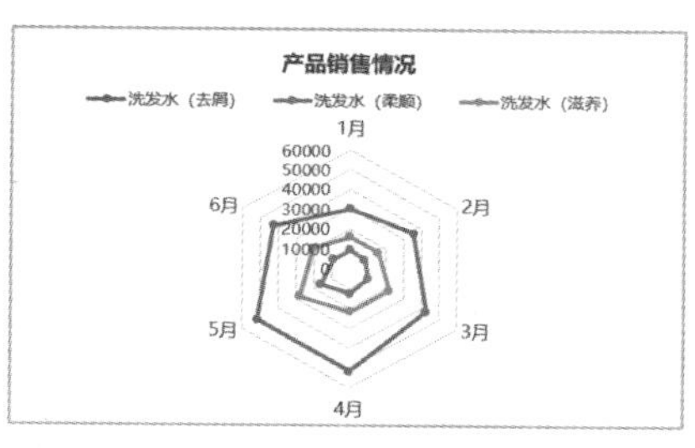

▲ 图 8-10

8.2 常见图表的应用

【内容概述】

Excel不仅具备强大的数据整理、统计分析能力，而在数据可视化领域经常使用各种图表来形象直观地展现数据，业务人员或者数据分析人员可以通过图表分析公司业务的经营状况，发现公司经营过程中潜在的隐患，还可以通过图表挖掘其中潜在的价值。

【重点与实施】

一、插入柱形图
二、插入条形图
三、插入折线图
四、插入饼图
五、插入圆环图
六、插入散点图
七、插入面积图

8.2.1 插入柱形图

柱形图简明、醒目，是一种常用的统计图形。柱形图用于显示一段时间内的数据变化或显示各项之间的比较情况。

销售额是公司对销售部考核的主要指标，因此对比各月的销售额、寻找异常，并及时采取有效措施很重要。

图表创建完成后，用户如果发现创建的图表与实际需求不符，还可以对其进行适当的编辑。编辑前我们先来了解图表的各个元素，如图8-11所示。

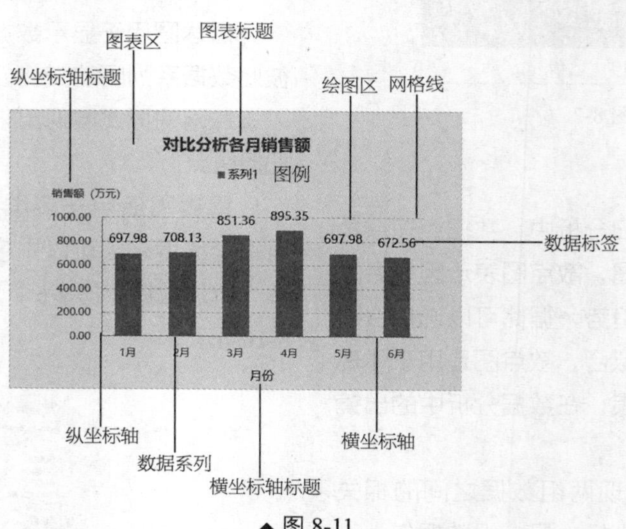

▲图 8-11

插入柱形图：切换到【插入】选项卡，在【图表】组中，单击【柱形图】按钮，在弹出的下拉列表中选择合适的选项即可。

美化柱形图： 切换到【图表工具】下的【设计】和【布局】选项卡中进行设置；再切换到【格式】选项卡，单击【形状样式】组右侧的【对话框启动器】按钮，在弹出的【设置坐标轴格式】对话框中进行美化设置，如图8-12所示。

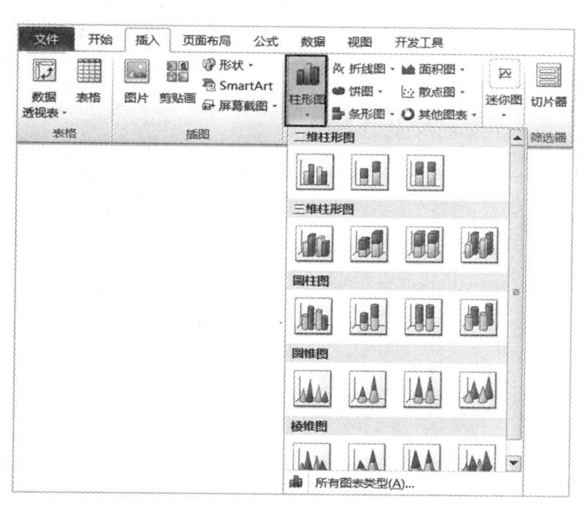

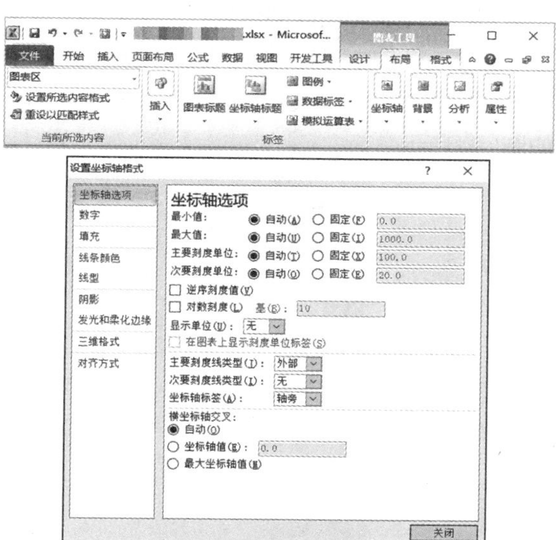

▲ 图 8-12

下面我们通过课堂练习来看一下，如何创建带平均线的柱形图。

课堂练习 在“各月销售额”中创建带平均线的柱形图，来对比分析各月销售额

素材：第8章\各月销售额—原始文件　　重点指数：★★★★

8-1 创建柱形图

01 打开本实例的原始文件，切换到“对比分析各月销售额”工作表中，首先计算平均数，在原始数据区域的下方增加一行“平均销售额（万元）”，并在单元格C4中输入公式“=AVERAGE($C$3:$H$3)”，得出数据后，向右填充至单元格H4，为新增加的行设置边框。

02 选中单元格区域B2:H4，插入簇状柱形图，选中图表中的纵坐标轴，在弹出的【设置坐标轴格式】对话框中，将【坐标轴选项】组中【主要刻度单位】的【固定】设置为“200.0”，在【主要刻度线类型】的下拉列表中选择“无”；切换到【线条颜色】选项卡，将其线条设置为“实线”，【颜色】设置为“白色，背景 1，深色 50%”，按照相同的方法设置横坐标轴。

03 为纵坐标轴添加一个【横排标题】选项，并输入内容“销售额（万元）”，并设置其字体格式，然后将其移至纵坐标轴上方；删除图例，调整绘图区的大小和位置。

04 选中网格线，将其设置为“白色，背景 1，深色 25%”，在【短划线类型】下拉列表中选择“短划线”选项。

05 选中各月销售额的数据系列，在弹出的【设置数据系列格式】对话框中，将【系列选项】下方的【分类间距】设置为“100%”。

06 选中增加的“平均销售额（万元）”数据系列，将其【图表类型】更改为“折线图”，选中平均线，在【线型】中，将线条的【宽度】设置为“2 磅”，在【短划线类型】下拉列表中选择“短划线”选项，选中平均线最右侧的数据点，添加数据标签。

07 将图表的填充颜色设置为“灰色 -50%，强调文字颜色 3，淡色 80%”。

08 设置完成后，为图表添加标题，并输入内容“对比分析各月销售额”，然后设置字体格式，将标题移至合适的位置，并调整图表的大小。创建的“对比分析每月销售额”柱形图最终效果如图8-13所示。

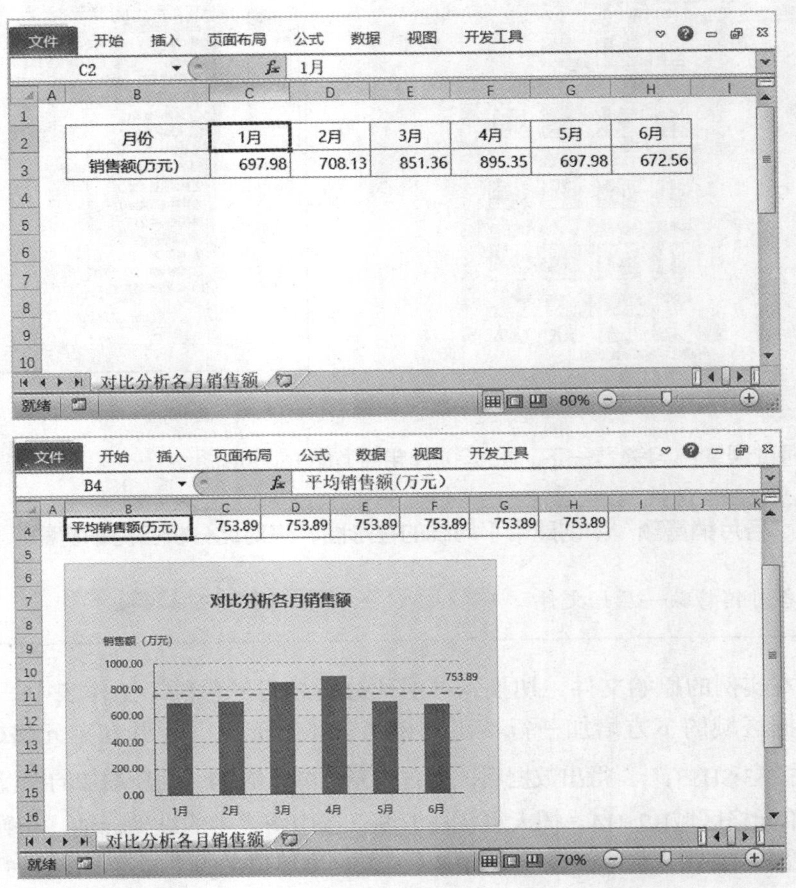

▲图 8-13

8.2.2 创建条形图

在对数据做对比分析时，如果对比的项目较多、项目名称较长、展示工具的宽度值大于长度值，或者与排序相关，就可以选用条形图。

插入条形图：在【插入】选项卡中，单击【图表】组中的【条形图】按钮，在弹出的下拉列表中选择合适的选项即可。

美化条形图：切换到【图表工具】下的【设计】和【布局】选项卡中进行设置；再切换到

【格式】选项卡，单击【形状样式】组右侧的【对话框启动器】按钮，在弹出的【设置坐标轴格式】对话框中进行美化设置，如图8-14所示。

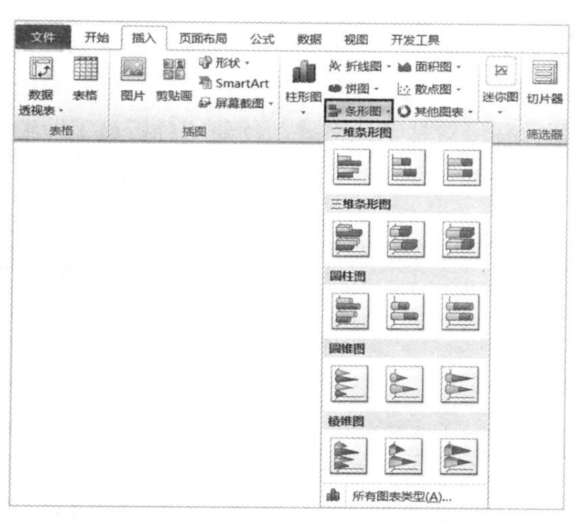
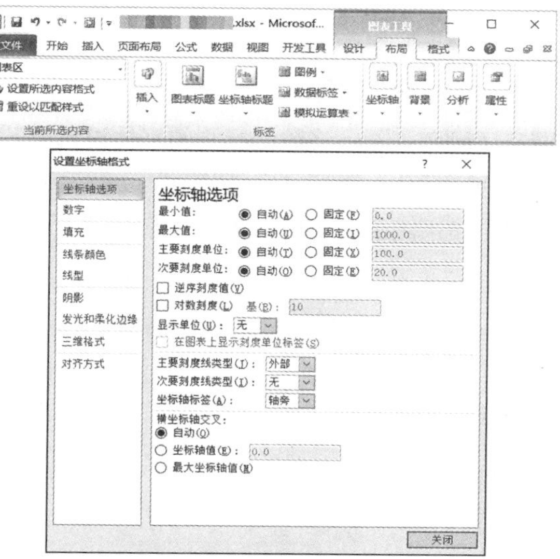

▲ 图 8-14

下面我们通过课堂练习来看一下，如何创建条形图。

课堂练习　在“员工业绩表”中创建条形图，来分析员工业绩排名

素材：第8章\员工业绩表—原始文件　　重点指数：★★★★

8-2 创建条形图

01 打开本实例的原始文件，切换到“分析员工业绩排名”工作表中，将数据区域中的“销售额（万元）”列数据进行升序排序，选中数据区域B3:C8，插入簇状条形图。

02 选中横坐标轴，设置字体格式，在【设置坐标轴格式】对话框中，在【主要刻度线类型】的下拉列表中选择“无”，切换到【线条颜色】选项卡，将【线条】设置为“无线条”，用同样的方式设置纵坐标轴的线条颜色。

03 选中条形图，在弹出的【设置数据系列格式】对话框中，将【系列选项】下方的【分类间距】设置为“100%”。

04 选中条形图，为其添加数据标签，选择【数据标签外】选项，并设置其字体格式，将最上方的数据标签设置为“加粗，橙色，强调文字颜色 2”，将图表的填充颜色设置为“灰色 -50%，强调文字颜色3，淡色 80%”。

05 选中图表中的图例、网格线、横坐标轴、纵坐标轴和数据标签，按【Delete】键删除，然后将绘图区调整为合适的大小，选中已有的数据系列，按【Ctrl】+【C】组合键复制，不要操作鼠标，直接按【Ctrl】+【V】组合键粘贴。粘贴完成后，出现两个数据系列，将绘图区设置为“无填充”。

06 选中图表中位于上方的数据系列，选择【数据标签】→【轴内侧】选项，选中添加的数据标签，在【标签选项】组中勾选【类别名称】复选框，取消勾选【值】。设置完成后，将上方的数据系列设置为“无填充”，然后调整数据标签的大小和位置。

07 选中图表中位于下方的数据系列，按照前面介绍的方法添加数据标签，使之位于数据标签外，并对数据标签进行设置。

08 选中位于下方的数据系列，将【间隙宽度】设置为“30%”，填充颜色设置为“蓝色，强调文字颜色 1”，将数据标签的字体设置为“微软雅黑9磅”，将排名第一的数据标签加粗，颜色设置为“橙色，强调文字颜色 2”，最后更改图表标题，并设置其字体格式。创建“分析员工业绩排名”条形图最终效果如图8-15所示。

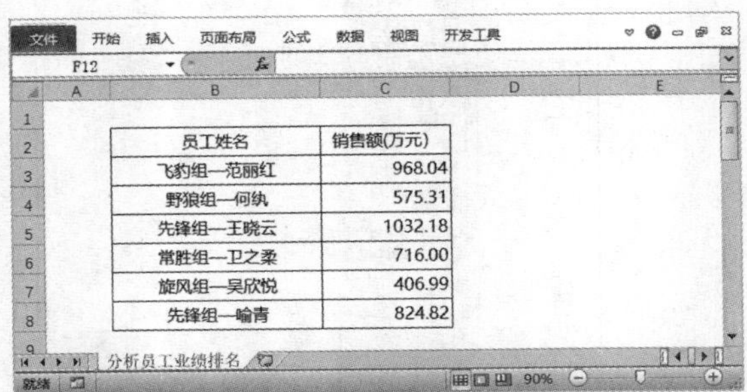

员工姓名	销售额(万元)
飞豹组—范丽红	968.04
野狼组—何纨	575.31
先锋组—王晓云	1032.18
常胜组—卫之柔	716.00
旋风组—吴欣悦	406.99
先锋组—喻青	824.82

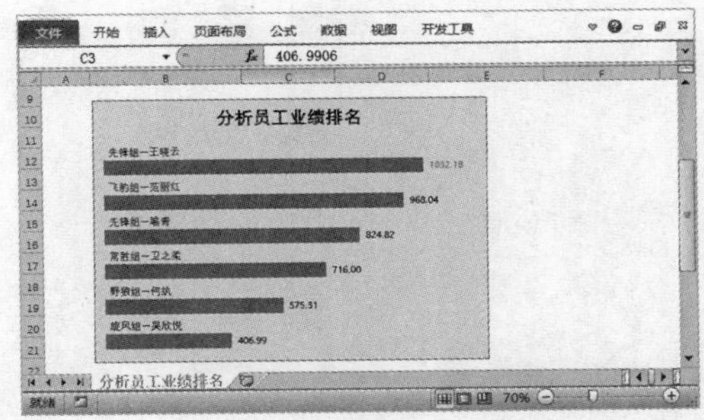

▲图 8-15

8.2.3 创建折线图

折线图可以显示随时间（根据常用比例设置）而变化的连续数据，因此非常适用于显示在相同时间间隔下数据的趋势。

插入折线图： 在【插入】选项卡中，单击【图表】组中的【折线图】按钮，在弹出的下拉列表中选择合适的选项即可。

美化折线图： 切换到【图表工具】下的【设计】和【布局】选项卡中进行设置；再切换到【格式】选项卡，单击【形状样式】组右侧的【对话框启动器】按钮，在弹出的【设置坐标轴格式】对话框中进行美化设置，如图8-16所示。

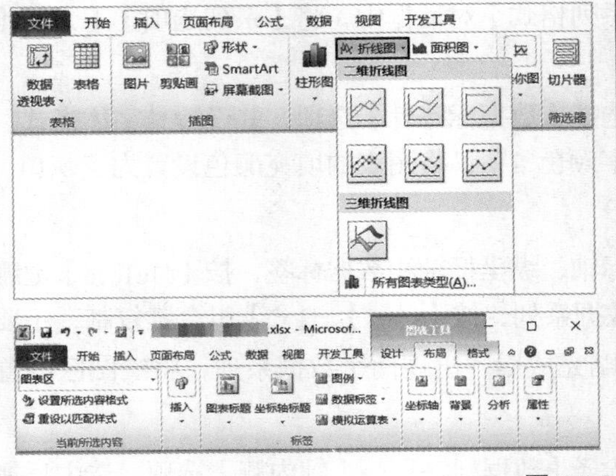

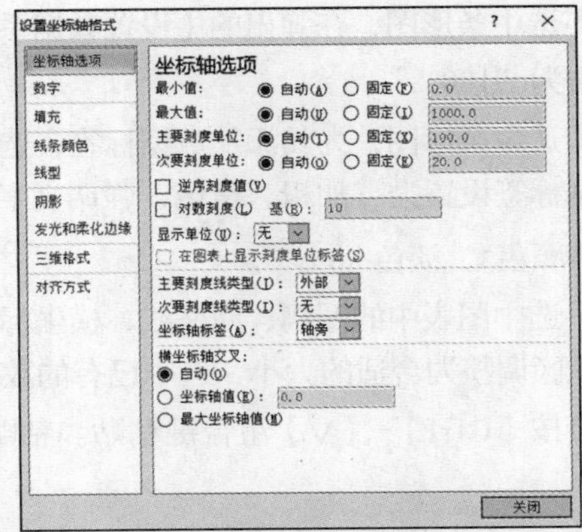

▲图 8-16

下面我们通过课堂练习来看一下，如何创建双纵坐标轴折线图。

课堂练习 在“销售额及完成率情况”中创建双纵坐标轴折线图

素材：第8章\销售额及完成率情况—原始文件　　重点指数：★★★★

8-3 创建折线图

01 打开本实例的原始文件，切换到“分析销售额及完成率情况”工作表中，按住【Ctrl】键，选中单元格区域B2:H2和B4:H5，选择【所有图表类型】选项，在【插入图表】对话框中选择【柱形图】选项。

02 选中代表“完成率”的系列，将其图表类型更改为“折线图”（“销售额（万元）”适用柱形图，“完成率”适用折线图），并在【系列选项】中添加【次坐标轴】选项。

小贴士

将“完成率”设置在次坐标轴上的原因是：

“销售额（万元）”的数值很大，“完成率”的数值很小，如果放在同一个坐标轴上，完成率就显示不出来了，将其放在次坐标轴上，就可以进行单独设置，二者互不影响。

03 选中横坐标轴，设置字体格式，在【设置坐标轴格式】对话框中，在【主要刻度线类型】的下拉列表中选择“无”，切换到【线条颜色】选项卡，将【线条】中的【颜色】设置为“白色，背景1，深色15%”，将两个纵坐标轴的【主要刻度线类型】设置为“无”，线条为“无线条”。

04 选中折线系列，将线条【颜色】设置为“橙色，强调文字颜色2，淡色60%”，【粗细】设置为“1.75磅”。

05 在【设置数据系列格式】对话框中，在【数据标记选项】组中选中【内置】单选钮，选择一种合适的类型，将【大小】设置为“25”，在【数据标记填充】组中选中【纯色填充】单选钮，将【颜色】设置为“橙色，强调文字颜色2，淡色60%”，在【标记线颜色】组中选中【实线】单选钮，【颜色】设置为“橙色，强调文字颜色2”，在【标记线样式】组中将【宽度】设置为“1磅”。

06 选中折线图系列，选择【数据标签】→【居中】选项，选中次纵坐标轴后，在【坐标轴选项】中将【最小值】设置为“0.5”（本案例中设置为0.5较为合适，读者可根据自身需要进行调整）。

07 添加图表标题，并输入内容“分析销售额及完成率变化情况”，添加纵坐标轴标题，并输入内容将图例移至绘图区右上角，设置网格线格式为“0.75 磅，短划线，‘白色，背景 1，深色25%’”，设置图表区的填充颜色和字体格式等。创建“分析销售额及完成率变化情况”折线图最终效果如图8-17所示。

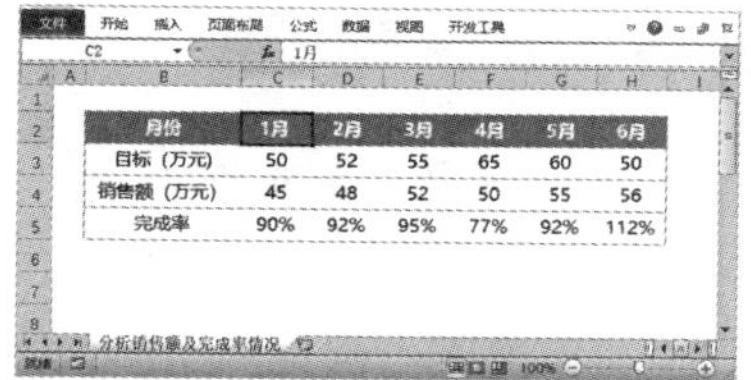

月份	1月	2月	3月	4月	5月	6月
目标（万元）	50	52	55	65	60	50
销售额（万元）	45	48	52	50	55	56
完成率	90%	92%	95%	77%	92%	112%

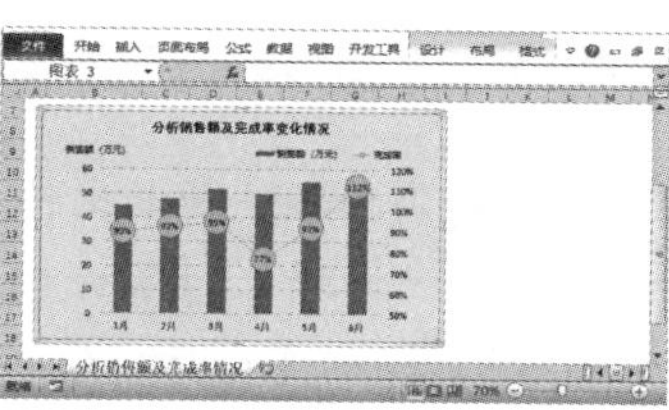

▲ 图 8-17

小贴士

在制作折线图时，有以下几点需要注意。

① 折线图的数据源应属于一段连续的时间，并且时间节点应不少于 6 个，否则无法反映客观趋势。

② 折线不能太粗也不能太细，【粗细】设置为1.75磅左右比较合适。

③ 在折线图中添加网格线时，需要将网格线弱化，如用浅色的虚线，避免对折线造成干扰。

④ 当图表中只有1条折线时，可以将图例删除，读者通过标题和坐标轴即可清楚地知道折线的含义。当折线超过2条时，可以通过调整图例的位置和大小，将其与折线尾部对齐。

8.2.4 创建饼图

饼图只显示某一个数据系列，一般用于显示各个部分所占的比例。

插入饼图：在【插入】选项卡中，单击【图表】组中的【饼图】按钮，在弹出的下拉列表中选择合适的选项即可。

美化饼图：切换到【图表工具】下的【设计】和【布局】选项卡中进行设置；再切换到【格式】选项卡，单击【形状样式】组右侧的【对话框启动器】按钮，在弹出的【设置数据系列格式】对话框中进行美化设置，如图8-18所示。

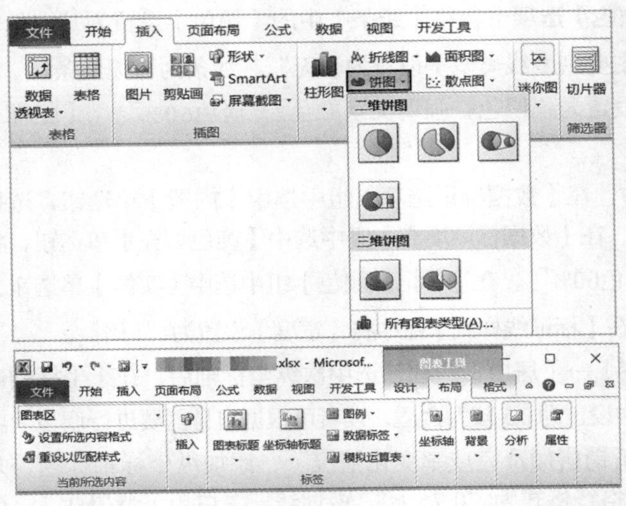

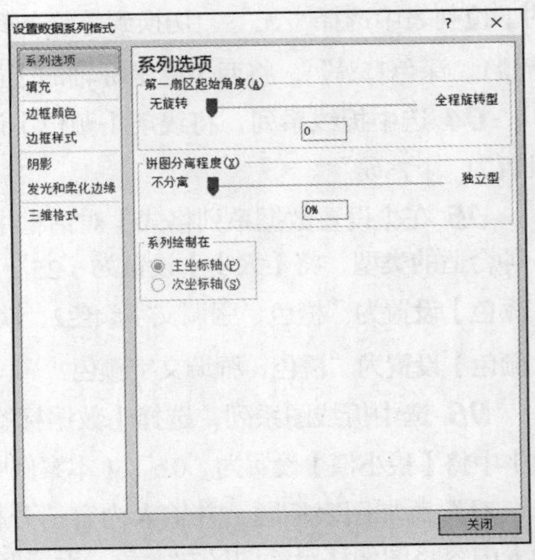

▲图 8-18

下面我们通过课堂练习来看一下，如何创建饼图。

课堂练习 在“各销售渠道所占份额”中创建饼图来查看各渠道的占比

素材：第8章\各销售渠道所占份额—原始文件　　重点指数：★★★★

8-4 创建饼图

01 打开本实例的原始文件，切换到“分析各销售渠道所占优势”工作表中，选中单元格区域B2:C6，插入饼图，选中插入的饼图，选择【数据标签】→【数据标签外】选项。

02 选中数据标签，在【设置数据标签格式】对话框中，在【标签选项】下方取消勾选【值】复选框，勾选【类别名称】和【百分比】复选框，设置完成后，选中数据标签，将其调整至合适的位置。

03 在饼图上单击，选中整个数据系列， 在【图表样式】组中选择【样式3】选项，在饼图中，各个扇区是相互独立的，因此可以通过分离重点扇区来达到强调的目的。

04 选中"网店"所在的扇区后，在【设置数据点格式】对话框中，将【点爆炸型】中的数值设置为"8%"，可以看到"网店"所在的扇区就被分离出来了。

05 为图表添加标题，输入内容"各销售渠道所占份额分析"，设置字体格式为"微软雅黑，14，加粗"，将标题移至合适的位置，删除图例，然后将图表的填充颜色设置为"灰色 -50%，强调文字颜色 3，淡色 80%"，适当调整图表区的大小。创建"各销售渠道的占份额分析"饼图最终效果如图8-19所示。

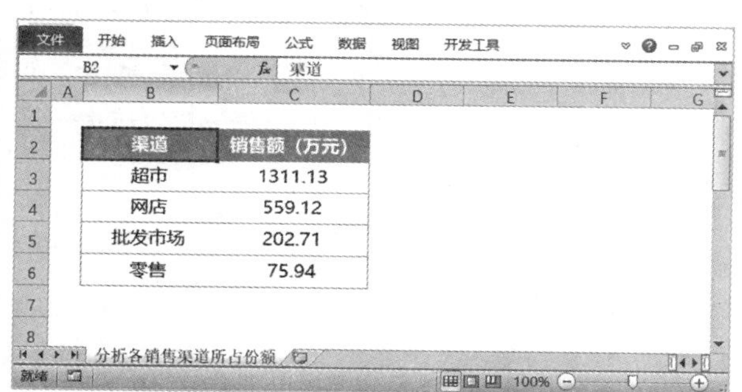

渠道	销售额（万元）
超市	1311.13
网店	559.12
批发市场	202.71
零售	75.94

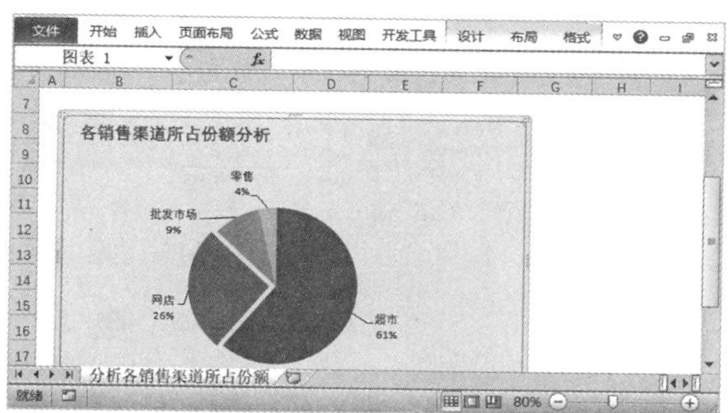

▲ 图 8-19

小贴士

创建饼图时需要进行必要的设计才能更好地展示数据，我们可以从以下几个方面来优化饼图。

①数据按顺时针方向从大到小排列，并且第1个扇区最好从0点刻度开始，因此在创建饼图前可以对源数据进行降序排列。

②数据不能太小，否则会因为扇区面积太小而无法显示。

③饼图的项目数量最好不超过 6 个，否则扇区太多会弱化百分比的显示效果。

④可以删除图例，通过数据标签显示项目名称和百分比数据。在饼图结构中，数据表达的重点是百分比，而非具体数值，因此在添加数据标签时，要显示百分比。

素养教学

诚信是为人之道，是立身处世之本，是人与人相互信任的基础。讲信誉、守信用是我们对自身的一种约束和要求，也是他人对我们的一种希望和期盼。对个人来说，诚信是人与人之间正常交往、家庭生活幸福、社会生活秩序得以保持和发展的重要力量；对企业来说，诚信是一种形象、品牌和信誉，是企业兴旺发达的基础。

8.2.5 创建圆环图

在分析各项目数据的占比情况时，除了可以使用饼图，还可以使用圆环图；在只有一个数据系列的情况下，圆环图和饼图都可以表达各项目数据的占比情况，只是圆环图看起来会更简洁一些。

插入圆环图：在【插入】选项卡中，单击【图表】组中的【其他图表】按钮，在弹出的下拉列表中选择合适的选项即可。

美化圆环图：切换到【图表工具】下的【设计】和【布局】选项卡中进行设置；再切换到【格式】选项卡，单击【形状样式】组右侧的【对话框启动器】按钮，在弹出的【设置数据系列格式】对话框中进行美化设置，如图8-20所示。

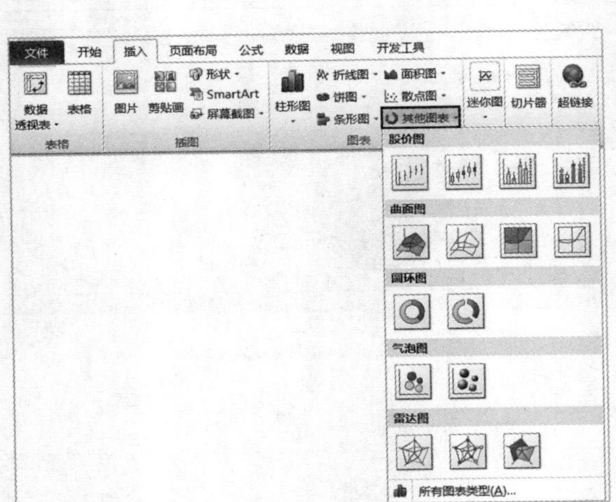

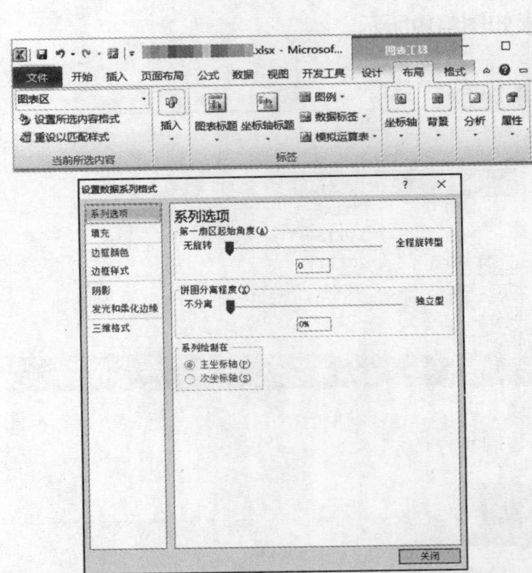

▲图 8-20

下面我们通过课堂练习来看一下，如何创建圆环图。

课堂练习　在“销售额占比表”中查看各项目比例

素材：第8章\销售额占比表—原始文件　　重点指数：★★★★

8-5 创建圆环图

01 打开本实例的原始文件，切换到“分析多系列中各项目占比”工作表中，选中单元格区域B2:D8，在表格中插入一个圆环图，默认插入的图形不太美观，需要调整圆环的内径大小，在【设置数据系列格式】对话框中，在【系列选项】组中设置【圆环图内径大小】的百分比为“60%”，设置完成后，两个圆环的大小会同时变化。

02 选中图表，为图表添加数据标签，选择【数据标签】→【显示】选项，在【标签选项】组中，取消勾选【值】复选框，然后勾选【百分比】复选框，数据标签就显示为百分比了，对另一组数据标签也进行同样的设置。

03 选中圆环图，在【形状样式】组中单击【形状轮廓】按钮，在弹出的下拉列表中选择【白色，背景1】选项，再次单击【形状轮廓】按钮，在弹出的下拉列表中选择【粗细】→【1磅】选项。

04 由于从圆环图中看不出来内圈和外圈分别代表哪个数据系列，为了便于读者理解，可以添加文本框，注明两个圆环的内容；然后将其移至合适的位置。

05 插入图表标题，并输入内容“2020年、2021年上半年各月份销售额占比分析”，并将其字体格式设置为“微软雅黑，14，加粗”；调整图例的大小和位置，最后为图表设置填充颜色为“灰色 -50%，强调文字颜色3，淡色80%”，并适当调整图表的大小和位置。创建“2020年、2021年上半年各月份销售额占比分析”圆环图最终效果如图8-21所示。

月份	2020年销售额（万元）	2021年销售额（万元）
1月	257	290
2月	325	259
3月	347	371
4月	299	467
5月	240	298
6月	307	465

▲ 图 8-21

8.2.6 创建散点图

散点图通过各个数据点的分布，可以直观地展示数据整体的分布情况，经常用于项目评价与预测。

插入散点图：在【插入】选项卡中，单击【图表】组中的【散点图】按钮，在弹出的下拉列表中选择合适的选项即可。

美化散点图：切换到【图表工具】下的【设计】和【布局】选项卡中进行设置；再切换到【格式】选项卡，单击【形状样式】组右侧的【对话框启动器】按钮，在弹出的【设置坐标轴格式】对话框中进行美化设置，如图8-22所示。

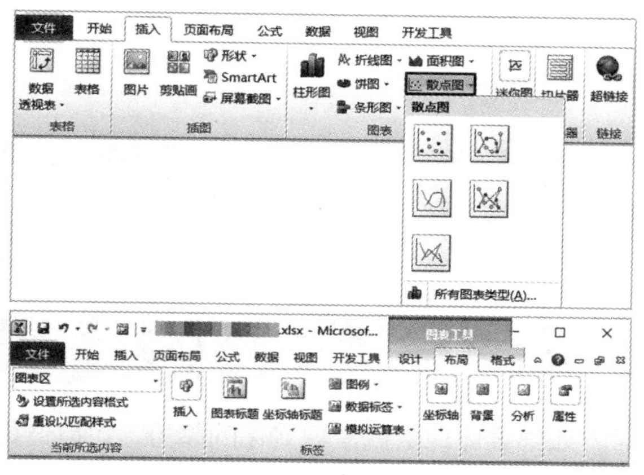

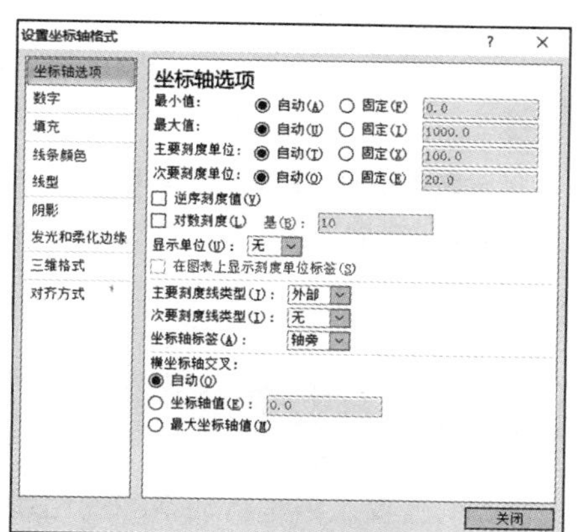

▲ 图 8-22

下面我们通过课堂练习来看一下，如何创建散点图。

课堂练习 在“培训效果满意度表”中创建散点图，查看培训效果满足度分布情况

素材：第8章\培训效果满意度表—原始文件　　重点指数：★★★★

8-6 创建散点图

01 打开本实例的原始文件，切换到“分析培训效果满意度分布情况”工作表中，选中单元格区域C3:D30，插入一个散点图，可以看到创建的散点图中默认散点较小，影响观看，可以将散点调大。

02 选中散点，在【设置数据系列格式】对话框中，在【数据标记选项】组中选中【内置】单选钮，在【类型】中选择“圆形”，将【大小】调为“6”。

03 选中图表中的纵坐标轴，在弹出的【设置坐标轴格式】对话框中，在【主要刻度线类型】的下拉列表中选择“无”；切换到【线条颜色】选项卡，将其线条设置为“实线”，【颜色】设置为“白色，背景1，深色25%”，按照相同的方法设置横坐标轴。

04 删除网格线和图例，添加图表标题，并输入内容“培训效果满意度分布情况”；添加横、纵坐标轴标题，并分别输入内容“课程设计评分”“方式方法评分”设置图表标题字体格式为“微软雅黑，14”，坐标轴标题字体格式为“微软雅黑，10”，颜色均为“黑色，文字1，淡色35%”。

05 为图表设置填充颜色为“灰色 -50%，强调文字颜色3，淡色80%”，并适当调整图表的大小和位置。创建“培训效果满意度分布情况”散点图最终效果如图8-23所示。

▲图 8-23

小贴士

在创建散点图时，只需要选择横坐标轴和纵坐标轴对应的值，无须将字段名称、平均值、汇总值也选入绘图数据的范围，否则将无法创建所需的散点图。

8.2.7 创建面积图

在分析销售收入与销售成本的变化趋势时，如果要体现数据累积变化的趋势，可以选择创建面积图。

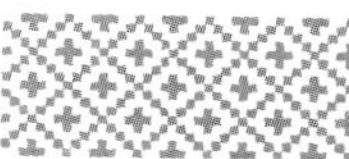

插入面积图：在【插入】选项卡中，单击【图表】组中的【面积图】按钮，在弹出的下拉列表中选择合适的选项即可。

美化面积图：切换到【图表工具】下的【设计】和【布局】选项卡中进行设置；再切换到【格式】选项卡，单击【形状样式】组右侧的【对话框启动器】按钮，在弹出的【设置坐标轴格式】对话框中进行美化设置，如图8-24所示。

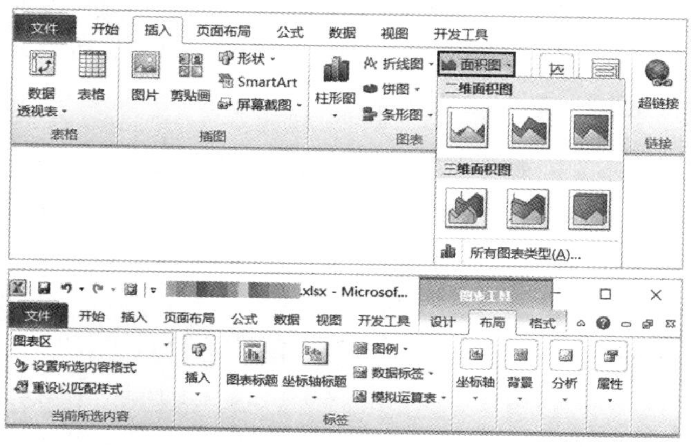

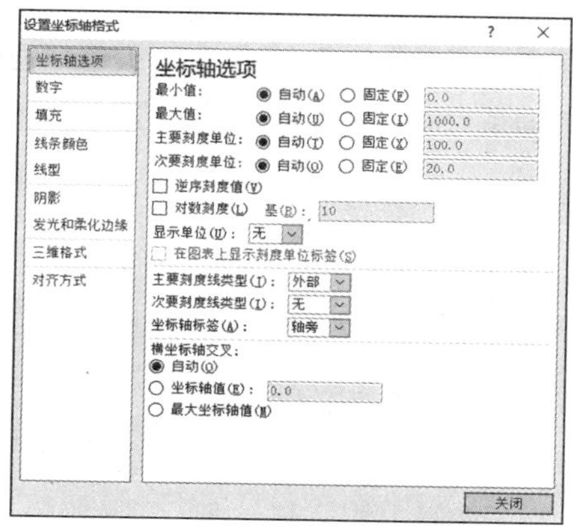

▲ 图 8-24

下面我们通过课堂练习来看一下，如何创建面积图。

课堂练习 在“销售收入与成本表”中创建面积图，分析上半年销售收入与成本变化情况

素材：第8章\销售收入与成本表—原始文件　　重点指数：★★★★

8-7 创建面积图

01 打开本实例的原始文件，切换到“分析销售收入与成本变化情况”工作表中，选中单元格区域B2:H4，插入一个面积图，可以看到创建的默认格式的面积图不太美观，需要进行美化设置。

02 将网格线和图例删除，编辑图表标题，并设置字体格式为“微软雅黑，14，加粗”，颜色为“黑色，文字1，淡色35%”，添加纵坐标轴标题，设置图表区的填充色；图表的填充颜色为“灰色 -50%，强调文字颜色3，淡色 80%”；坐标轴标题的字体格式为“微软雅黑，10”，颜色为“黑色，文字1，淡色35%”，设置完成后适当调整绘图区的大小。

小贴士

步骤02中将图例删除，如何区分不同的数据系列呢？

在面积图中，我们可以使用数据标签来区分不同的数据系列，设置其只显示数据系列名称并移至数据系列内部，这样便于读者阅读。

03 选中图表中的纵坐标轴，在弹出的【设置坐标轴格式】对话框中，在【主要刻度线类型】的下拉列表中选择“无”；切换到【线条颜色】选项卡，将其线条设置为“实线”，【颜色】设置为“白色，背景 1，深色 35%”，按照相同的方法设置横坐标轴。

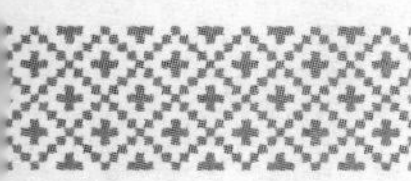

04 选中图表后，依次为图表添加数据标签，让【数据标签】显示出来，添加完成后，依次选中1月～5月的数据标签，将其删除，只保留6月的数据标签。

05 选中6月的数据标签，打开【设置数据标签格式】对话框，在【标签选项】组中取消勾选【值】复选框，勾选【系列名称】复选框，然后依次设置添加的数据标签，将其字体格式设置为“微软雅黑，9”，颜色设置为“白色，背景1”，并将数据标签移至合适的位置。

06 如果默认的数据系列颜色不合适，可以依次选中数据系列，分别将数据系列的颜色设置为“蓝色，强调文字颜色1”和“橙色，强调文字颜色2，淡色40%”；为了便于读者理解，可以为不同数据系列添加文本框和标记，如标注毛利的范围，如图8-25所示。

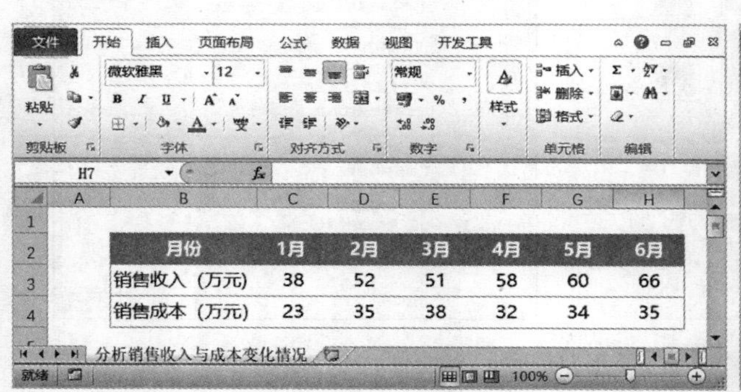

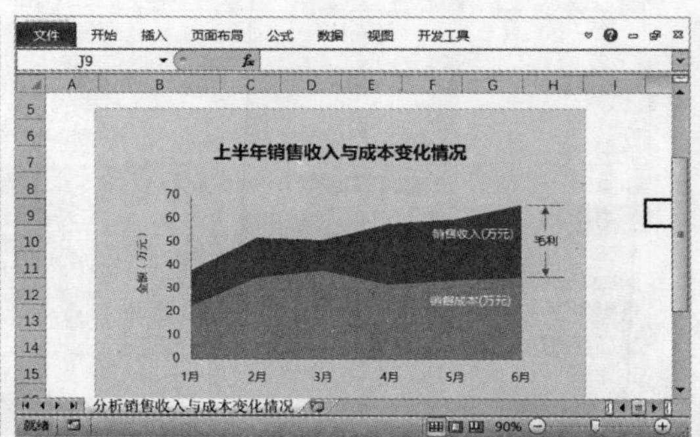

▲图 8-25

8.3 综合实训：编辑销售毛利表

实训目标：使用折线图和面积图的组合制作一份有区间的毛利走势图。

操作步骤：

8-8 综合实训

01 打开本实例的原始文件，若该公司的各月销售毛利低于40万元，则属于危险区；若为40万～80万元，则属于警告区；若为80万～120万元，则属于安全区。

02 根据已知条件，设置“危险”“警告”“安全”区的源数据，由于各区间的边界值间隔都是 40，所以制作成堆积面积图后，各面积的数值也都是40，即在单元格区域B4:N6中输入对应的数据，并进行相应的设置。

03 选中单元格区域B2:N6，插入一个堆积面积图，将“毛利（万元）”系列的图表类型设置为折线图，“危险（万元）、警告（万元）、安全（万元）”系列的图表类型设置为堆积面积图。

04 删除网格线，添加图表标题并输入内容“各月销售毛利走势分析”，将其字体格式设置为“微软雅黑，14，加粗”，颜色设置为“黑色，文字1，淡色35%”，将图例移至标题下方，并设置图例的字体格式为“微软雅黑，9”。

05 选中纵坐标轴，打开【设置坐标轴格式】对话框，在【坐标轴选项】组中，将【最大值】设置为“120.0”，将【主要刻度单位】设置为“40.0”，在【主要刻度线类型】的下拉列表中选择“无”；切换到【线条颜色】选项卡，将其线条设置为“无线条”。

06 选中横坐标轴，打开【设置坐标轴格式】对话框，在【主要刻度线类型】的下拉列表中选

择“无”，切换到【线条颜色】选项卡，将其线条设置为“实线”，【颜色】设置为“白色，背景1，深色 15%”。

07 选中图表，选择【坐标轴标题】→【主要纵坐标轴】→【旋转过的标题】，输入内容“毛利（万元）”，并设置字体格式为“微软雅黑，9”，颜色为“黑色，文字1，淡色35%”。

08 由于默认的图表颜色不太美观，可以为其重新设置颜色。建议将折线的粗细设置为“2 磅”，颜色设置为“黑色，文字1，淡色25%”，“危险”区设置为“深红色”，“警告”区设置为“黄色”（RGB为“232，163，70”），“安全”区设置为“浅绿色”（RGB为“169，209，142”），这样的设置比较符合常规的认识。

09 适当调整图表和绘图区的大小。毛利走势图最终效果如图8-26所示。

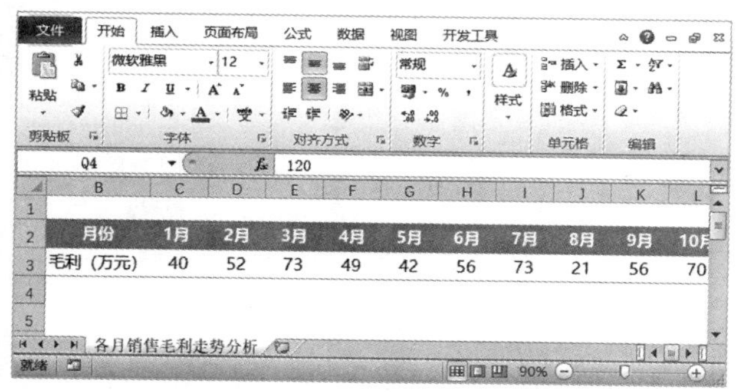

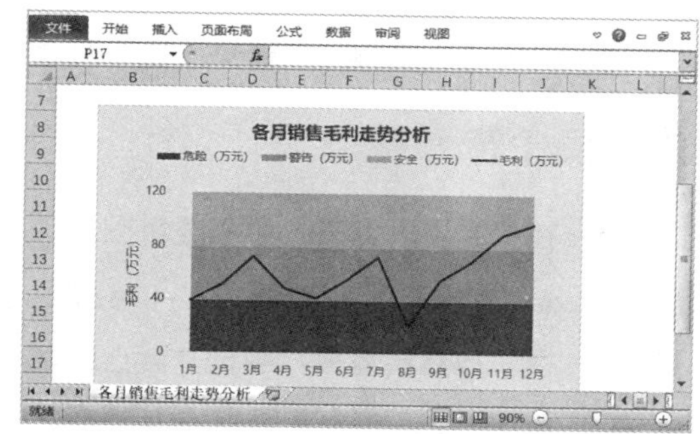

▲图 8-26

本章习题

一、单选题

1. 以下关于条形图的说法中正确的是（ ）。

   A. 条形图由一个个水平条组成，主要突出数据的差异而淡化时间和类别的差异

   B. 仅排列在工作表的一列或一行中的数据可以绘制到条形图中

   C. 条形图除了能体现数据随时间的变化趋势，还能体现部分与整体的关系

   D. 条形图是用来描绘股价走势的图形

2. 以下关于雷达图的说法中正确的是（ ）。

   A. 雷达图适用于多维数据

   B. 每个维度必须可以排序

   C. 它有一个局限，就是数据点最多有6个

   D. 以上说法都对

3. 在根据数据表创建Excel图表的过程中，首先要做的是选择图表的（ ）。

   A. 类型　　B. 插入位置　　C. 源数据　　D. 选项

二、判断题

1. 柱形图是最常用的图表类型之一，它由一个个垂直柱体组成。（　　）
2. 折线图一般用来显示一段时间内数据的变化趋势，一般来说纵坐标轴表示时间。（　　）
3. 面积图是用来描绘股票走势的图形。（　　）

三、简答题

1. 图表的主要类型有哪些?
2. 散点图的适用范围。
3. 在创建折线图时，需要注意的问题?

四、操作题

1. 在“销售明细表”中创建饼图。

   素材：第8章\销售明细表—原始文件
2. 在“产品销售表”中创建散点图。

   素材：第8章\产品销售表—原始文件

第9章

数据透视表

【学习目标】

√熟悉数据透视表

√了解美化数据透视表的方法

√掌握插入数据透视图的方法

【技能目标】

√学会使用数据透视表统计数据

√学会制作动态数据

√学会让数据展现得更直观

9.1 创建数据透视表

【内容概述】

用户可以利用Excel提供的数据透视表功能，通过简单的拖曳操作，完成复杂的数据分类汇总。数据透视表可以说是Excel中最实用、最常用的功能之一。

【重点与实施】

一、认识数据和数据透视表

二、字段与值

三、创建初始数据透视表

1. 认识数据和数据透视表

日常工作中，用户会用到很多Excel表格，它们往往像图9-1这样包含很多列，每列中含有不同的数据，我们统称这样的表格为数据表。

日期	领用部门	产品名称	金额
2020/11/1	财务部	笔记本	¥48.00
2020/11/5	财务部	中性笔	¥40.00
2020/11/10	销售部	橡皮	¥18.00
2020/11/12	人事部	中性笔	¥32.00
2020/11/18	销售部	笔记本	¥92.00
2020/11/22	财务部	笔记本	¥88.00
2020/11/26	人事部	橡皮	¥27.00
2020/11/30	销售部	中性笔	¥24.00

▲图 9-1

当用户按照一定条件对数据进行统计汇总后，就会生成数据透视表，如图9-2所示。

行标签	求和项:金额
财务部	176
人事部	59
销售部	134
总计	369

▲图 9-2

图9-2所示的数据透视表是按照“领用部门”实现了汇总金额。如果要求按“产品名称”和“领用部门”汇总金额，则生成的数据透视表，如图9-3所示。

求和项:金额	产品名称			
领用部门	笔记本	橡皮	中性笔	总计
财务部	136		40	176
人事部		27	32	59
销售部	92	18	24	134
总计	228	45	96	369

▲图 9-3

2. 字段与值

Excel中用行和列描述数据的分布位置，对数据透视表来说，列就是一个字段。如果数据中的一个字段包含数值，数据透视表就可以对其进行汇总求和。汇总求和后，它被称为数据透视表值字段，而进行汇总的条件被称为数据透视表的行字段，如图9-4所示。

字段　字段　字段　字段

日期	领用部门	产品名称	金额
2020/11/1	财务部	笔记本	¥48.00
2020/11/5	财务部	中性笔	¥40.00
2020/11/10	销售部	橡皮	¥18.00
2020/11/12	人事部	中性笔	¥32.00
2020/11/18	销售部	笔记本	¥92.00
2020/11/22	财务部	笔记本	¥88.00
2020/11/26	人事部	橡皮	¥27.00
2020/11/30	销售部	中性笔	¥24.00

行字段　值字段

行标签	求和项:金额
财务部	176
人事部	59
销售部	134
总计	369

▲图 9-4

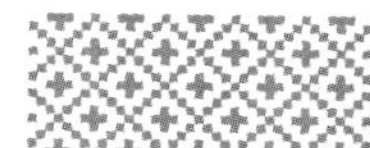

单击【数据透视表】按钮，Excel会自动查看数据表格，然后在【数据透视表字段列表】窗格中按名称列出字段，如图9-5所示。

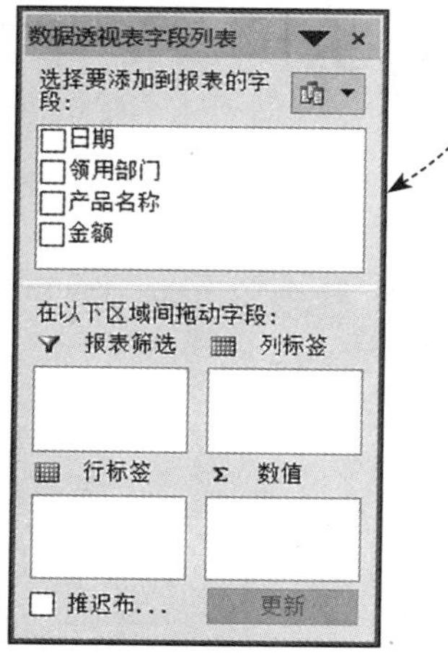

日期	领用部门	产品名称	金额
2020/11/1	财务部	笔记本	¥48.00
2020/11/5	财务部	中性笔	¥40.00
2020/11/10	销售部	橡皮	¥18.00
2020/11/12	人事部	中性笔	¥32.00
2020/11/18	销售部	笔记本	¥92.00
2020/11/22	财务部	笔记本	¥88.00
2020/11/26	人事部	橡皮	¥27.00
2020/11/30	销售部	中性笔	¥24.00

▲ 图 9-5

3. 创建初始数据透视表

了解了数据透视表的数据源以及数据源表中的行和列与数据透视表中字段和值的关系后，就可以创建数据透视表了。

创建数据透视表：在【插入】选项卡中，单击【表格】组中的【数据透视表】按钮的下半部分，在弹出的下拉列表中选择【数据透视表】选项，弹出【创建数据透视表】对话框，在对话框中进行相关的设置，如图9-6所示。

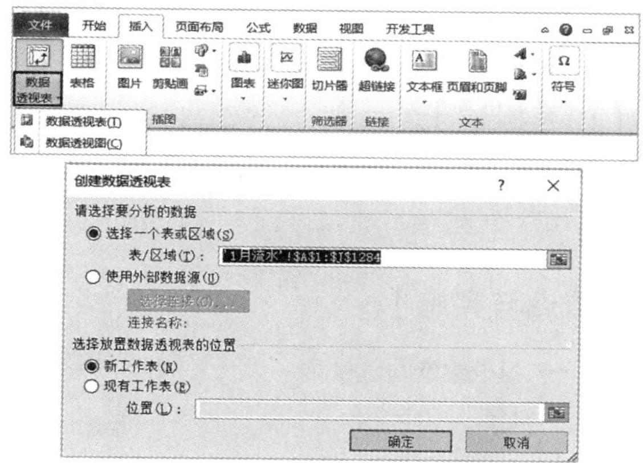

▲ 图 9-6

下面我们通过课堂练习来看一下，如何创建数据透视表。

课堂练习 **在“销售明细表”中创建数据透视表统计销售金额**

素材：第9章\销售明细表—原始文件

重点指数：★★★★

9-1 创建初始数据透视表

01 打开本实例的原始文件，选中数据区域的任意一个单元格，插入一个数据透视表，用户也可以根据需要将数据透视表插入到一个新建的工作表中。

02 在【字段】列表框中选择字段，如将“品名”拖曳到【行标签】中，将“业务员”拖曳到【列标签】中，将“金额（元）”拖曳到【数值】中，如图9-7所示。

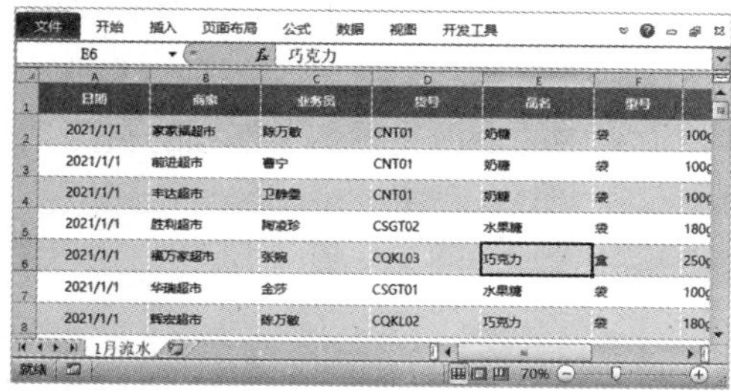

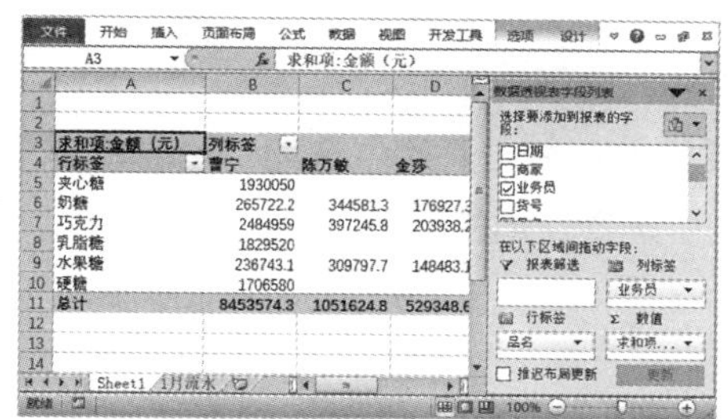

▲ 图 9-7

小贴士

用户有时会遇到【数据透视表字段列表】任务窗格被隐藏的情况，可能的原因有两种：一是没有选中数据透视表区域中的单元格，二是关闭了【数据透视表字段列表】任务窗格。

解决办法：如果是第一种情况，选中数据透视表区域中的任意一个单元格，看是否弹出【数据透视表字段列表】任务窗格；如果是第二种情况，切换到【数据透视表工具】的【选项】选项卡，单击【显示】组中的【字段列表】按钮，就可以打开【数据透视表字段列表】任务窗格了。

9.2 美化数据透视表

【内容概述】

初始创建的数据透视表，无论是外观样式，还是内部结构，都不够美观，因此需要进行美化设计。

【重点与实施】

一、设置数据透视表

二、插入切片器

9.2.1 设置数据透视表

对数据透视表进行设置，基本上包含以下几部分，即行高、列宽、字体、单元格格式、边框、底纹的，如图9-8所示。

设置布局：在【数据透视表工具】的【设计】选项卡中，单击【布局】组中的【报表布局】按钮，在弹出的下拉列表中选择需要的布局形式。

设置样式：在【数据透视表工具】的【设计】选项卡中，单击【数据透视表样式】组中的【其他】按钮，在弹出的下拉列表中选择需要的样式。

设置行高和列宽：单击鼠标右键，在弹出的快捷菜单中选择【行高】和【列宽】选项，在弹出的对话框中进行设置。

设置边框：在【开始】选项卡中，单击【字体】组中的【下框线】按钮，在弹出的下拉列表中选择需要的选项。

设置底纹：在【开始】选项卡中，单击【字体】组中的【填充颜色】按钮的右侧，在弹出的下拉列表中选择合适的颜色。

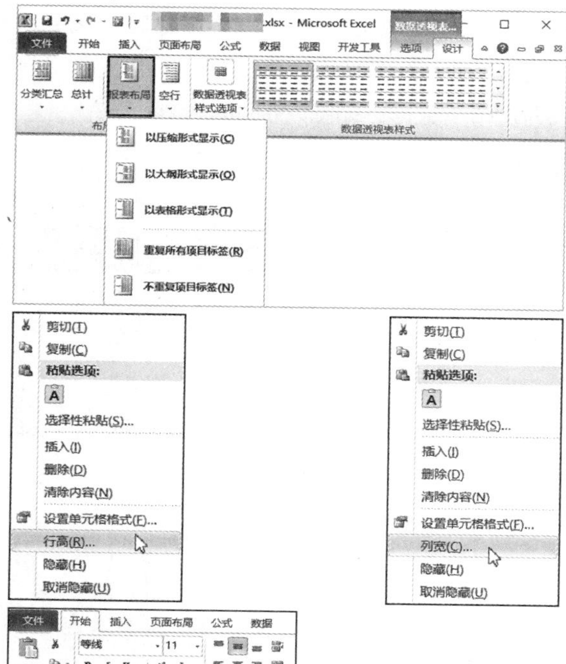

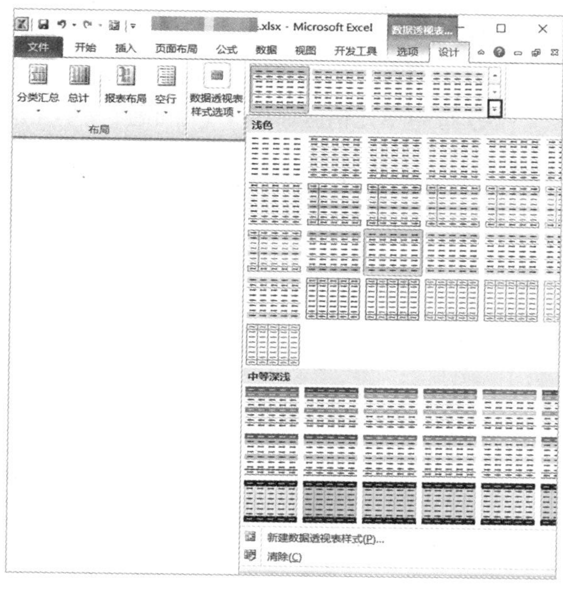

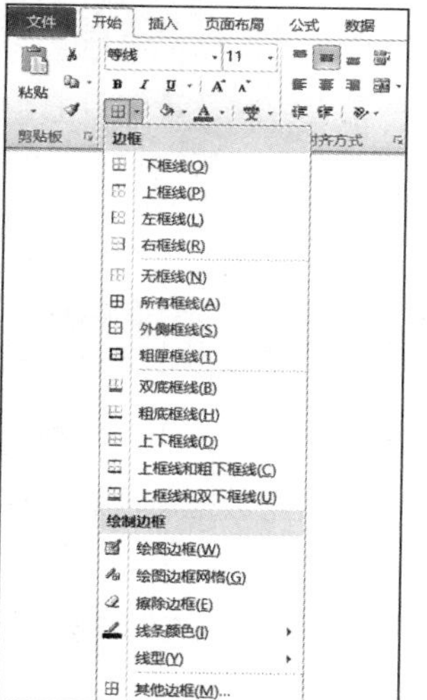

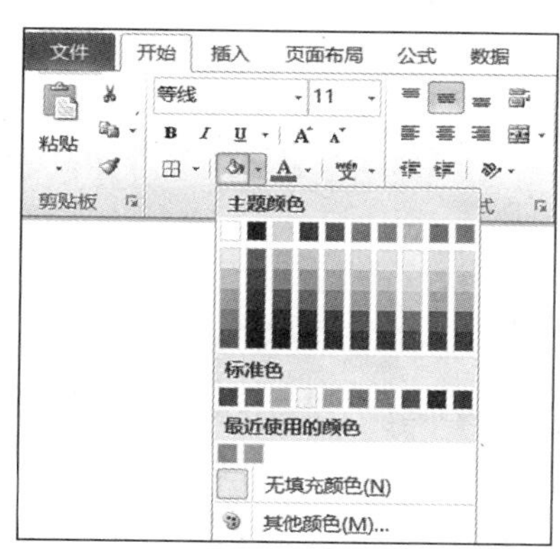

▲图 9-8

下面我们通过课堂练习来看一下，如何设置数据透视表。

课堂练习　在“销售明细表”中对数据透视表进行设置

素材：第9章\销售明细表01—原始文件　　重点指数：★★★★

9-2 设置数据透视表

01 打开本实例的原始文件，切换到“Sheet1”中，选中数据透视表，为数据透视表选择【以表格形式显示】布局形式，并在【数据透视表样式】组中选择“数据透视表样式浅色16”。

02 将行高设置为“26”，将A列的列宽设置为“18”，其余列的列宽设置为“16”。

03 选中整个数据透视表区域，为透视表设置【内部】和【外边框】，并将边框颜色设置为“蓝色，强调文字颜色1，淡色60%”。

04 选中透视表的标题行，将其底纹颜色设置为“蓝色，强调文字颜色1”，将标题行文字的字体格式设置为“微软雅黑，12”，按照相同的方法设置总计行和其他内容。

05 选中单元格区域B5:H11，设置其单元格格式为货币型数据，如图9-9所示。

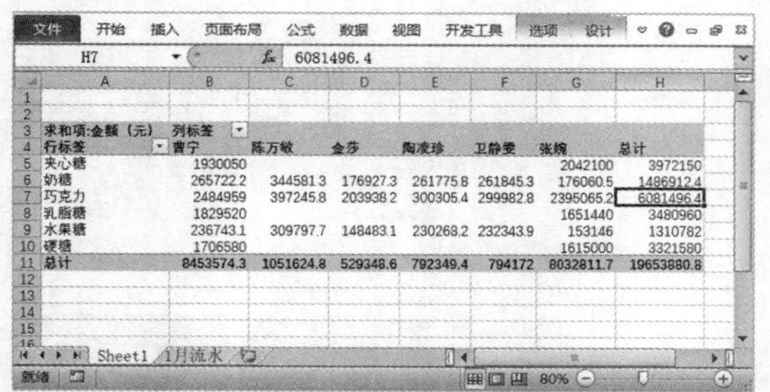

▲图9-9

素养教学

我国历史上有很多少年英雄的故事，电影《红孩子》《小兵张嘎》《英雄小八路》等讲述的就是一些少年英雄的故事。今天，各行各业都有很多值得我们学习的榜样，包括航天英雄、奥运冠军、科学家、劳动模范、青年志愿者等。榜样的力量是无穷的，我们要把他们立为心中的标杆，向他们看齐，像他们那样追求美好的道德修养。

9.2.2 插入切片器

数据透视表的灵活性很强，但是当我们需要对整个数据透视表进行筛选时，常规的做法就是将字段拖曳到报表筛选区域，通过页字段进行筛选，但是这种方法略显麻烦。使用数据透视表的切片器功能，不但可以更便捷地对数据透视表进行筛选，还可以查看动态数据。

插入切片器：在【插入】选项卡中，单击【筛选器】组中的【切片器】按钮，弹出【插入切片器】对话框，在对话框中进行设置即可。

美化切片器：在【切片器工具】下的【选项】选项卡中进行相关设置即可，如图9-10所示。

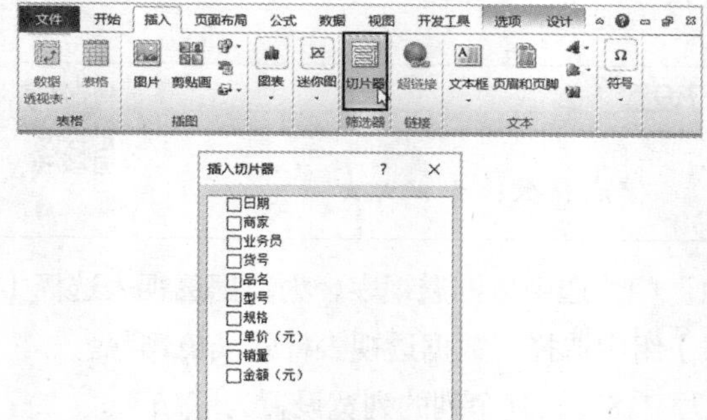

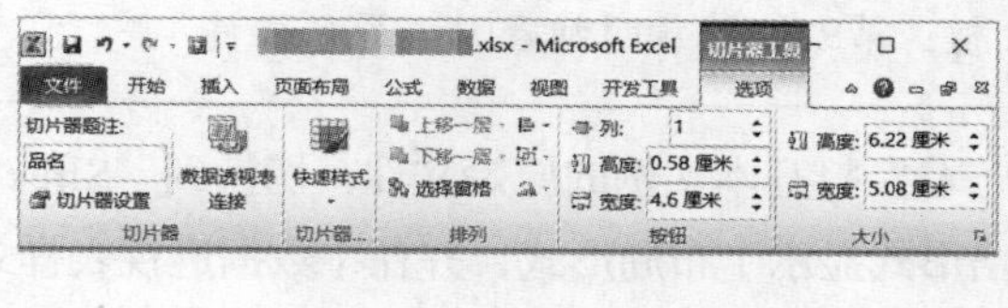

▲图9-10

下面我们通过课堂练习来看一下，如何插入切片器。

课堂练习 在“销售明细表”中插入切片器，查看动态数据

素材：第9章\销售明细表02—原始文件　　　　重点指数：★★★★

9-3 插入切片器

01 打开本实例的原始文件，切换到“Sheet1”中，将鼠标指针定位在数据透视表中的任意单元格内，插入一个【品名】切片器。

02 将鼠标指针放在切片器上，在【切片器样式】组中选择“切片器样式深色1”。

03 单击切片器上的选项，对应选项的数据就会显示出来，如选择“乳脂糖”选项，关于乳脂糖的数据就会显示出来，如图9-11所示。

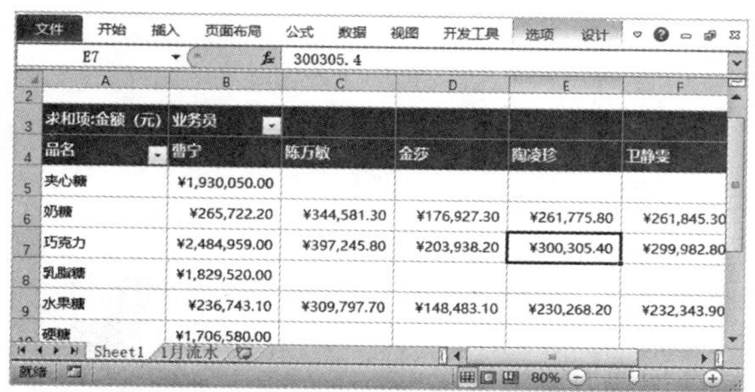

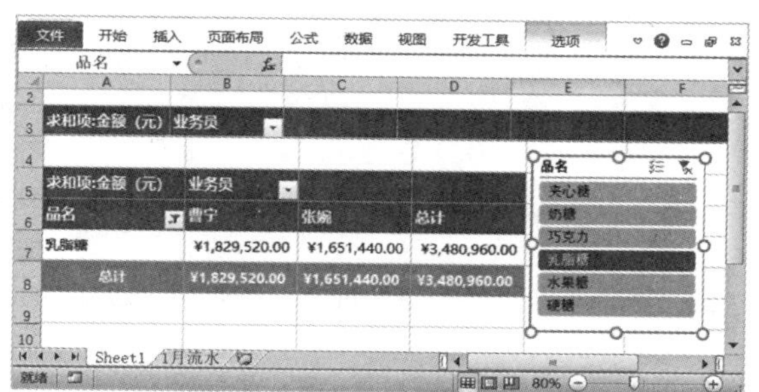

▲图 9-11

9.3　插入数据透视图

【内容概述】

使用数据透视表展示数据依然不够直观，不能一眼看出哪种商品的销量最高，哪种商品的销量最低。俗话说“表不如图”，想要数据展现得更为直观，还需要借助图，数据透视图就可以满足更高的数据展示要求。

【重点与实施】

一、插入数据透视图

二、美化数据透视图

数据透视图也是图表的一种，只是数据透视图必须与数据透视表同时存在。

插入数据透视图：在【数据透视表工具】下的【选项】选项卡中，单击【工具】组中的【数据透视图】按钮，弹出【插入图表】对话框，在该对话框中进行设置即可。

美化数据透视图：在【数据透视图工具】下的【设计】【布局】【格式】【分析】等组中进行相关设置即可，如图9-12所示。

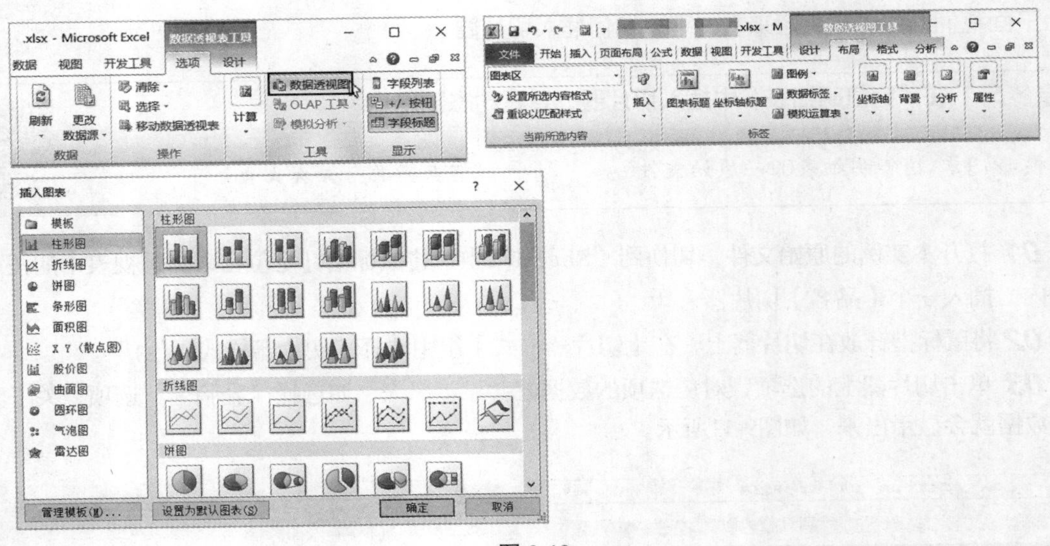

▲图 9-12

下面我们通过课堂练习来看一下，如何插入数据透视图。

课堂练习 在“销售明细表”中插入数据透视图来直观地展示数据

素材：第9章\销售明细表03—原始文件　　重点指数：★★★★

9-4 插入数据透视图

01 打开本实例的原始文件，切换到“Sheet1”中，将鼠标指针定位在数据透视表中的任意一个单元格，插入一个柱形图。

02 选中数据透视图中的纵坐标轴，在弹出的【设置坐标轴格式】对话框中，在【坐标轴选项】组中，在【主要刻度线类型】下拉列表中选择“无”；切换到【线条颜色】选项卡，将其线条设置为“实线”，【颜色】设置为“白色，背景1，深色50%”，按照相同的方法设置横坐标轴。

03 选中网格线，将其颜色设置为“白色，背景1，深色25%”，【短划线类型】选择“短划线”。

04 选中数据透视图，在【图表样式】组中为透视图选择一个合适的样式，为了与数据透视表相一致，这里选择“样式7”。

05 设置完成后，删除图例，并为图表添加标题，并输入内容“产品销量对比表”，然后设置字体格式，将标题移至合适的位置，并调整图表的大小。插入“产品销量对比表”数据透视图的最终效果如图9-13所示。

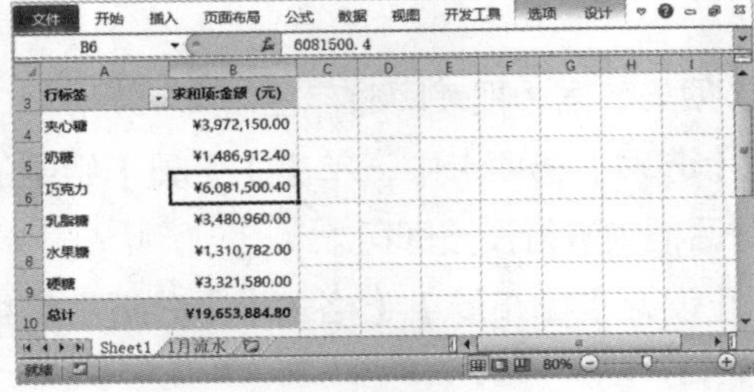

▲图 9-13

9.4 综合实训：编辑销量汇总表

实训目标：在“销量汇总表”中插入数据透视表、切片器及数据透视图。

操作步骤：

01 打开本实例的原始文件，将鼠标指针定位在表格数据区域内的任意一个单元格中，插入一个数据透视表。

02 将字段“产品名称”拖曳到【行标签】中，将“订单数量”拖曳到【数值】中，然后将数据透视表设置为“以表格形式显示”的报表布局，并在【数据透视表样式】组中选择“数据透视表样式中等深浅13”。

03 将行高设置为“26”，将列宽设置为“16”，选中整个数据透视表区域，为透视表设置【内部】和【外边框】，并将边框颜色设置为“蓝色，强调文字颜色1，淡色40%”。

04 选中透视表的标题行，将标题行文字的字体格式设置为“微软雅黑，12”，按照相同的方法设置总计行和其他内容。

05 选中单元格区域B4:B13，设置其单元格格式为货币型数据。

06 将鼠标指针定位在数据透视表中的任意一个单元格内，插入一个【产品名称】切片器，将鼠标指针放在切片器上，在【切片器样式】组中选择“切片器样式深色5”。

07 将鼠标指针定位在数据透视表中的任意一个单元格，插入一个柱形图。

08 选中数据透视图中的纵坐标轴，在弹出的【设置坐标轴格式】对话框中，将【坐标轴选项】组中【主要刻度单位】的【固定】设置为“1000.0”，在【主要刻度线类型】的下拉列表中选择“无”；切换到【线条颜色】选项卡，将其线条设置为“实线”，【颜色】设置为“白色，背景1，深色 50%”，按照相同的方法设置横坐标轴。

09 选中网格线，将其颜色设置为“白色，背景 1，深色 25%”，【短划线类型】选择“短划线”。

10 选中数据透视图，在【图表样式】组中为数据透视图选择一个合适的样式，为了与数据透视表相一致，这里选择“样式7”。

11 设置完成后，删除图例，并为图表添加标题，并输入内容“销量统计表”，然后设置字体格式，将标题移至合适的位置，并调整图表的大小。最终效果如图9-14所示。

订单编号	下单日期	下单时间	产品编号	产品名称	规格（ml/瓶）	单价
SL-2021-1-3-BL001-001	2021/1/3	9:09:48	BL001	沐浴露（滋润）	300	
SL-2021-1-3-BL003-002	2021/1/3	9:39:04	BL003	沐浴露（抑菌）	300	
SL-2021-1-3-SP001-003	2021/1/3	9:51:37	SP001	洗发水（柔顺）	400	
SL-2021-1-3-HS001-001	2021/1/4	10:03:26	HS001	洗手液（普通）	250	
SL-2021-1-4-SP003-002	2021/1/4	10:03:26	SP003	洗发水（去屑）	400	
SL-2021-1-4-HS001-003	2021/1/4	11:00:03	HS001	洗手液（普通）	250	
SL-2021-1-4-HS002-004	2021/1/4	11:02:40	HS002	洗手液（泡沫）	250	
SL-2021-1-4-BL003-005	2021/1/4	11:02:40	BL003	沐浴露（抑菌）	300	
SL-2021-1-5-HS002-001	2021/1/5	11:35:49	HS002	洗手液（泡沫）	250	
SL-2021-1-5-BL002-002	2021/1/5	11:35:49	BL002	沐浴露（清爽）	300	

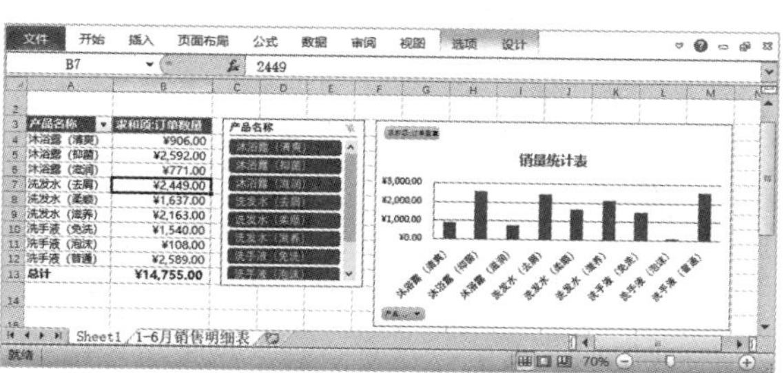

▲ 图 9-14

本章习题

一、单选题

1. 以下关于数据透视表的说法中，正确的是（　　）。

   A. 可以将字段拖曳到【行标签】

   B. 可以将字段拖曳到【列标签】

   C. 可以将字段拖曳到【数值】

   D. 以上说法都对

2. 以下关于切片器的说法中，错误的是（　　）。

   A. 单击【筛选器】组中的【切片器】按钮可以插入切片器

   B. 使用切片器可以对数据进行筛选

   C. 插入的切片器不可以设置样式

   D. 使用切片器可以动态查看数据

3. 以下关于数据透视图的说法中，错误的是（　　）。

   A. 数据透视图也是图表中的一种

   B. 数据透视图与数据透视表不能同时存在

   C. 插入的数据透视图可以移动位置

   D. 美化数据透视图可以在【数据透视图工具】下的选项卡中实现

二、判断题

1. 如果数据中的一个字段包含数值，数据透视表就可以对其进行汇总求和。（　　）

2. 数据透视表的美化步骤中包含行高和列宽的调整。（　　）

3. 想要数据展示得更为直观，可以通过数据透视表来展示。（　　）

三、简答题

1. 什么是字段?

2. 【数据透视表字段列表】任务窗格不见了是什么情况?

3. 怎样插入切片器?

四、操作题

1. 在“销售统计月报表”中统计产品的销售金额。

   素材：第9章\销售统计月报表—原始文件

2. 在“销售统计月报表”中动态查看各产品的销售金额。

   素材：第9章\销售统计月报表01—原始文件

第10章

编辑与设计幻灯片

【学习目标】

√熟悉演示文稿的基本操作

√熟悉幻灯片的基本操作

√了解幻灯片母版

√掌握编辑幻灯片的方法

【技能目标】

√学会使用文本元素提炼幻灯片信息

√学会使用形状元素装饰幻灯片

√学会使用图片元素美化幻灯片

√学会使用表格元素展示幻灯片信息

10.1　演示文稿的基本操作

【内容概述】

演示文稿的基本操作通常指对单张幻灯片的基本操作，包括新建和保存演示文稿，插入、删除、移动、复制及隐藏幻灯片等内容。

【重点与实施】

一、新建和保存演示文稿
二、在演示文稿中插入与删除幻灯片
三、在演示文稿中移动、复制与隐藏幻灯片

10.1.1 新建和保存演示文稿

1. 新建演示文稿

通常情况下，启动PowerPoint（后文称“PPT”）之后，系统会自动创建一个名为“演示文稿1”的空白演示文稿，如图10-1所示。

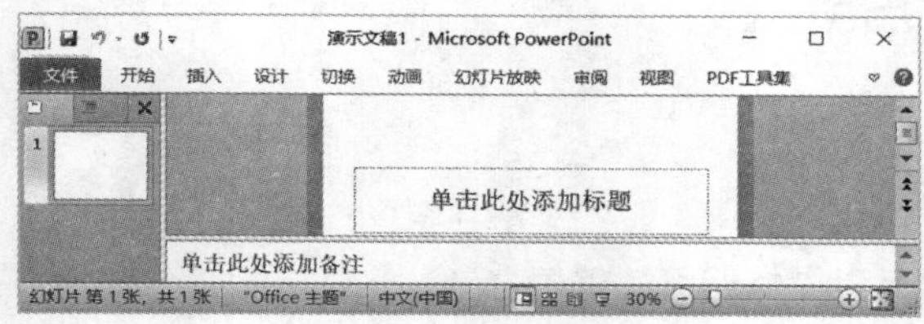

▲ 图 10-1

2. 保存演示文稿

保存演示文稿分为首次保存和非首次保存两种情况。

（1）首次保存演示文稿

如果演示文稿是首次保存在演示文稿窗口中的快速访问工具栏中单击【保存】按钮，弹出【另存为】对话框，在该对话框中选择保存的位置，然后在【文件名】文本框中输入文件名称，单击【保存】按钮即可保存演示文稿，如图10-2所示。

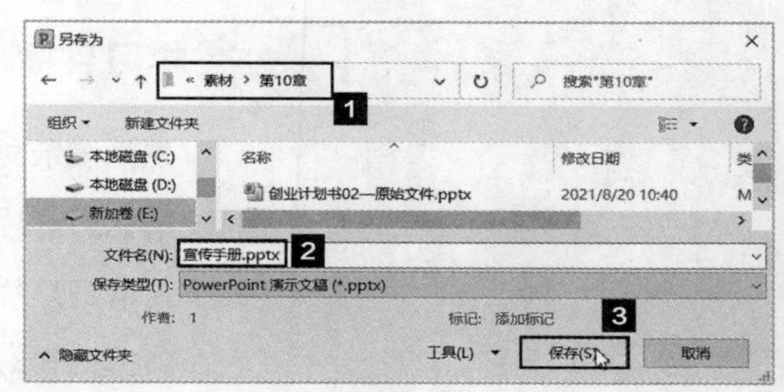

▲ 图 10-2

（2）非首次保存演示文稿

如果演示文稿已保存过，直接按【Ctrl】+【S】组合键即可保存演示文稿。

小贴士

PPT具有自动保存功能，系统默认10分钟自动保存一次。这期间（10分钟内）编辑的内容会由于计算机意外关闭（如停电）而丢失。为了减少损失，可以将系统默认的自动保存时间间隔调短一些，如5分钟。调整自动保存时间间隔的具体步骤：单击【文件】按钮，从弹出的界面中选择【选项】选项，在弹出的【PowerPoint选项】对话框中，切换到【保存】选项卡，然后设置【保存自动恢复信息时间间隔】为5分钟。

10.1.2 在演示文稿中插入与删除幻灯片

1. 插入幻灯片

插入幻灯片分为插入空白幻灯片和插入主题幻灯片两种情况。

（1）插入空白幻灯片

在【开始】选项卡中，单击【新建幻灯片】按钮的上半部分即可插入一张空白幻灯片，如图10-3所示。

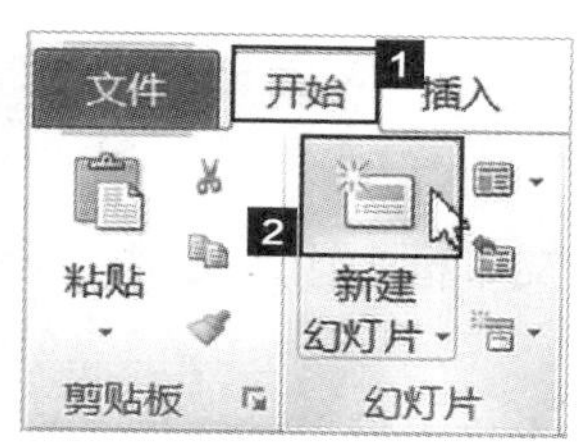

▲ 图 10-3

（2）插入主题幻灯片

在【开始】选项卡中，单击【新建幻灯片】按钮的下半部分，弹出图10-4所示的【Office主题】选项，从中选择合适的类型即可。

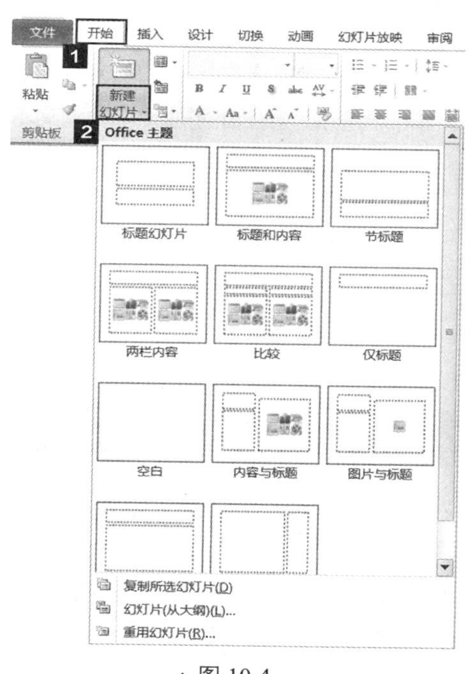

▲ 图 10-4

2. 删除幻灯片

在演示文稿左侧的导航窗格中，在要删除的幻灯片上单击鼠标右键，在弹出的快捷菜单中选择【删除幻灯片】选项，即可将该幻灯片删除。

10.1.3 在演示文稿中移动、复制与隐藏幻灯片

1. 移动幻灯片

在演示文稿左侧的导航窗格中选择要移动的幻灯片，然后按住鼠标左键不放，将其拖曳至合适的位置后释放鼠标左键即可。

2. 复制幻灯片

在演示文稿左侧的导航窗格中选择要复制的幻灯片，单击鼠标右键，在弹出的快捷菜单中选择【复制幻灯片】选项，即可复制一张与该幻灯片格式和内容均相同的幻灯片。

3. 隐藏幻灯片

在演示文稿左侧的导航窗格中选择要隐藏的幻灯片，单击鼠标右键，在弹出的快捷菜单中选择【隐藏幻灯片】选项，即可将不想放映的幻灯片隐藏起来。

小贴士

隐藏幻灯片后，该幻灯片的标号上会显示一条删除斜线，表明该幻灯片已经被隐藏。

10.2 幻灯片的基本操作

【内容概述】

幻灯片的基本操作是指在幻灯片中插入并设置文本、形状、图片、表格以及SmartArt 图形等操作。本节将重点介绍如何插入并设置文本图片、形状、表格以及SmartArt 图形的方法。

【重点与实施】

一、插入并设置文字
二、插入并设置形状
三、插入并设置图片
四、插入并设置表格
五、插入并设置SmartArt图形

10.2.1 插入并设置文字

在幻灯片中输入文字时，需要先插入一个文本框，然后在文本框中输入文字，再对输入的文字进行设置。

插入文本框：在【插入】选项卡中，单击【文本】组中的【文本框】按钮的上半部分，在幻灯片的编辑区中按住鼠标左键并拖曳，即可插入文本框。

输入并设置字体格式：在文本框中输入文字，然后在【开始】选项卡中，单击【字体】组右下角的【对话框启动器】按钮，在弹出的【字体】对话框中进行字体、字形、字号、字体颜色及字体效果等设置。

设置段落格式：在【开始】选项卡中，在【段落】组中设置其段落格式，如图10-5所示。

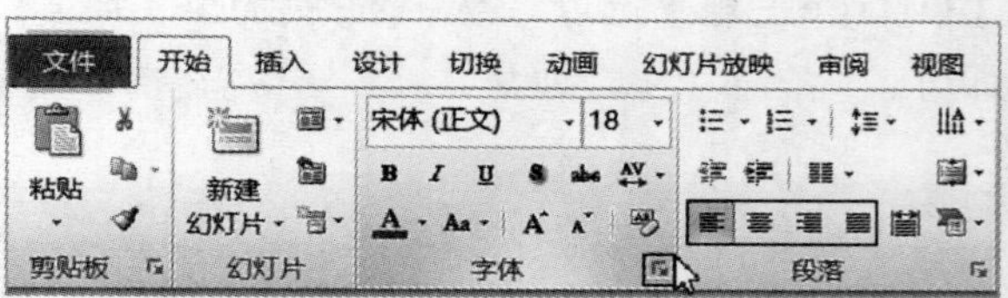

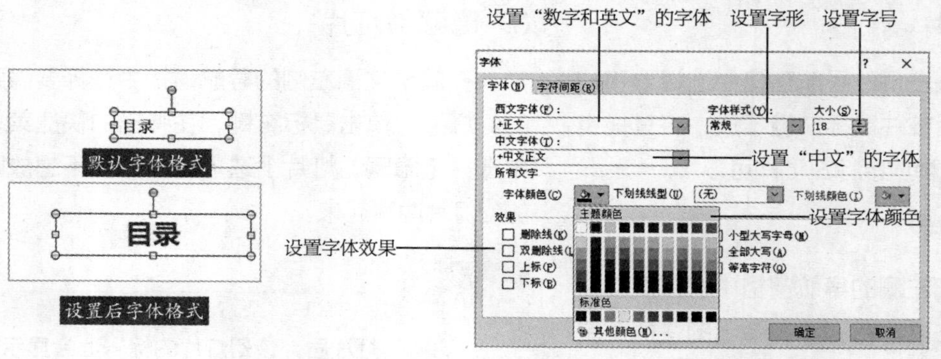

▲图 10-5

下面我们通过课堂练习来看一下，如何在幻灯片中插入并设置文本。

课堂练习　在“创业计划书”中插入并设置文本

素材：第10章\创业计划书—原始文件　　重点指数：★★★★

10-1 插入并设置文本

01 打开本实例的原始文件，先插入文本框，然后输入文本。中文部分的字体格式设置如下：“目录”设置为“微软雅黑，26，红色，加粗”，其他中文设置为“微软雅黑，16，‘黑色，文字1，淡色35%’，加粗”。

02 英文部分的字体格式设置如下：“CONTENTS”设置为“Adobe Gurmukhi，19，‘黑色，文字1，淡色35%’”，【字符间距】为“1.2磅”；其他英文设置为“Adobe Gurmukhi，13，‘黑色，文字1，淡色35%’”。插入文字前后效果对比如图10-6所示。

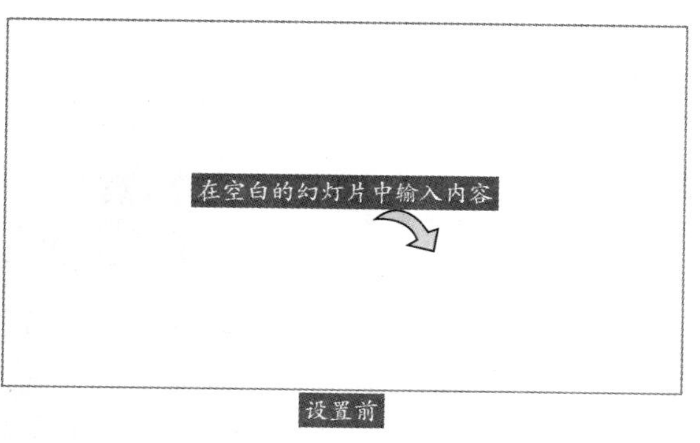

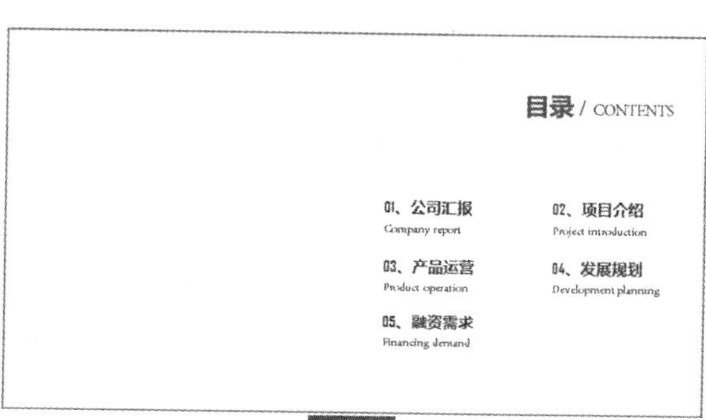

▲ 图 10-6

小贴士

“创业计划书”目录的风格相对较朴实，所以此处中文字体选择了微软雅黑。正文字号一般控制在14～20即可，标题字号一般比正文大6个左右。

10.2.2 插入并设置形状

形状在幻灯片设计中的应用不容小觑，堪称幻灯片设计的好帮手，在幻灯片制作中，形状有很多用途，如装饰页面或突出重点。

插入形状：在【插入】选项卡中，单击【插图】组中的【形状】按钮右侧的下三角按钮，在弹出的下拉列表中选择需要的形状，在幻灯片的编辑区中按住鼠标左键拖曳，即可绘制一个形状。

设置形状：绘制好形状后，菜单栏中会出现一个【绘图工具】栏，切换到【绘图工具】下的【格式】选项卡，单击【形状样式】组中的【形状填充】按钮，设置填充颜色，单击【形状轮廓】按钮，设置轮廓和粗细，在【大小】组中设置大小；通过形状四周的控制点可调整形状，如图10-7所示。

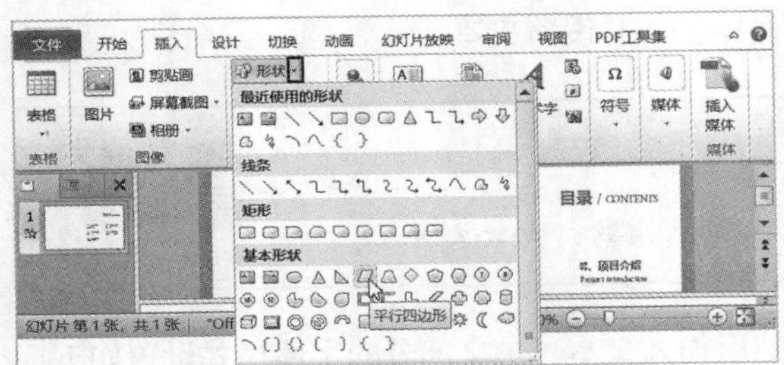
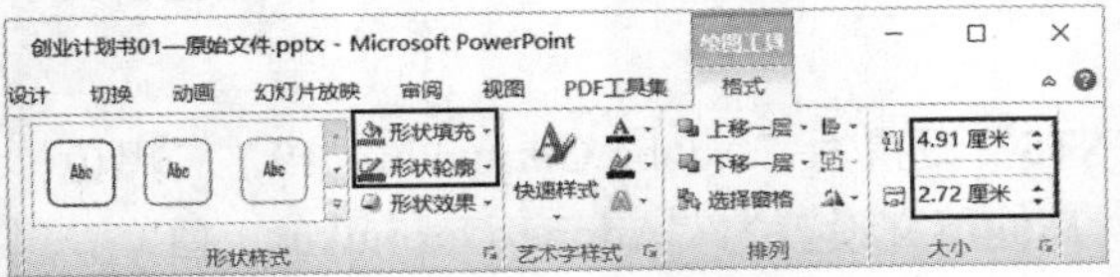
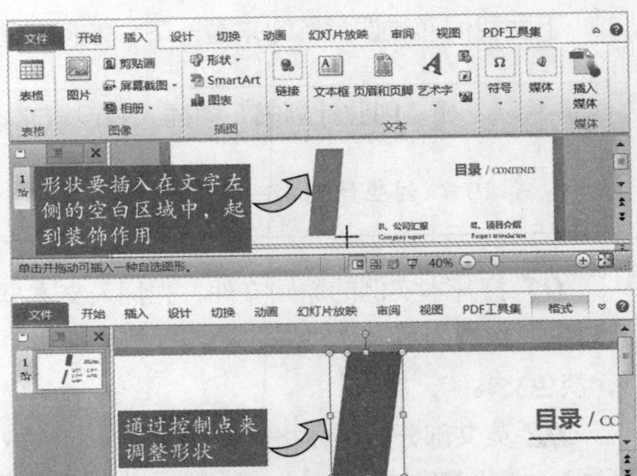

▲ 图 10-7

下面我们通过课堂练习来看一下，如何在幻灯片中插入并设置形状。

课堂练习 在“创业计划书”中插入并设置形状

素材：第10章\创业计划书01—原始文件　　重点指数：★★★★

10-2 插入并设置形状

01 打开本实例的原始文件，先插入一个平行四边形，将其设置为“红色，无轮廓”，并通过控制点调整形状，然后拖动形状，将其移至合适的位置。

02 按照相同的方法再为幻灯片添加一个“红色，无轮廓”的平行四边形，以及突出重点文字的“红色，2.25磅”的横线。插入形状的效果如图10-8所示。

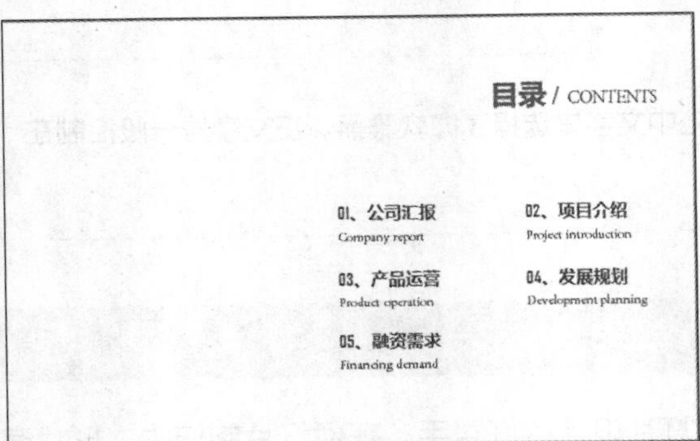

▲ 图 10-8

小贴士

为形状填充颜色时，应尽量使用主题颜色，这样方便后期调整。

10.2.3 插入并设置图片

图片是幻灯片设计中最常用的元素之一。适当地在幻灯片中插入一些与内容相关的图片，并对图片加以美化，会产生图文并茂的效果，提高观众的观看兴趣。

插入图片：在【插入】选项卡中，单击【图像】组中的【图片】按钮，在弹出的【插入图片】对话框中选择图片。

设置图片：插入图片后，会出现一个【图片工具】栏，切换到【图片工具】栏下的【格式】选项卡，在【大小】组中调整图片的大小，单击【裁剪】按钮的下半部分按钮，可以裁剪图片的形状，在图片上单击鼠标右键，在弹出的快捷菜单中选择【置于底层】→【置于底层】选项，可以调整图片的层级，如图10-9所示。

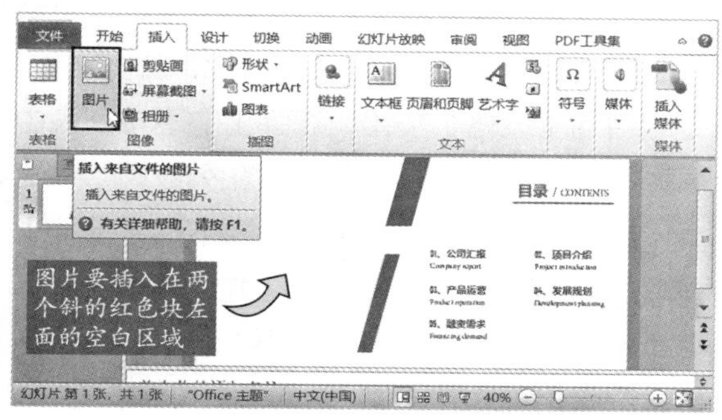

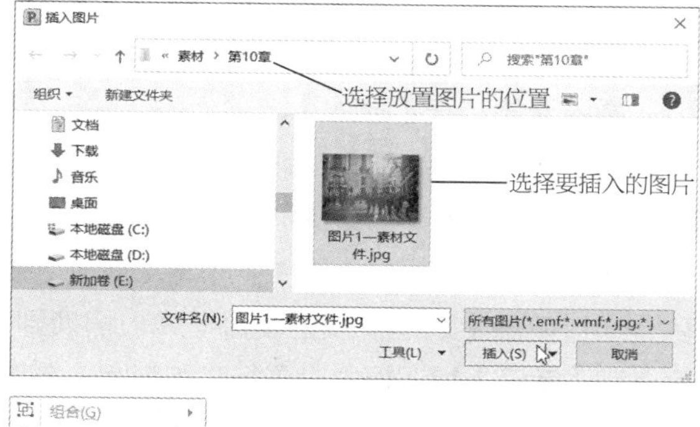

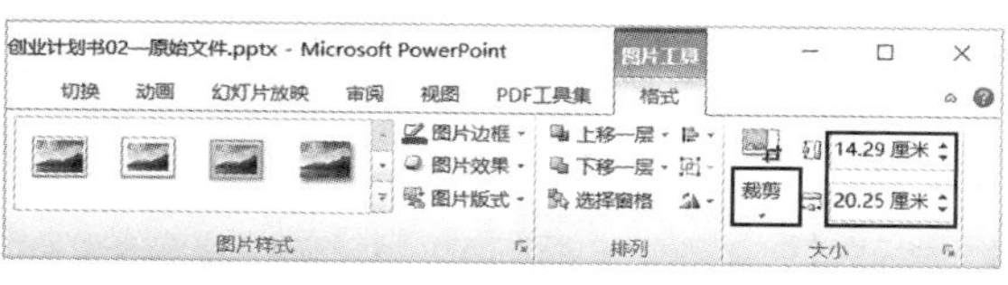

▲ 图 10-9

下面我们通过课堂练习来看一下，如何在幻灯片中插入并设置图片。

课堂练习 在“创业计划书”中插入并设置图片

素材：第10章\创业计划书02—原始文件
图片1—素材文件

重点指数：★★★★

10-3 插入并设置图片

01 打开本实例的原始文件，先插入本实例需要的图片，插入“图片1—素材文件”，再调整图片的大小和位置，然后将其裁剪为与形状更为契合的平行四边形。

02 为了避免图片会遮挡住之前插入的形状，我们可以将图片置于幻灯片的最底层。插入图片的效果如图10-10所示。

小贴士

插入的原始图片的尺寸如果大于幻灯片的尺寸，系统会根据幻灯片的大小等比例缩小图片。

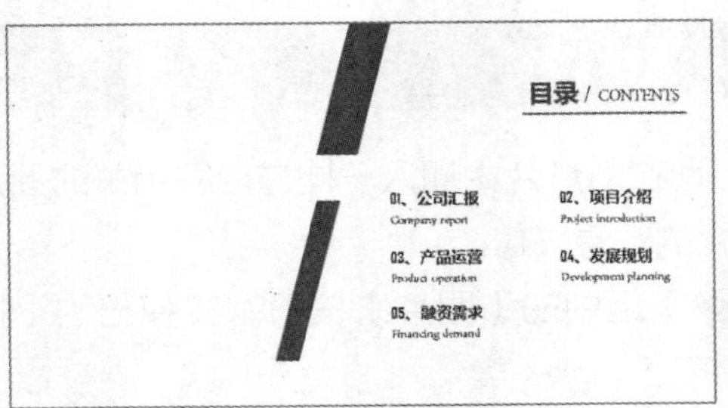

▲图 10-10

10.2.4 插入并设置表格

“文不如表”这项规则在幻灯片中也同样适用。当幻灯片中存在数据时，使用表格可以更清晰地展示数据信息。

插入表格：在【插入】选项卡中，单击【表格】组中的【表格】按钮，在弹出的下拉列表中选择【插入表格】选项，在弹出的【插入表格】对话框中设置需要插入的表格行数和列数。

设置表格：插入表格后，会出现一个【表格工具】栏，切换到【表格工具】栏下的【设计】选项卡，在【表格样式】组中，单击【底纹】按钮右侧的下三角按钮，在弹出的下拉列表中选择颜色，通过单击【边框】按钮设置框线；切换到【布局】选项卡，在【单元格大小】组中，在【高度】和【宽度】微调框中设置行高和列宽，在【对齐方式】组中调整对齐方式，如图10-11所示。

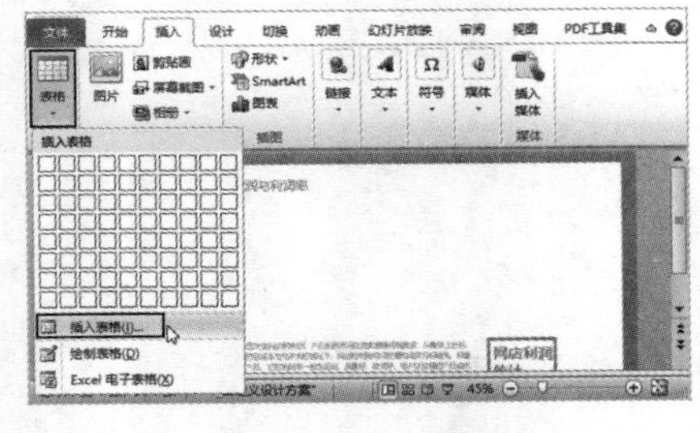
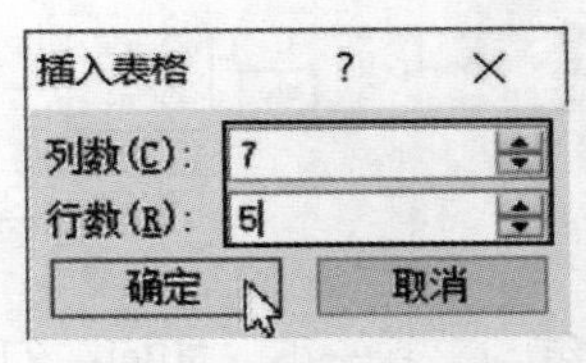

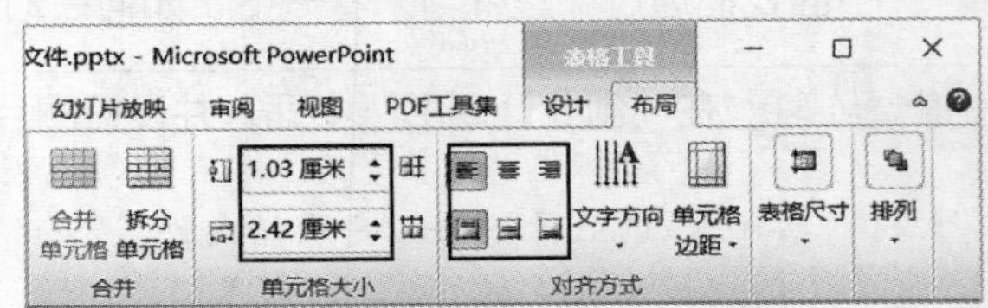

▲图 10-11

下面我们通过课堂练习来看一下，如何在幻灯片中插入并设置表格。

课堂练习 在“网店利润分析”中插入并设置表格

素材：第10章\网店利润分析—原始文件　　重点指数：★★★★

10-4 插入并设置表格

01 打开本实例的原始文件，插入一个7列5行的表格，表格的底纹设置如下：标题部分设置为“金色”，其余的部分交叉使用“浅橙色”和“白色”，框线使用系统默认的线宽和线型。

02 在表格中输入内容并设置其字体格式，中文字体设置为“微软雅黑”，英文和数字字体设置为“Arial”；标题的字体格式为“微软雅黑，16号，白色，加粗”；其他部分的字体格式为“Arial，13号，‘灰色25%，背景2，深色25%’”；调整行高和列宽，最后调整文字的对齐方式。插入表格后的效果如图10-12所示。

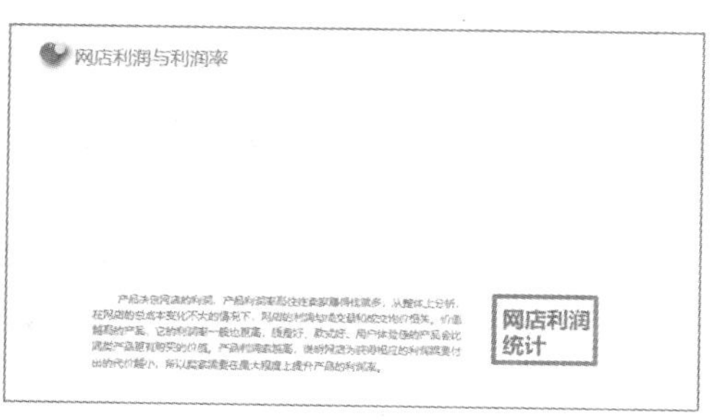

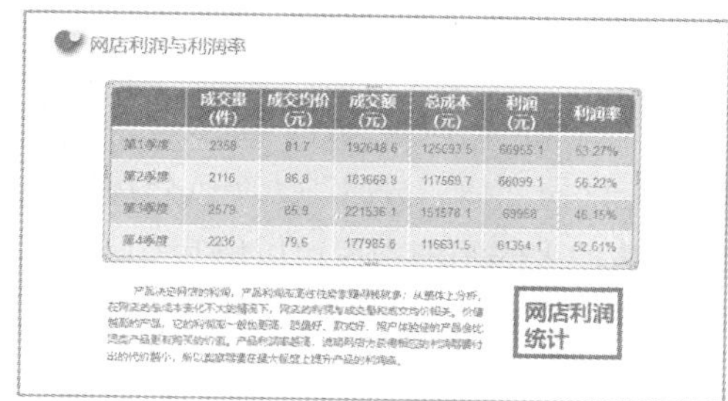

▲ 图 10-12

10.2.5 插入并设置 SmartArt 图形

当 PPT 的文案中有描述逻辑关系的文字时，我们可以使用图形来表现它们，能更直观、形象地展现元素之间的逻辑关系。

插入SmartArt图形：在【插入】选项卡中，单击【插图】组中的【SmartArt】按钮，在弹出的【选择SmartArt图形】对话框中选择一种合适的关系图形。

设置SmartArt图形：插入图形后，在需要输入文字的形状上单击，即可进入文字编辑状态，输入文字。

设置SmartArt图形：插入图形后，会出现一个【SmartArt工具】栏，切换到【SmartArt工具】栏下的【设计】选项卡，在【创建图形】组中，单击【添加形状】按钮来添加形状，对于新插入的形状，需要通过单击鼠标右键选择【编辑文字】才能进行编辑；在【SmartArt 样式】组中选择一个合适的SmartArt样式；此外还可以通过【SmartArt 样式】组中的【更改颜色】按钮，更改SmartArt图形的颜色，如图10-13所示。

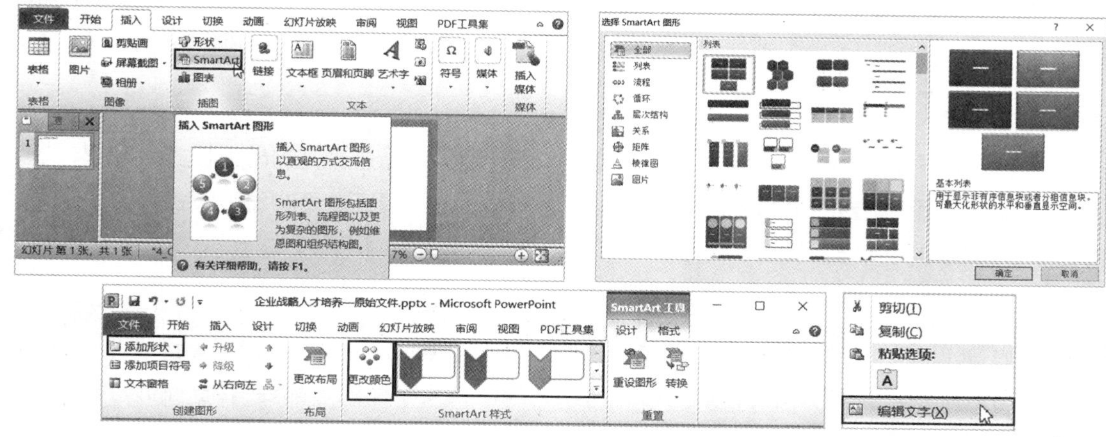

▲ 图 10-13

下面我们通过课堂练习来看一下，如何在幻灯片中插入并设置SmartArt图形。

课堂练习 在“企业战略人才培养”中插入并设置 SmartArt 图形

素材：第10章\企业战略人才培养—原始文件　　重点指数：★★★

10-5 插入并设置 SmartArt 图形

01 打开本实例的原始文件，插入一个垂直 V形列表，并输入文字，其字体格式均为“微软雅黑”，字号分别为“18”“14”，颜色分别为“白色”和“黑色”。

02 默认插入的图形中仅可以填写3项计划，因此需要再添加一个形状，输入内容，将图形的样式设置为“强烈效果”，颜色设置为“彩色—强调文字颜色”。插入SmartArt图形前后效果对比如图10-14所示。

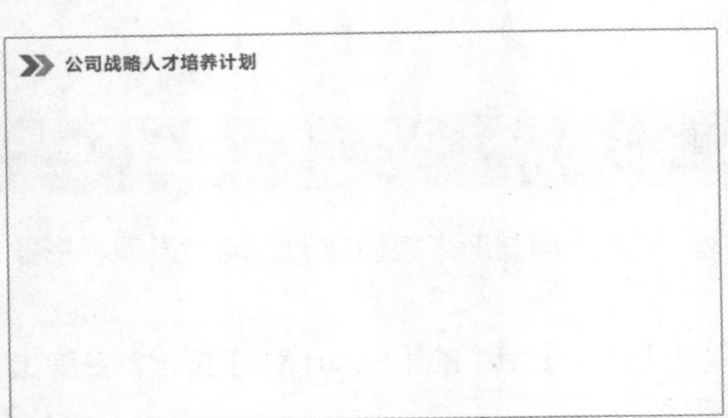

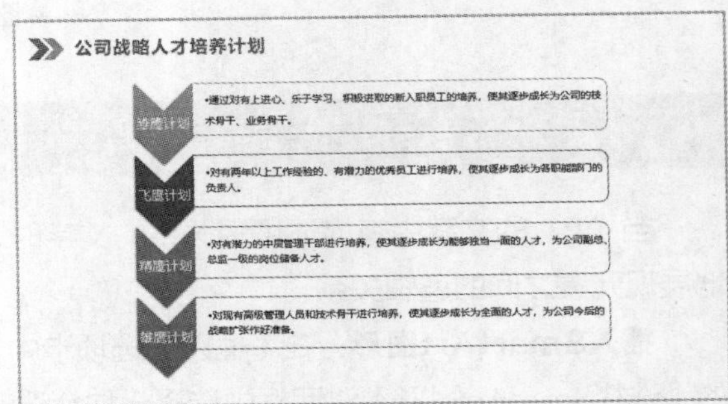

▲ 图 10-14

10.3 设计幻灯片母版

【内容概述】

母版中包含出现在每一张幻灯片上的显示元素，如文本占位符、图片、动作，或者是在相应版式中出现的元素，使用母版可以统一幻灯片的样式及风格。本节将重点介绍如何使用各种元素来设计母版。

【重点与实施】

一、制作幻灯片母版的原则
二、编辑封面页和封底页的母版版式
三、编辑目录页的母版版式
四、编辑过渡页的母版版式
五、编辑正文页的母版版式

10.3.1 制作幻灯片母版的原则

一份完整且专业的演示文稿，其内容、背景、配色和文字格式等都要有统一的设置。为了实现统一的设置就需要用到幻灯片母版。

1. 幻灯片母版的特性

统一：指配色、版式、标题、字体和页面布局等的统一。

限制：要实现统一，就要限制个性发挥。

速配：排版时根据内容类别一键选定对应的版式。

2. 幻灯片母版的适用情形

以下情形适合采用幻灯片母版：幻灯片页面数量大、页面版式可以分为固定的若干类、需要批量制作、对生产速度有要求等。

3. 幻灯片母版制作要领

进入幻灯片母版视图，可以看到幻灯片自带的一组默认母版，分别是以下几类。

Office主题页：在这一页中添加的内容会作为背景在下面所有版式中出现。

标题幻灯片：可用于封面和封底，与主题页不同时需要勾选【隐藏背景图形】复选框。

标题和内容幻灯片：标题框架+内容框架。

其余还有节标题、比较、空白、仅标题、仅图片等不同的版式可供选择。

以上版式用户都可以根据设计需要重新调整，保留需要的版式，删除多余的版式。

素养教学

热爱工作，投身事业，在这一过程中，抑制私心，陶冶人格，同时积累经验，提高能力。这样，才能获得周围人们的信任和尊敬。

10.3.2 编辑封面页和封底页的母版版式

封面页是幻灯片最开始的部分，也是决定幻灯片整体风格的重要起始页；封底页是幻灯片的结束页，风格大都与封面页一致。为了设计方便，设计好母版版式后，就可以在母版的基础上设计封面页和封底页了，这样可以大大提高工作效率。

编辑封面页/封底页母版：在【视图】选项卡中，单击【母版视图】组中的【幻灯片母版】按钮，即可打开幻灯片的导航窗格。

插入并设置形状：在【插入】选项卡中，单击【插图】组中的【形状】按钮右侧的下三角按钮，在弹出的下拉列表中选择需要的形状，并在【绘图工具】下的【格式】选项卡的【形状样式】组中设置填充颜色和轮廓。

插入并设置图片：在【插入】选项卡中，单击【图像】组中的【图片】按钮，在弹出【插入图片】对话框中选择图片，在【图片工具】下的【格式】中进行相关设置，如图10-15所示。

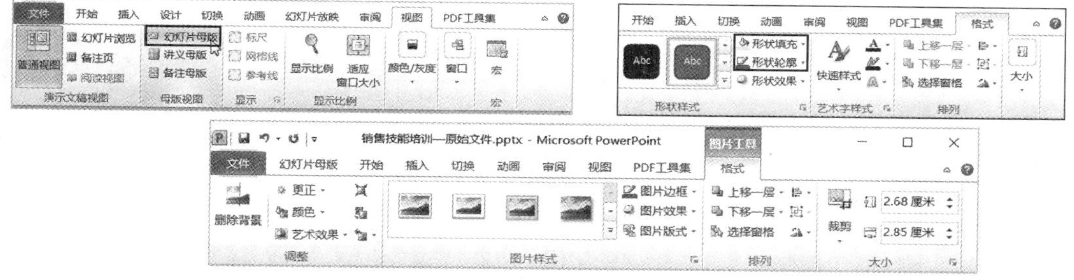

▲ 图 10-15

下面我们通过课堂练习来看一下，如何在PPT中设计封面页和封底页的母版版式。

课堂练习 在“销售技能培训”中编辑封面页和封底页版式

10-6 编辑封面页和封底页的母版版式

素材：第10章\销售技能培训—原始文件　　重点指数：★★★

设置封面页：

01 打开本实例的原始文件，在演示文稿左侧的幻灯片导航窗格中选择“标题幻灯片 版式：任何幻灯片都不使用”。

02 选择幻灯片后，插入一个形状，用来凸显标题，并将形状设置为“青绿色，无轮廓”，适当调整其大小和位置，再依次绘制几条装饰用的直线，轮廓颜色设置为“青绿色”，粗细分别为“1.5磅”和“0.25磅”。

03 插入两张图片，调整其大小和位置。封面页版式设计效果如图10-16所示。

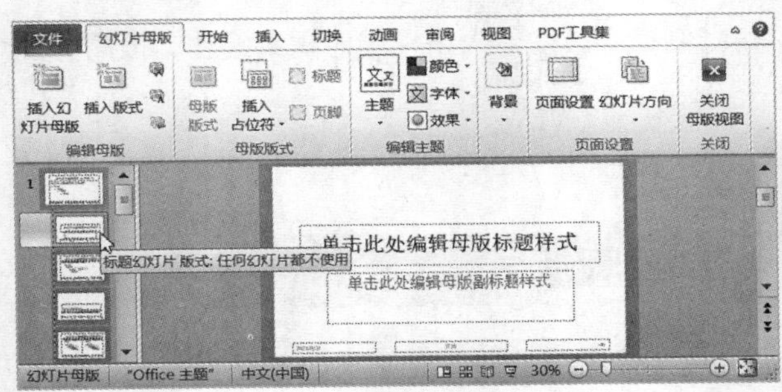

▲图 10-16

设置封底页：

01 在演示文稿左侧的幻灯片导航窗格中选择“空白 版式：任何幻灯片都不使用”。

02 选择幻灯片后，插入一个形状，用来凸显封底页的内容，并将形状设置为“青绿色，无轮廓”，适当调整其大小和位置，再依次绘制几个装饰用的形状，分别设置为“青绿色，无轮廓”“金色，无轮廓”；最后插入一张图片，调整其大小，并移至合适的位置。封底页版式设计效果如图10-17所示。

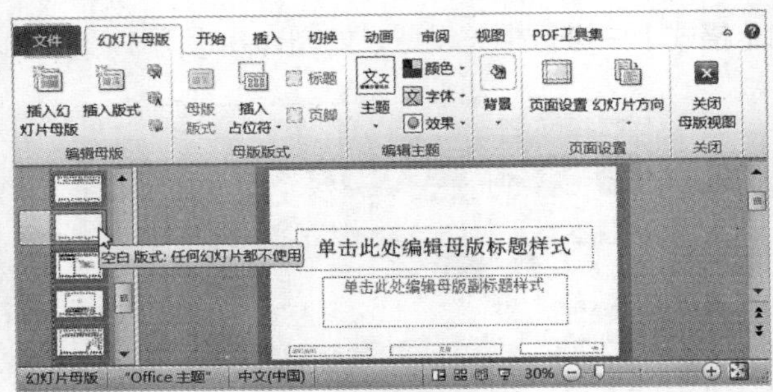

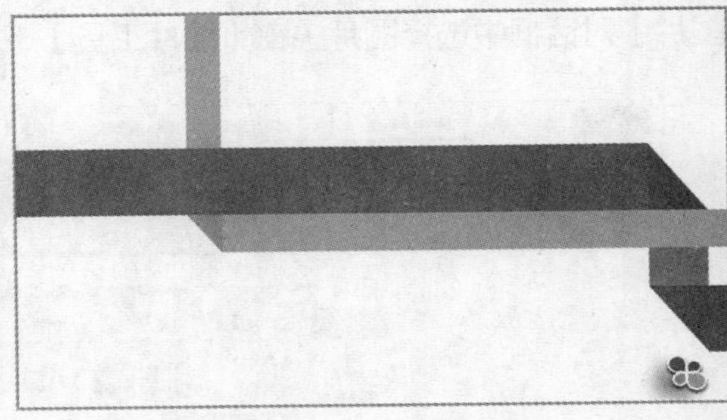

▲图 10-17

10.3.3 编辑目录页的母版版式

目录页不仅能让观众快速了解幻灯片的内容，也能清楚地呈现整个幻灯片的脉络和框架。目录页既要形式新颖，又要能体现整个幻灯片的内容，目录页的板式同样可以在母版的基础上编辑。

编辑目录页母版：在【视图】选项卡中，单击【母版视图】组中的【幻灯片母版】按钮，即可打开幻灯片的导航窗格。

插入并设置表格：在【插入】选项卡中，单击【表格】组中的【表格】按钮，在弹出的【插入表格】对话框中进行设置，插入表格后，在【表格工具】下的【设计】和【布局】选项卡中进行相关设置。

在表格中插入图片：切换到【设计】选项卡，在【表格样式】组中，单击【底纹】按钮的右半部分，在弹出的下拉列表中选择【图片】选项，即可插入图片，如图10-18所示。

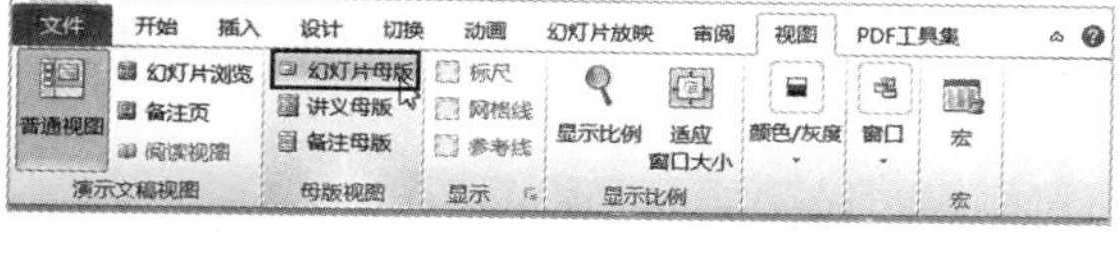

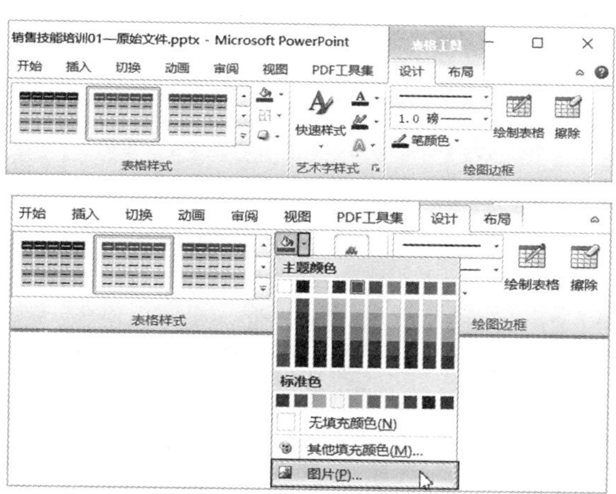

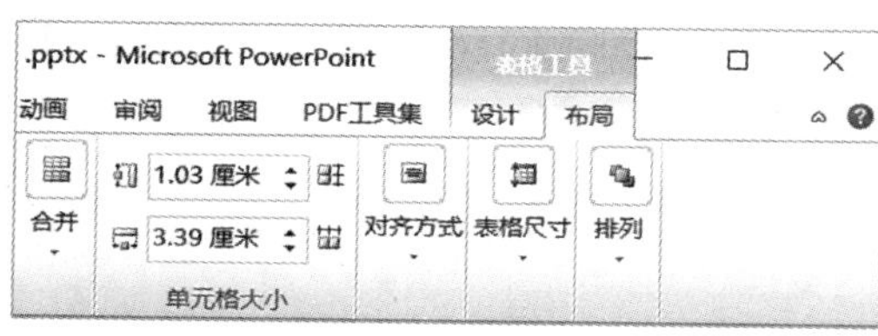

▲图 10-18

下面我们通过课堂练习来看一下，如何在PPT中设计目录页的母版版式。

课堂练习　在“销售技能培训”中编辑目录页版式

素材：第10章\销售技能培训01—原始文件　　重点指数：★★★★

10-7 编辑目录页的母版版式

01 打开本实例的原始文件，在演示文稿左侧的幻灯片导航窗格中插入一个自定义的幻灯片母版版式。

02 插入一个1行7列的表格，调整其行高和列宽，然后将表格的填充颜色设置为“青绿色”，然后输入内容，并设置其字体格式为“Arial，21，加粗”，其中数字部分的字号为“27”。

03 在表格的相应位置插入图片。目录页版式设置效果如图10-19所示。

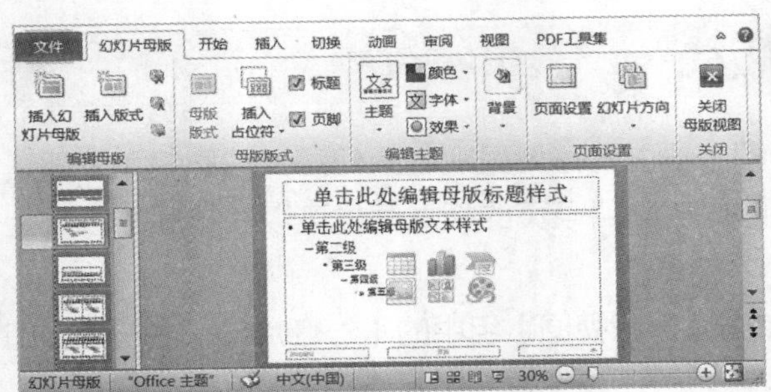

▲图 10-19

10.3.4 编辑过渡页的母版版式

过渡页又称为“转场页”，它能起到承上启下的作用，能让各部分的内容既各自独立，又能流畅衔接，思维逻辑也更加清晰缜密，过渡页的版式也需要在母版的基础上编辑。

编辑过渡页母版：在【视图】选项卡中，单击【母版视图】组中的【幻灯片母版】按钮，即可打开幻灯片的导航窗格。

插入并设置形状：在【插入】选项卡中，单击【插图】组中的【形状】按钮右侧的下三角按钮，在弹出的下拉列表中选择需要的形状，并在【绘图工具】下的【格式】选项卡的【形状样式】组中设置填充颜色和轮廓，如图10-20所示。

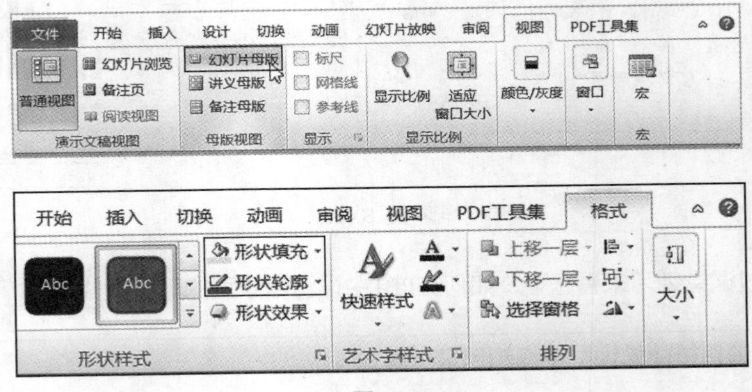

▲图 10-20

下面我们通过课堂练习来看一下，如何在PPT中设计过渡页的母版版式。

课堂练习 在“销售技能培训”中编辑过渡页版式

素材：第10章\销售技能培训02—原始文件　　重点指数：★★★★

10-8 编辑过渡页的母版版式

01 打开本实例的原始文件，在左侧的幻灯片导航窗格中选择“节标题 版式：任何幻灯片都不使用”。

02 插入一个形状，并将形状设置为“金色，无轮廓”，适当调整其大小和位置，再依次绘制几个用于装饰的形状，矩形设置为“青绿色，无轮廓”；三角形设置为“金色，无轮廓”，两条直线的轮廓颜色为“黑色”，粗细为“4.5磅”。过渡页版式设计效果如图10-21所示。

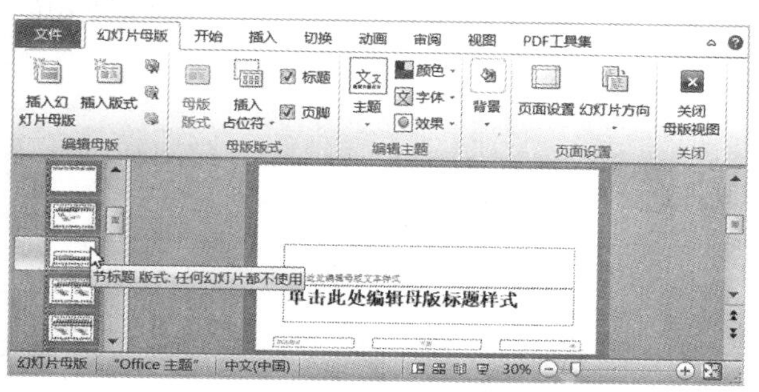

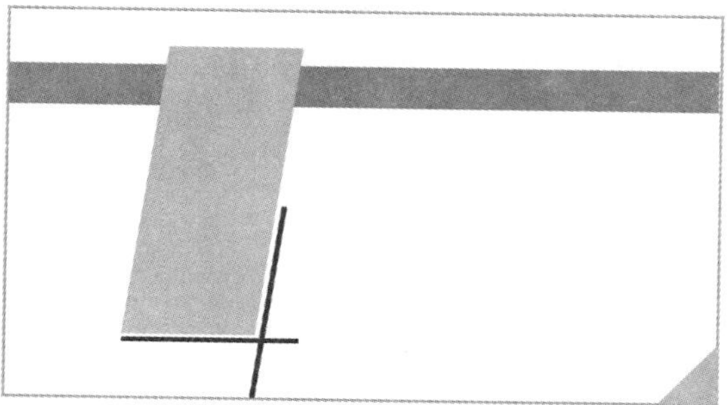

▲ 图 10-21

10.3.5 编辑正文页的母版版式

正文页是整个幻灯片的核心部分，这部分内容比较多，排版结构显得尤为重要，正文页的版式也需要在母版的基础上编辑。

编辑正文页母版：在【视图】选项卡中，单击【母版视图】组中的【幻灯片母版】按钮，即可打开幻灯片的导航窗格。

设置占位符：在【开始】选项卡中，单击【字体】组右下角的【对话框启动器】按钮，在弹出的【字体】对话框中进行字体、字号、字体颜色等设置。

插入并设置形状：在【插入】选项卡中，单击【插图】组中的【形状】按钮右侧的下三角按钮，在弹出的下拉列表中选择需要的形状，并在【绘图工具】下的【格式】选项卡的【形状样式】组中设置填充颜色和轮廓，如图10-22所示。

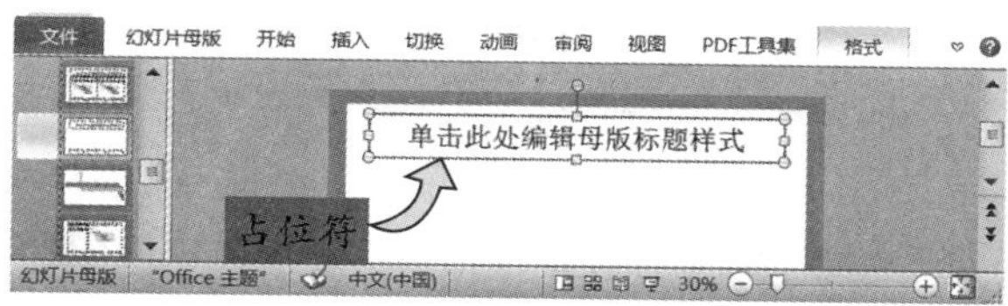

▲ 图 10-22

下面我们通过课堂练习来看一下，如何在PPT中设计正文页的母版版式。

课堂练习 **在“销售技能培训”中编辑正文页版式**

素材：第10章\销售技能培训03—原始文件　　重点指数：★★★★

10-9 编辑正文页的母版版式

01 打开本实例的原始文件，在左侧的幻灯片导航窗格中选择“仅标题 版式：任何幻灯片都不使用”。

02 选中占位符，将其设置为“微软雅黑，24，‘黑色，文字1，淡色25%’”，然后调整其大小和位置。

03 依次绘制4个用于装饰的矩形，并将其设置为“青绿色，无轮廓”，调整矩形的大小和位置。正文页版式设计效果如图10-23所示。

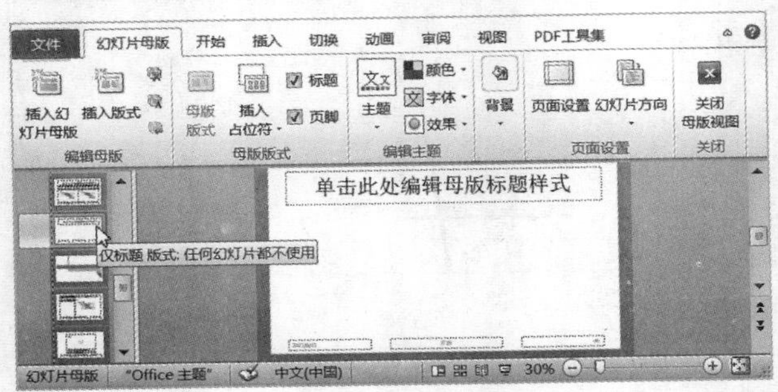

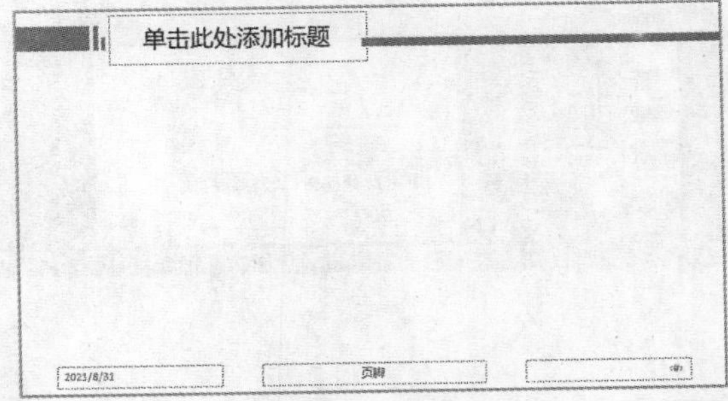

▲图 10-23

10.4 综合实训：制作企业营销计划书

实训目标：熟练使用母版，并熟练应用幻灯片中的各个元素。

10-10 综合实训

操作步骤：

01 打开本实例的原始文件，打开【幻灯片母版】选项卡，在左侧的幻灯片导航窗格中分别选择封面页、目录页、过渡页、正文页和封底页的幻灯片选项。

02 选择好母版后，分别在对应的母版中插入需要的图片和形状，并进行适当的调整。

03 母版编辑完成后，使用各个元素来完善每个幻灯片，在封面页中插入文本，其字体格式为“微软雅黑，加粗”，字号分别为“38”和“20”。

04 在正文页（公司简介）中插入用来突出内容的形状，并将其设置为“青绿色，无轮廓”，在正文页（小组简介）中插入表格，将标题部分的填充颜色设置为“青绿色”，并根据内容适当地调整表格的行高和列宽。

05 按照相同的方法设置其他的幻灯片。各种幻灯片最终效果如图10-24所示。

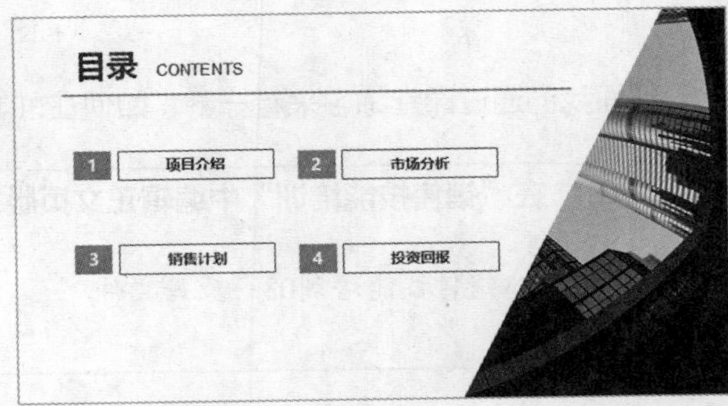

▲图 10-24

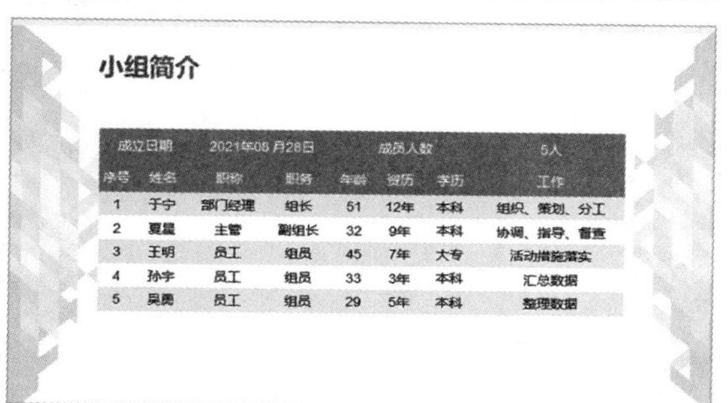

▲图 10-24（续）

本章习题

一、单选题

1. 对于一个正在制作中的名称为“演示文稿3”的演示文稿，在演示文稿窗口中的快速访问工具栏中单击【保存】按钮，会（　　）。

A. 直接保存“演示文稿3”并退出

B. 弹出“另存为”对话框，供进一步操作

C. 自动以“演示文稿3”为名存储，继续编辑

D. 弹出“保存”对话框，供进一步操作

2. 以下关于隐藏幻灯片的说法中，正确的是（　　）。

A. 隐藏幻灯片后，幻灯片没有变化

B. 隐藏幻灯片后，幻灯片直接消失在演示文稿中

C. 隐藏幻灯片后，该幻灯片的标号上会显示一条删除斜线，表明该幻灯片已经被隐藏

D. 隐藏幻灯片后，按回车键，就可以显示该幻灯片

3. 以下关于修改母版的说法正确的是（　　）。

A. 母版不能修改

B. 幻灯片编辑状态就可以修改

C. 以上说法都不对

D. 进入母版修改状态就可以修改

二、判断题

1. 启动PPT之后，需要手动新建一个名为“演示文稿1”的空白演示文稿。（ ）

2. 在幻灯片中不能直接输入文字，可以在占位符或文本框中输入。（ ）

3. 在幻灯片中不能插入表格。（ ）

三、简答题

1. 如何将PPT中的第3张幻灯片移至第5张幻灯片后面?

2. 幻灯片母版的适用情形有哪些?

3. 一份完整的PPT通常由哪几部分组成?

四、操作题

1. 在“产品营销策划”中插入图片，并将图片裁剪成圆形。

   素材：第10章\产品营销策划—原始文件

2. 通过表格来展示“离职数据分析”中各个部门的员工离职率，并对插入的表格进行美化。

   素材：第10章\离职数据分析—原始文件

第11章

排版与布局

【学习目标】

√熟悉幻灯片的布局原则

√了解 PPT 中的排版元素

√掌握 PPT 中排版元素的使用方法

【技能目标】

√学会对齐多个元素

√学会平均分布多个元素

√学会调整元素的角度

√学会调整各元素的层次

√学会将多个元素组合成一个整体

11.1 幻灯片的布局原则

【内容概述】

幻灯片的布局有一些固定原则：首先要保持页面平衡，其次要创造一定的空间感，最后要有留白。下文将具体讲解一下这几个原则。

【重点与实施】

一、保持页面平衡

二、创造空间感

三、适当留白

1. 保持页面平衡

在一个页面上，每个元素都是有“重量”的。同一个元素，颜色深的比颜色浅的“重”，面积大的比面积小的“重”，位置靠下的比位置靠上的“重”，如图11-1所示。

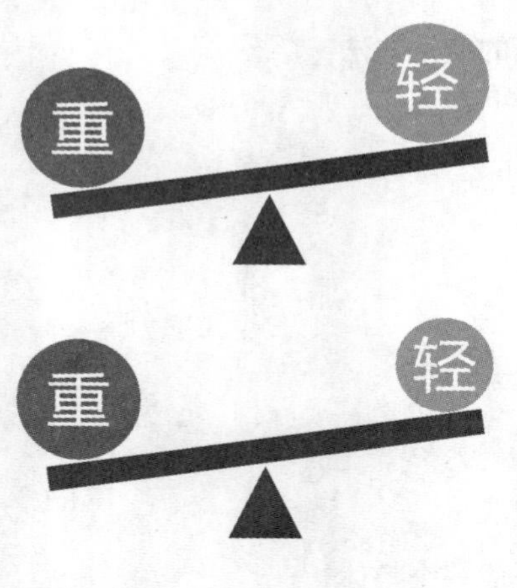

▲图 11-1

一个页面上的内容怎样摆放才能在视觉上保持平衡，使页面看起来既不空洞又不杂乱。常见的保持页面平衡的方式有：中心对称、左右对称、上下对称和对角线对称，如图11-2所示。

2. 创造空间感

在一个页面上，元素之间是有“远近”之分的。颜色深的比颜色浅的“近”，面积大的比面积小的“近”，叠在上方的比被压在下方的“近”，如图11-3所示。

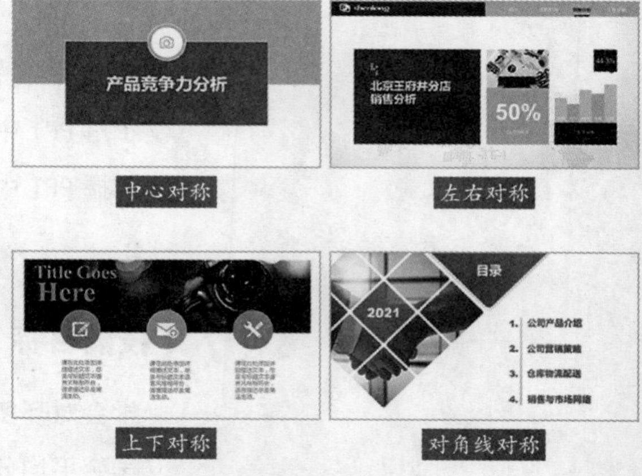

▲图 11-2

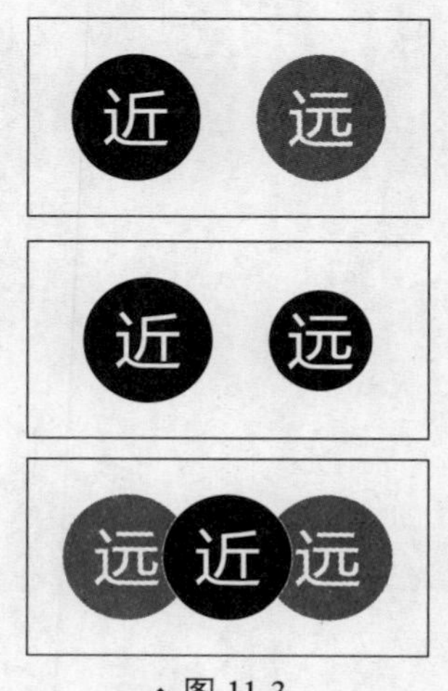

▲图 11-3

灵活运用空间感可以让PPT的信息表达形式更多样，使页面更有层次感、设计感，如图11-4所示。

3. 适当留白

留白就是留下一片空白，如图11-5所示。

留白是排版的关键，适当留白既可以增添情趣，又可以深化意境。在PPT设计中大胆留白，往往能为设计带来超然脱俗、清新雅致的独特意境，使创作者的意念得以升华，诉求得以强化，从而提高设计作品的品位。

▲ 图 11-4

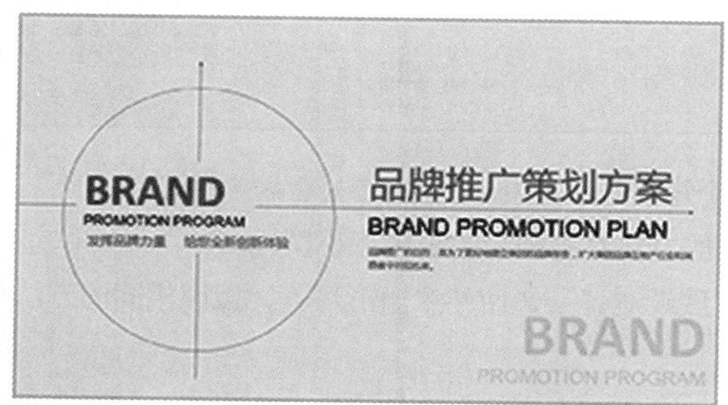

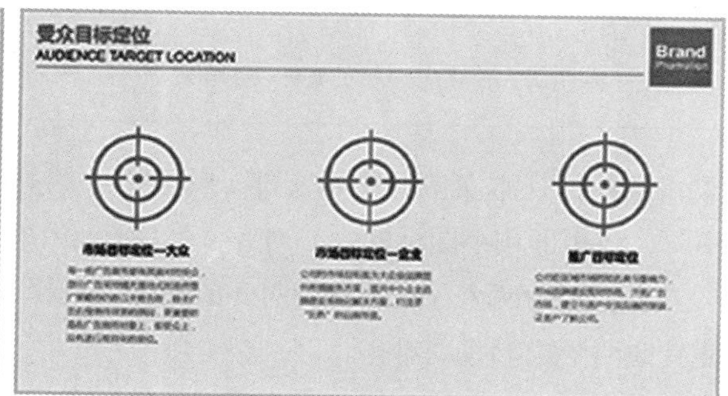

▲ 图 11-5

11.2 对PPT中的元素进行排版

【内容概述】

在PPT中一个好的排版简单来说就是要将各个构成元素（如文字、图片等）进行合理且有序地排序。我们可以通过对齐、分布、旋转、组合等方式排版，使画面美观且易读。

【重点与实施】

一、对齐多个元素

二、平均分布多个元素

三、调整元素的角度

四、调整各元素的层次

五、组合多个元素

11.2.1 对齐多个元素

很多人喜欢通过拖动鼠标来对齐元素，这样的方式并不一定能实现真正对齐。PPT提供了一个对齐工具，方便用户一键对齐多个元素。

选择对齐对象：切换到【绘图工具】栏的【格式】选项卡，在【排列】组中单击【对齐】按钮，在弹出的下拉列表中选择【对齐所选对象】选项或【对齐幻灯片】选项。

选择对齐方式：在【排列】组中单击【对齐】按钮，在弹出的下拉列表中选择合适的选项，如图11-6所示。

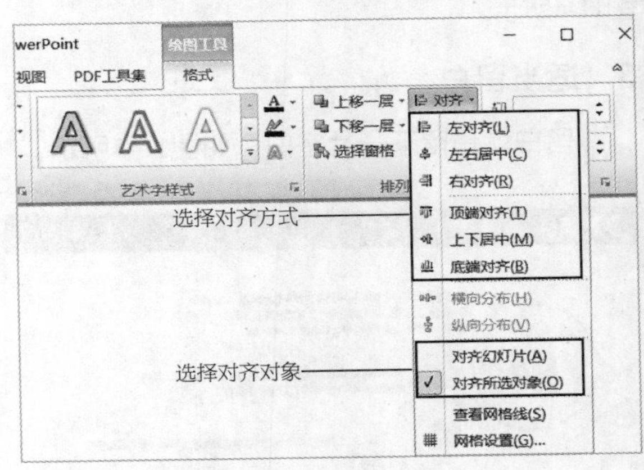

▲图 11-6

下面我们通过课堂练习来看一下，如何在PPT中使用对齐功能。

课堂练习 在“产品营销方案”中使用对齐功能

素材：第11章\产品营销方案—原始文件 重点指数：★★★★

01 打开本实例的原始文件，首先选中第一个矩形和小图标，选择“左右居中”和“上下居中”，将矩形和小图标的中心对齐，然后按照相同的方法对齐剩余的矩形和小图标。

02 选中两个在水平方向对齐的矩形，选择“底端对齐”，使两个矩形对齐，按照相同的方法使其他两个矩形底端对齐。

03 选中需要排列在一条垂直线上的所有元素，选择“左对齐”，使这些元素对齐。对齐前后对比效果如图11-7所示。

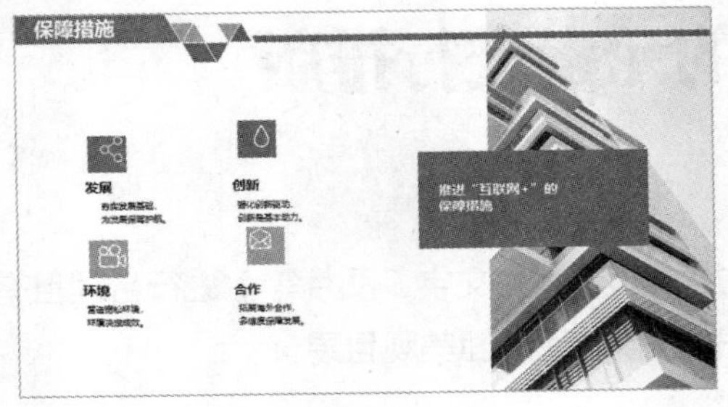

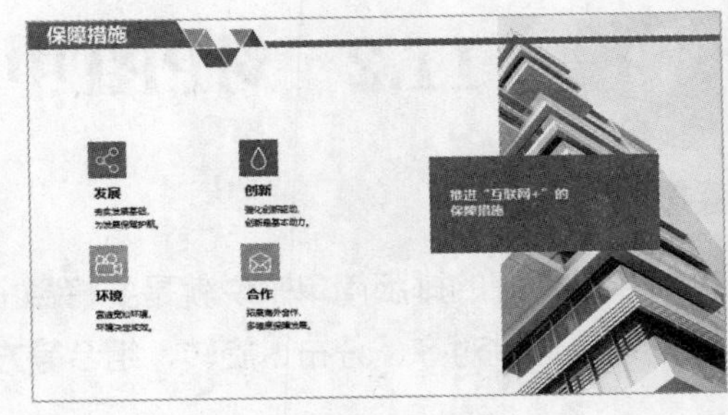

▲图 11-7

素养教学

在岁月中跋涉，每个人都有自己的故事，看淡心境才会秀丽，看开心情才会明媚。累时歇一歇，随清风漫舞，烦时静一静，与花草凝眸，急时缓一缓，和自己微笑。

11.2.2 平均分布多个元素

在幻灯片中，我们经常需要将多个元素横向或纵向排布，且要求两两间距相等。PPT提供的分布功能，可以帮助我们快速分布元素。

插入并设置形状：在【插入】选项卡中，单击【插图】组中的【形状】按钮右侧的下三角按钮，在弹出的下拉列表中选择需要的形状，并在【绘图工具】下的【格式】选项卡的【形状样式】组中设置填充颜色和轮廓，单击鼠标右键，在弹出的快捷菜单中选择【编辑文字】选项。

选择分布方式：切换到【绘图工具】栏的【格式】选项卡，在【排列】组中单击【对齐】按钮，在弹出的下拉列表中选择【横向分布】选项或者【纵向分布】选项，如图11-8所示。

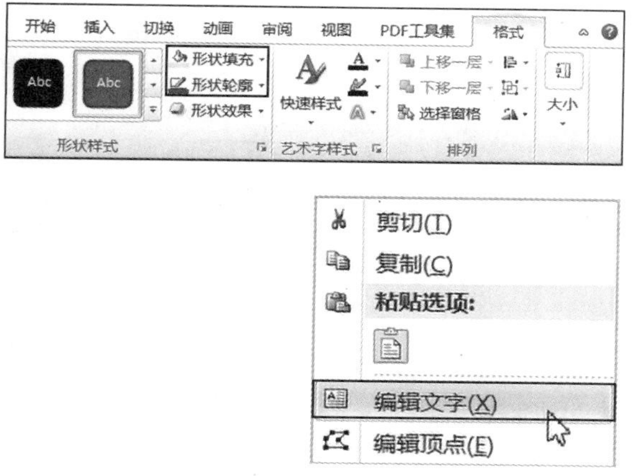

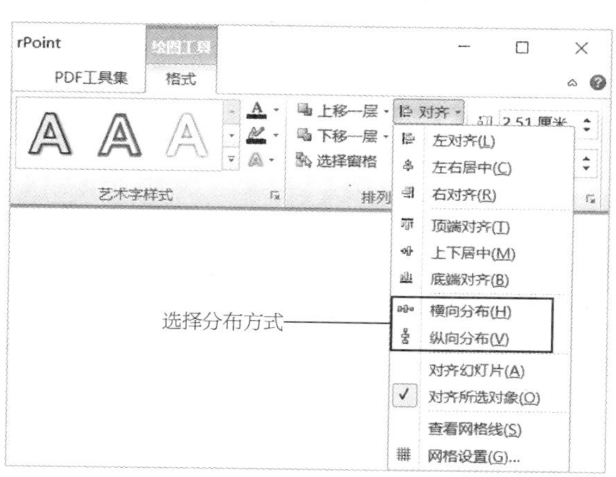

▲ 图 11-8

下面我们通过课堂练习来看一下，如何在幻灯片中使用分布功能。

课堂练习 在“市场分析报告”中使用分布功能

素材：第11章\市场分析报告—原始文件　　重点指数：★★★★

01 打开本实例的原始文件，首先插入4个矩形，并进行相应的设置，然后在矩形中输入对应的文字，并将文字的字体设置“微软雅黑”，数字的字体设置为“Arial”。

02 选中插入的4个矩形，将其进行横向和纵向平均分布。

03 按照相同的方法，插入4个圆形，并输入文字，调整至合适的位置。平均分布前后对比效果如图11-9所示。

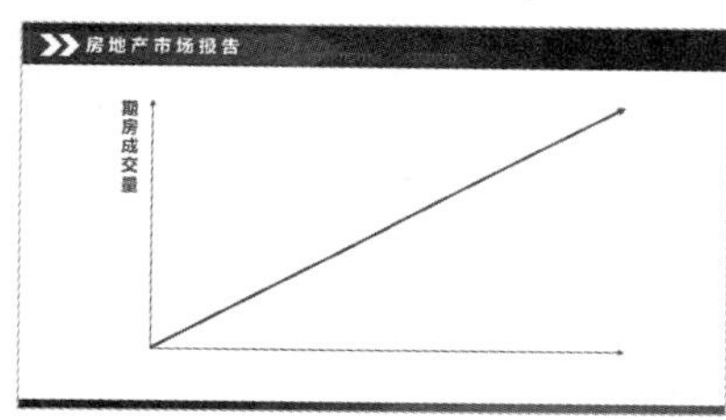

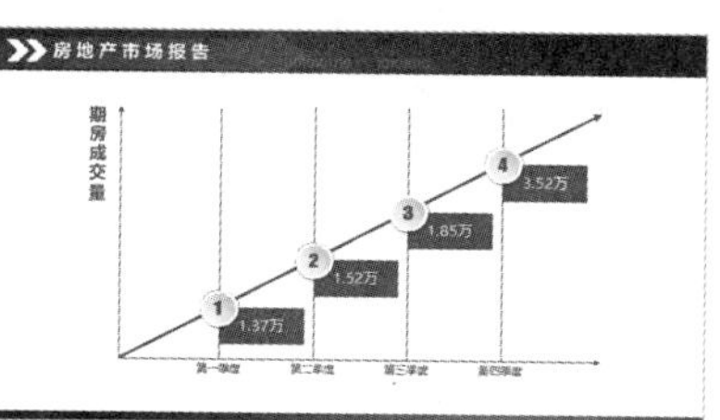

▲ 图 11-9

11.2.3 调整元素的角度

在PPT排版过程中，我们不仅需要将元素进行对齐和平均分布，有时还需要调整元素的角度。在PPT中使用旋转功能，不仅可以使元素完成水平翻转、垂直翻转、向左旋转90°和向右旋转90°等常规旋转，还可以使元素完成指定角度的旋转，而且PPT还支持手动旋转，本节我们重点介绍常规旋转。

选择旋转方式：在【绘图工具】栏的【格式】选项卡中，单击【排列】组中的【旋转】按钮右侧的下三角按钮，在弹出的下拉列表中选择合适的选项，如图11-10所示。

输入并设置文本：在文本框中输入文字，然后按照前面介绍的方法设置字体格式和段落格式。

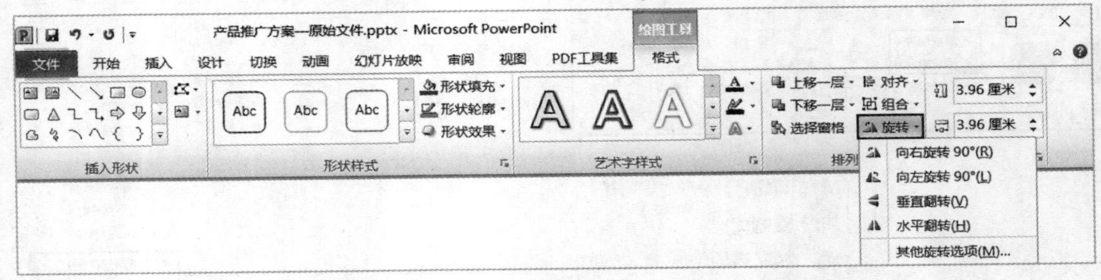

▲图 11-10

下面我们通过课堂练习来看一下，如何在PPT中使用旋转功能。

课堂练习 **在“产品推广方案”中使用旋转功能**

素材：第11章\产品推广方案—原始文件　　重点指数：★★★★

11-3 调整元素的角度

01 打开本实例的原始文件，首先复制一个幻灯片中的形状，将其向右旋转90°，再将形状设置为“青绿色，无轮廓”，然后将复制后的形状移至合适的位置。

02 按照相同的方法，再复制两个形状，并进行适当角度的旋转，两个形状的颜色分别设置为“蓝色”和“鲜绿色”，再调整两个形状至合适位置。

03 设置好形状后，再输入相对应的文字，并将中文文字的字体设置为“微软雅黑”，字号分别为“18”和“11”，英文文字的字体设置为“Arial”字号为“54”，标题部分加粗显示，标题部分的颜色与形状的颜色相同。放置前后效果对比如图11-11所示。

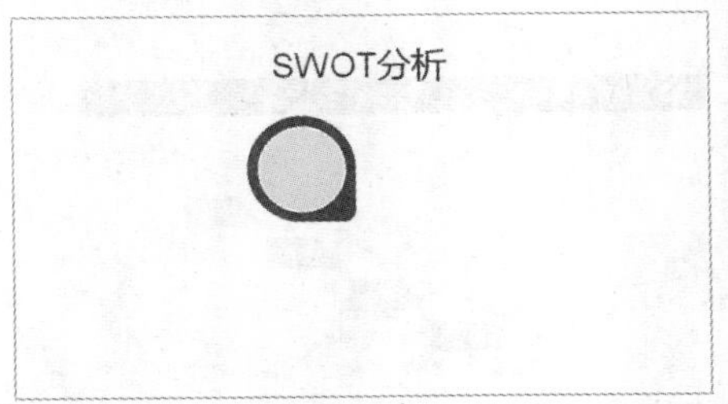

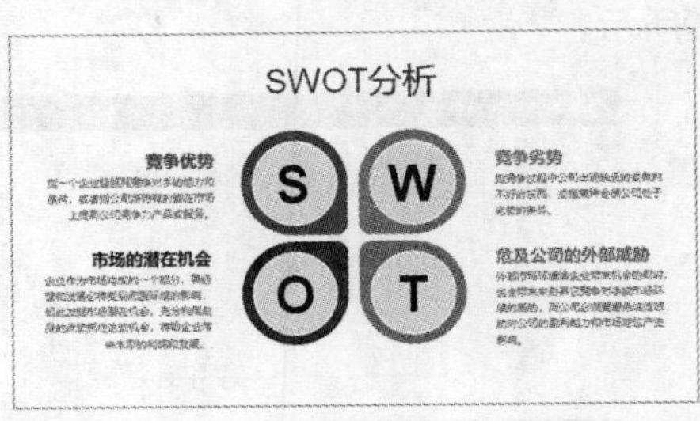

▲图 11-11

11.2.4 调整各元素的层级

在幻灯片中，我们可能插入了多个元素，但是插入元素的顺序不一定符合最终的要求，因此，插入元素之后，我们经常还需要对元素的层级进行调整。

调整层级：切换到【格式】选项卡，在【排列】组中，单击【上移一层】或【下移一层】按钮右侧的下三角按钮即可，如图11-12所示。

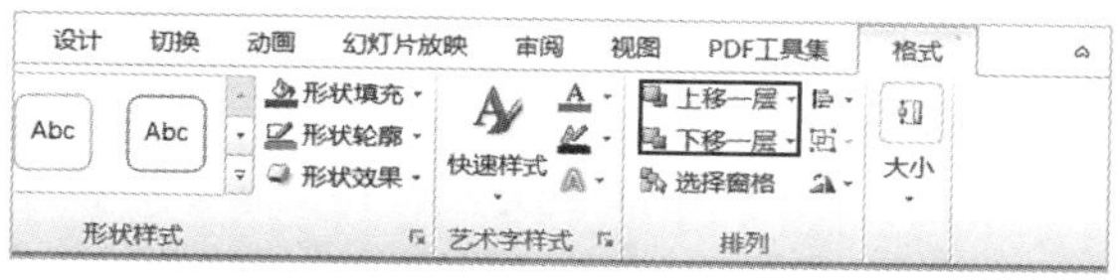

▲ 图 11-12

下面我们通过课堂练习来看一下，如何在PPT中使用层级功能。

课堂练习 **在"电商推广手册"中使用层级功能**

素材：第11章\电商推广手册—原始文件　　重点指数：★★★★

11-4 调整各元素的层次

01 打开本实例的原始文件，选中要调整层级的形状，将其设置为"置于顶层"。

02 按照相同的方法设置其他的形状。层级调整前后效果对比如图11-13所示。

▲ 图 11-13

11.2.5 组合多个元素

在PPT排版设计中，我们经常会遇到对多个元素同时进行操作的情况，使用组合功能将多个元素组合在一起有很多好处：一是可以防止我们误操作（如多选、少选等），二是可以对元素批量处理。

调整组合方式：切换到【格式】选项卡，在【排列】组中，单击【组合】按钮右侧的下三角按钮，在弹出的下拉列表中选择合适的选项，如图11-14所示。

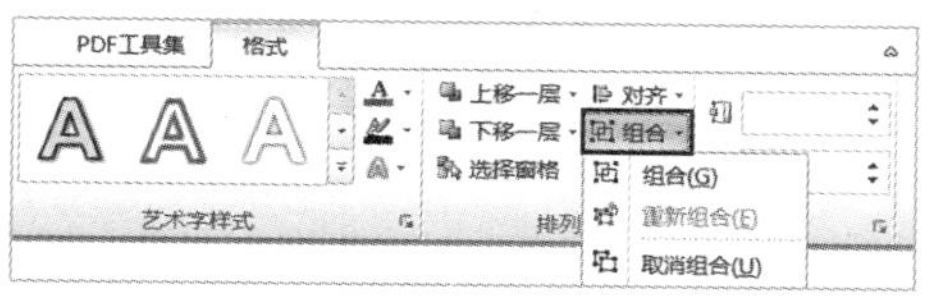

▲ 图 11-14

下面我们通过课堂练习来看一下，如何在PPT中使用组合功能。

课堂练习　在“产品营销方案”中使用组合功能

素材：第11章\产品营销方案01—原始文件　　重点指数：★★★★

11-5 组合多个元素

01 打开本实例的原始文件，按住【Shift】键，选中要组合的图案，将其组合成一个整体。

02 可以按照相同的方法，将文本和图形组合为一个整体。组合前后对比效果如图11-15所示。

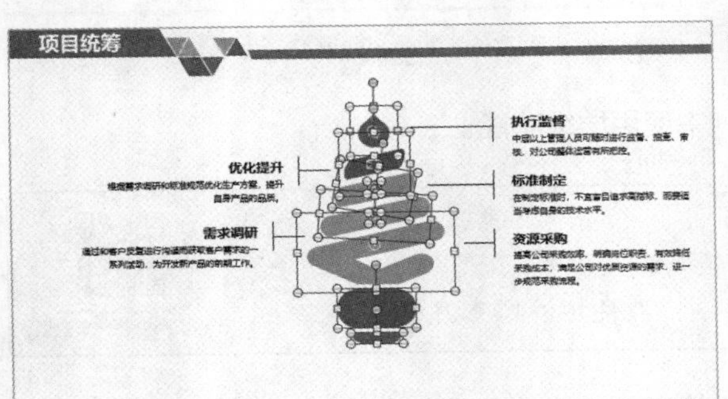

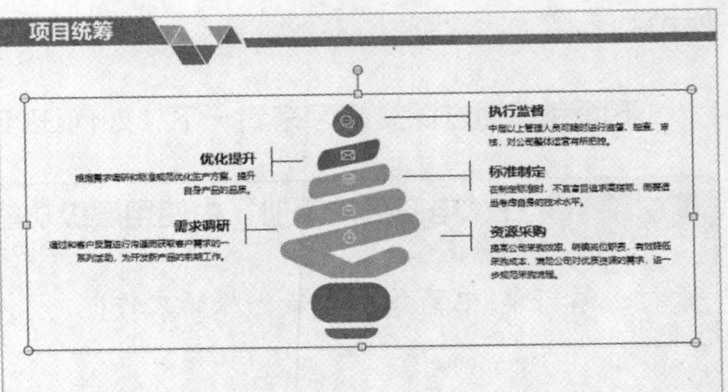

▲图 11-15

11.3　综合实训：制作商品营销技能演示文稿

实训目标：通过使用【排列】组中的各种功能，对齐不同的元素。

11-6 综合实训

操作步骤：

01 打开本实例的原始文件，选中PPT页面中所有需要对齐的图案，使其顶端对齐。

02 设置好对齐后，对多个图案进行平均分布，对插入的形状进行垂直翻转，将后插入的形状置于底层。

03 选中所有需要组合的元素，将其组合成一个整体，再插入文本框，输入文字并设置其字体格式和段落格式，如图11-16所示。

▲图 11-16

本章习题

一、单选题

1. 在PPT中，同时选中多个元素进行组合，需要按住（　　）键。

A. 【Ctrl】　B. 【Alt】　C. 【Insert】　D. 【Shift】

2. 在PPT中，选中要对齐的所有元素，然后对选中的元素进行顶端对齐的操作，应该执行的步骤是（　　）。

A. 切换到【设计】选项卡，在【排列】组中，单击【对齐】按钮，在弹出的下拉列表中选择【顶端对齐】选项

B. 切换到【格式】选项卡，在【排列】组中，单击【对齐】按钮，在弹出的下拉列表中选择【顶端对齐】选项

C. 切换到【设计】选项卡，在【样式】组中，单击【对齐】按钮，在弹出的下拉列表中选择【顶端对齐】选项

D. 切换到【格式】选项卡，在【样式】组中，单击【对齐】按钮，在弹出的下拉列表中选择【顶端对齐】选项

3. 单击【排列】组中的【对齐】按钮，在弹出的下拉列表中不包含（　　）。

A. 分散对齐　B. 左对齐　C. 左右居中　D. 底端对齐

二、判断题

1. 同一个元素，颜色深的比颜色浅的“重”，面积大的比面积小的“重”。（　　）

2. 在一个页面上，颜色浅的比颜色深的“近”，面积小的比面积大的“近”。（　　）

3. PPT中的元素，不可以手动进行旋转。（　　）

三、简答题

1. PPT页面布局的原则有哪几个?

2. 常见的保持页面平衡的方式有哪几种?

3. PPT中的常规旋转有哪几种?

四、操作题

1. 在“商业计划书”中，将需要调整的元素左右居中后，再使元素纵向平均分布。

素材：第11章\商业计划书—原始文件

2. 在“产品销售培训”中将图片置于底层，并将文本和形状组合为一个整体。

素材：第11章\产品销售培训—原始文件

第12章

动画效果、放映与输出

【学习目标】

√熟悉 PPT 中的各种动画

√了解插入 PPT 中的视频与音频

√掌握 PPT 的放映方式

√掌握 PPT 的输出方式

【技能目标】

√学会使用动画让页面更加生动

√学会使用视频与音频让 PPT 更有说服力

√学会根据需求设置 PPT 的放映方式

√学会输出不同格式的 PPT

12.1 插入动画

【内容概述】

动画也是PPT设计中的一项重要内容，在PPT中添加合适的动画效果不仅可以有效增强PPT的动感与美感，为PPT的设计锦上添花，还可以实现某些静态内容无法实现的效果，起到画龙点睛的作用。

【重点与实施】

一、插入进入动画

二、插入强调动画

三、插入退出动画

四、插入自定义动画

五、调整动画顺序

12.1.1 插入进入动画

进入动画是PPT中最基本的动画之一，是在PPT页面中元素刚刚生成时的动画，它可使幻灯片中的对象呈现陆续出现的效果。

选中需要设置动画的元素，切换到【动画】选项卡，在【动画】组中选择一种动画即可插入进入动画；如果默认的动画满足不了我们的需求，可以选择【更多进入效果】选项，如图12-1所示。

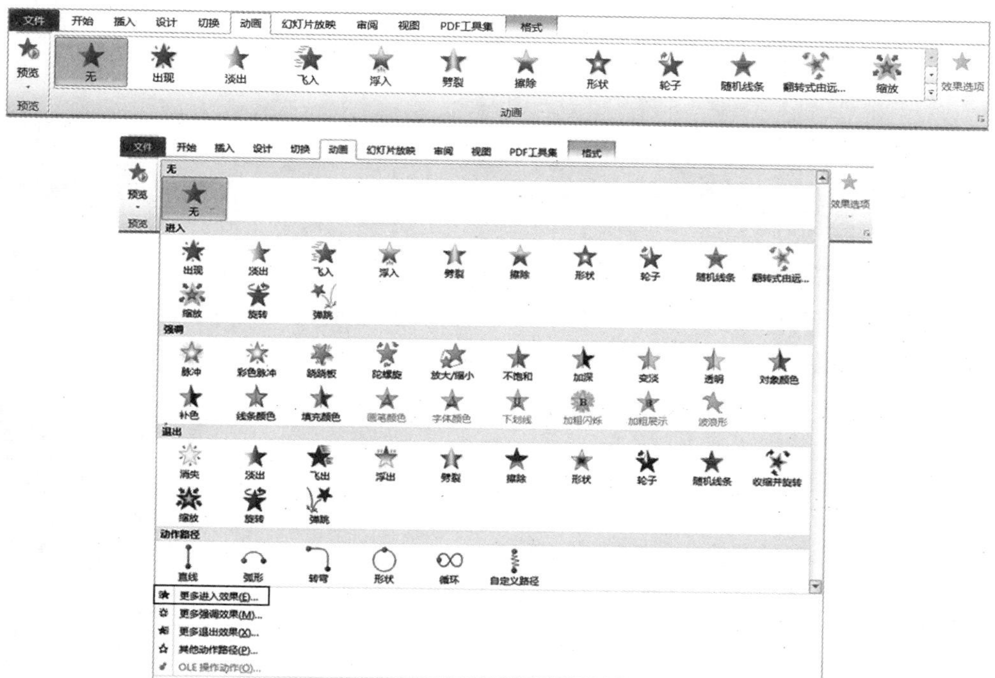

▲图 12-1

【动画】组中默认显示的动画数量有限，只显示了常用的几种进入动画。而进入动画可以分为基本型、细微型、温和型和华丽型4种类型，用户可以根据每一种类型的名称看出其各自的特点，如图12-2所示。

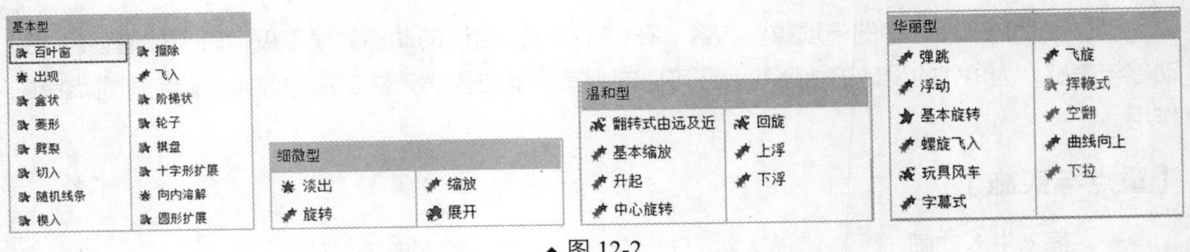

▲图 12-2

12.1.2 插入强调动画

强调动画是在幻灯片放映过程中，吸引观众注意的一类动画，经常使用的有线条颜色、陀螺旋、放大/缩小和加深等。【动画】组中默认显示的动画数量有限，只显示了几种强调动画。强调动画也分为基本型、细微型、温和型和华丽型4种类型，如图12-3所示。强调动画不如进入动画效果明显，并且动画种类也比较少，用户可以逐一尝试。

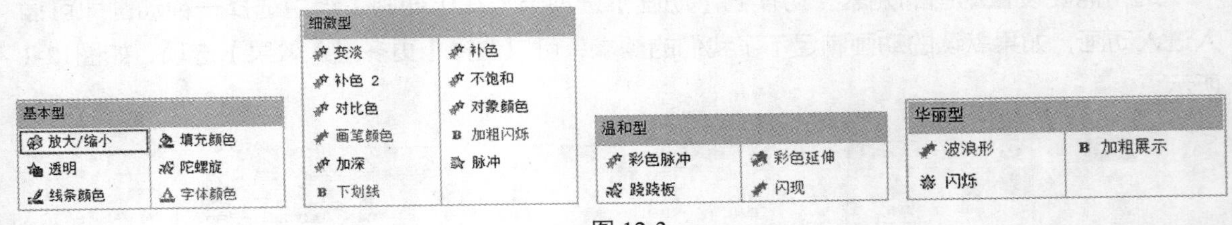

▲图 12-3

12.1.3 插入退出动画

退出动画是让对象渐渐消失的动画，它是画面之间过渡必不可少的一个过程。不过在添加退出动画时应该注意与对象的进入动画保持呼应关系，一般对象退出的顺序应与其进入的顺序相反。退出动画也分为基本型、细微型、温和型和华丽型4种类型，如图12-4所示。

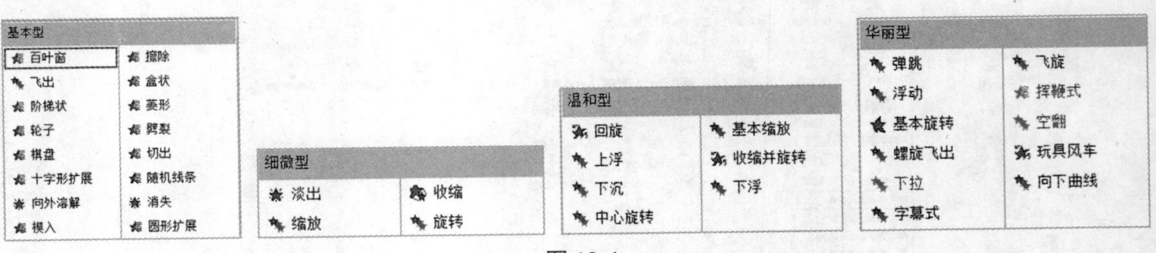

▲图 12-4

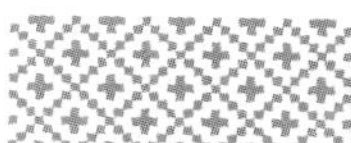

12.1.4 插入自定义动画

自定义动画是让对象按照绘制的路径运动的动画，如图12-5所示。用户可以利用PPT提供的5种绘制线绘制自定义路径，也可以选用其他动作路径。尽管PPT提供了丰富的自定义动画，但是用户自定义动画要运用得当，否则容易使整个画面显得混乱。

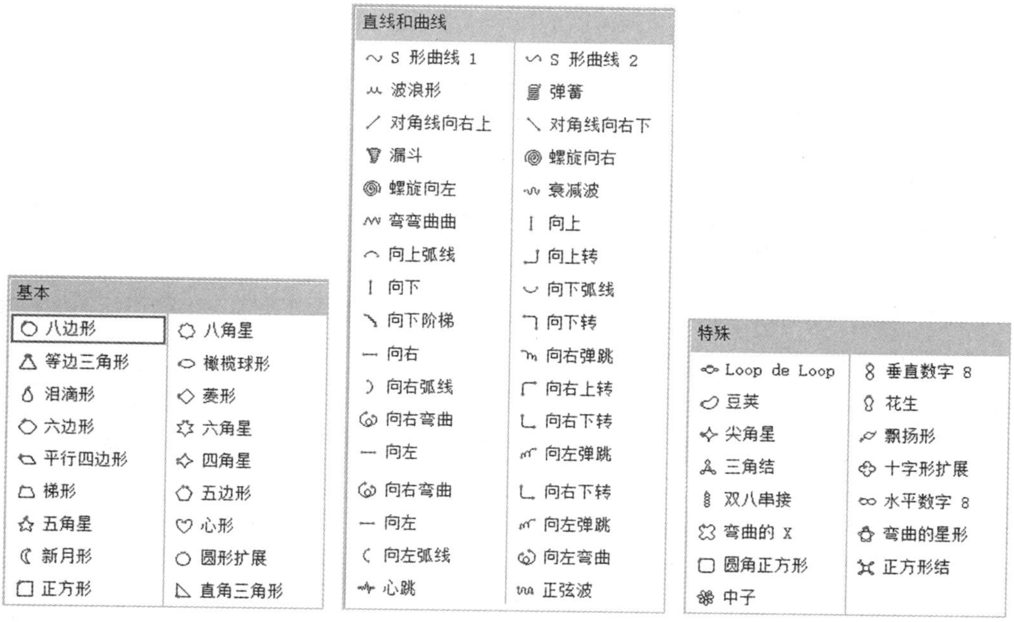

基本
八边形
八角星
等边三角形
橄榄球形
泪滴形
菱形
六边形
六角星
平行四边形
四角星
梯形
五边形
五角星
心形
新月形
圆形扩展
正方形
直角三角形
直线和曲线
S 形曲线 1
S 形曲线 2
波浪形
弹簧
对角线向右上
对角线向右下
漏斗
螺旋向右
螺旋向左
衰减波
弯弯曲曲
向上
向上弧线
向上转
向下
向下弧线
向下阶梯
向下转
向右
向右弹跳
向右弧线
向右上转
向右弯曲
向右下转
向左
向左弹跳
向右弯曲
向右下转
向左
向左弹跳
向左弧线
向左弯曲
心跳
正弦波
特殊
Loop de Loop
垂直数字 8
豆荚
花生
尖角星
飘扬形
三角结
十字形扩展
双八串接
水平数字 8
弯曲的 X
弯曲的星形
圆角正方形
正方形结
中子

▲ 图 12-5

12.1.5 调整动画顺序

在PPT中添加一些动画会让页面更加生动，那么添加动画后怎样调整动画的先后顺序呢？在【动画】选项卡中，单击【高级动画】组中的【动画窗格】按钮，在弹出的【动画窗格】任务窗格中可以看到动画的顺序，选中要移动的动画，在【计时】组中单击【向前移动】或【向后移动】按钮即可调整动画的顺序，如图12-6所示。

设计
切换
动画
幻灯片放映
审阅
视图
PDF工具集
格式
动画窗格
添加动画
触发
动画刷
高级动画
开始: 单击时
持续时间: 00.50
延迟: 00.00
计时
对动画重新排序
向前移动
向后移动
动画窗格
播放
1 图片 3
2 Picture 3
3 矩形 2
秒
重新排序

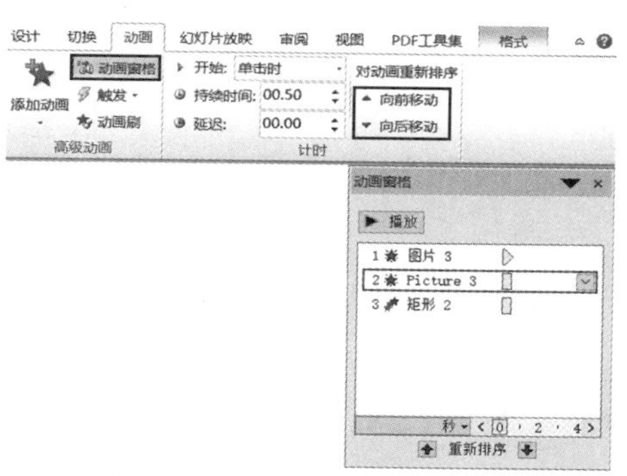

▲ 图 12-6

小贴士

在【动画窗格】任务窗格中，选中要删除的动画，按【Delete】键即可将不需要的动画删除。

12.2 插入视频与音频

【内容概述】

在制作PPT的过程中，为了使PPT更生动，有时还需要根据情境适当添加一些视频和音频，这样可以渲染现场的气氛，让观众能迅速地融入演讲主题。

【重点与实施】

一、插入视频

二、插入音频

12.2.1 插入视频

在PPT中，我们不仅需要插入文字和图片，有时可能还需要通过视频来辅助讲解，如在宣传产品时，经常会通过视频来展示产品的一些功能。

插入视频：在【插入】选项卡中，单击【媒体】组中的【视频】按钮的下三角按钮，在弹出的下拉列表中选择【文件中的视频】选项，在弹出的【插入视频文件】对话框中选择相应的视频即可。

设置视频：选中插入的视频，切换到【视频工具】栏的【格式】或【播放】选项卡，对插入的视频进行相关设置，如图12-7所示。

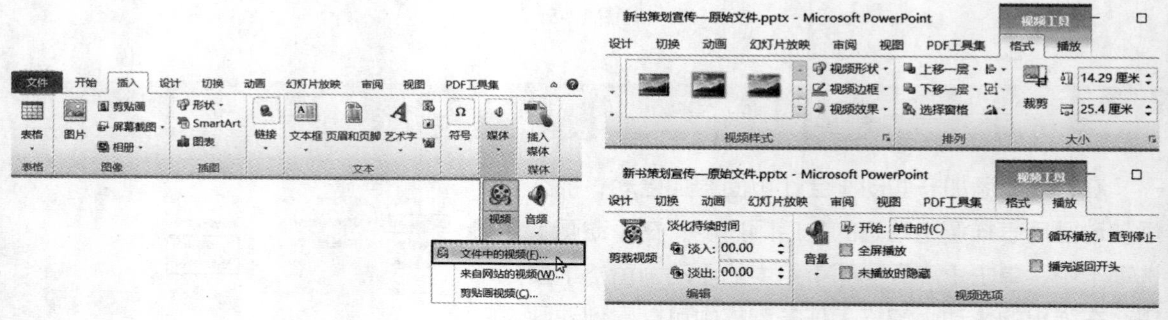

▲图 12-7

下面我们通过课堂练习来看一下，如何在PPT中插入视频。

课堂练习 在“新书宣传策划”中插入视频

素材：第12章\新书宣传策划—原始文件　　重点指数：★★★

12-1 插入视频

01 打开本实例的原始文件，切换到第 4 页，视频文件将“宣传视频—素材文件”插入到幻灯片中。

02 插入视频后，调整其界面大小，将其设置为“未播放时隐藏”和“全屏播放”，为了不

影响页面内其他元素的设置，将视频界面缩小，并将其移至页面之外。插入视频前后对比效果如图12-8所示。

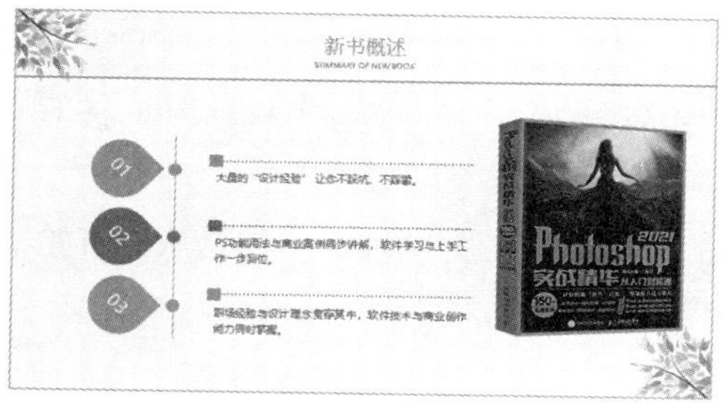

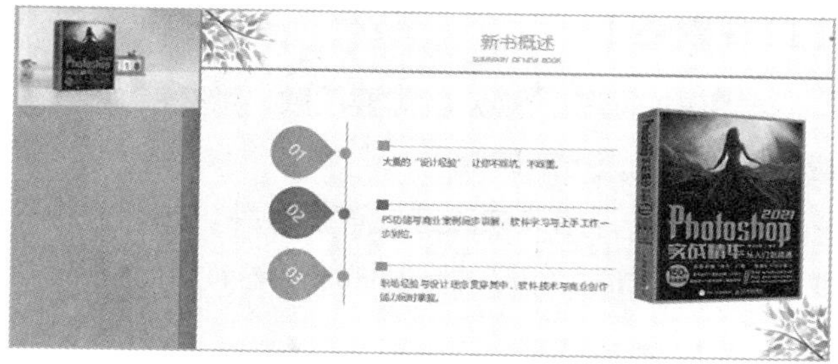

▲ 图 12-8

素养教学

生命的天空，或晴空万里，或阴云密布，或狂风暴雨，无论身处何时，只要坚定信念，乌云必散，暴雨必停，阳光必现。

12.2.2 插入音频

虽然音频在幻灯片中的应用不是很广泛，但在某些场合，为了烘托现场的气氛，让观众能迅速地融入演讲主题，我们可以使用一段音频作为背景音乐。

在PPT中插入音频的方法与插入视频的方法一致，只要在【媒体】组中，单击【音频】按钮即可，具体的操作此处不再赘述。

下面我们通过课堂练习来看一下，如何在PPT中插入背景音乐。

课堂练习 在“新书宣传策划”中插入背景音乐

素材：第12章\新书宣传策划01—原始文件　　重点指数：★★★

12-2 插入音频

01 打开本实例的原始文件，切换到第1页，将音频文件插入幻灯片中。

02 插入音频后，选中插入的音频小喇叭按钮，将其设置为“循环播放，直到停止”和“放映时隐藏”，【开始】条件设置为“自动”，调整其大小，并移至合适的位置插入背景音乐前后对比效果如图12-9所示。

▲ 图 12-9

12.3　设置PPT的放映

【内容概述】

要将PPT展现给观众就需要放映，那么PPT是怎样开始放映的呢？我们应该怎样让PPT 按照一些指定的方式进行放映呢？

设置PPT开始放映的方式有很多种，按照放映开始的位置可以分为两种：一种是从头开始播放，一种是从指定幻灯片开始播放。本节我们将对这些内容进行介绍。

【重点与实施】

一、设置PPT从头开始播放

二、设置PPT从指定幻灯片开始播放

1. 设置PPT从头开始播放

设置PPT从头开始播放的常用方法：在【幻灯片放映】选项卡中，单击【开始放映幻灯片】组中的【从头开始】按钮，如图12-10所示。

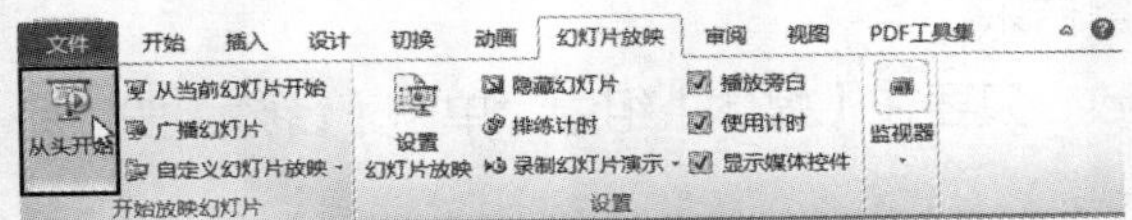

▲图 12-10

2. 设置PPT从指定幻灯片开始播放

设置PPT从指定幻灯片开始播放的常用方法：首先要选中开始播放的幻灯片，然后单击【开始放映幻灯片】组中的【从当前幻灯片开始】按钮，如图12-11所示。

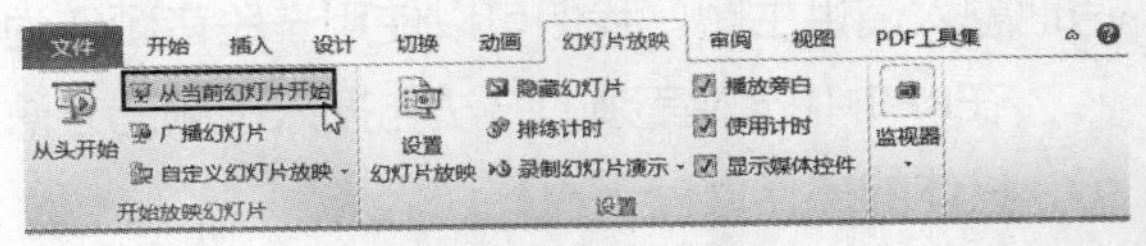

▲图 12-11

12.4　保存并发送不同格式的PPT

【内容概述】

PPT制作完成后，经常需要分享。在分享过程中，用户可以根据接收者的需求，将PPT保存为不同的格式，如图片、PDF 和视频等。保存并发送不同格式的PPT的方法基本一致，下文将讲解具体的操作方法。

【重点与实施】

一、保存为图片格式

二、保存为PDF格式

三、保存为视频格式

打开PPT文件，单击【文件】按钮，在弹出的界面中选择【保存并发送】选项，在【保存并发送】界面中的【文件类型】列表框中选择【更改文件类型】选项，在对话框的右侧单击【另存为】

按钮，弹出【另存为】对话框，找到需要保存的位置，在【保存类型】下拉列表中选择导出的格式即可，如图12-12所示。

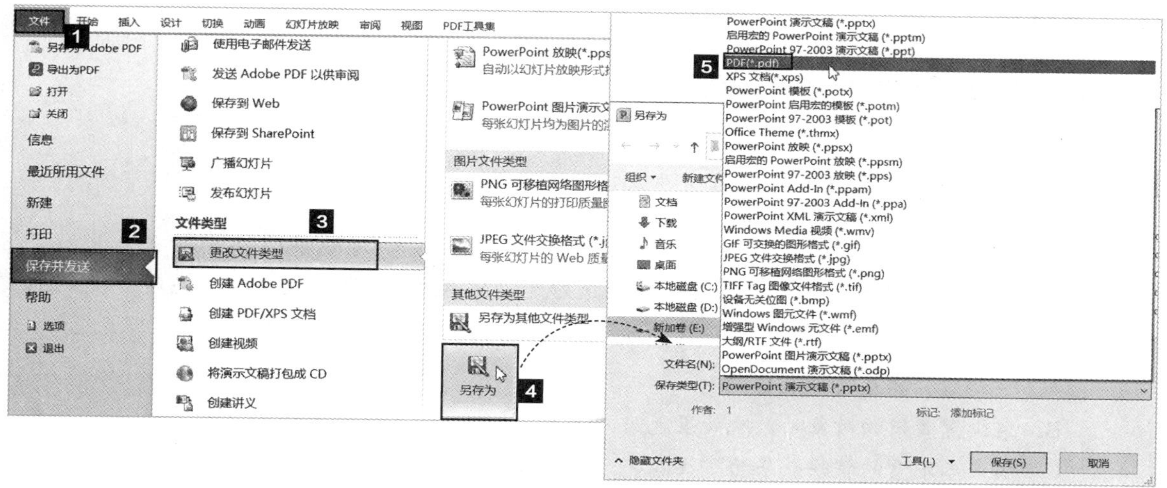

▲ 图 12-12

12.5 综合实训：制作项目计划书

实训目标：为PPT添加动画和背景音乐，设置其放映方式，并保存为PDF格式。

操作步骤：

01 打开本实例的原始文件，为项目计划书添加进入动画，将“钢琴—素材文件”插入项目计划书作为背景音乐，然后将项目计划书设置为“从头开始”放映。

02 设置完项目计划书中的各种元素后，将项目计划书以PDF的格式保存，如图12-13所示。

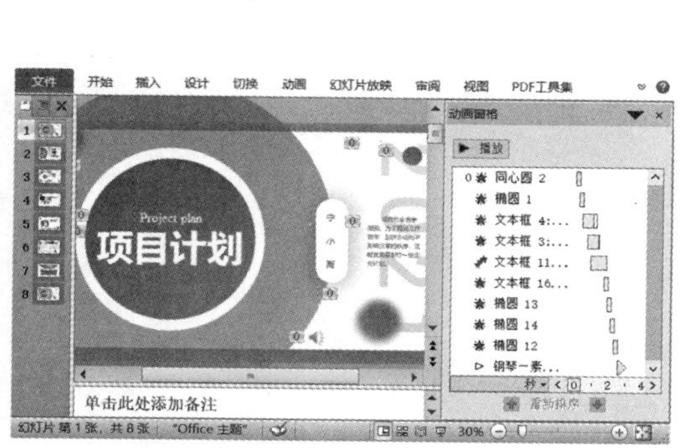

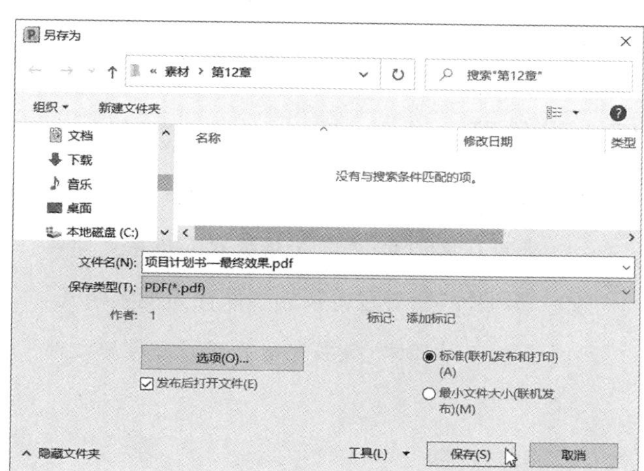

▲ 图 12-13

本章习题

一、单选题

1. 下面的动画效果中，不属于强调动画的是（　　）。

A. 脉冲　　B. 透明　　C. 飞入　　D. 补色

2. 在PPT中，用户可以为（　　）元素添加动画效果。

A. 图片　　B. 文字　　C. 文本框　　D. 以上都可以

3. 在PPT中，一张幻灯片中有多个元素，选定一个文本元素，将其设置为“飞入”效果后，则（　　）。

A. 该幻灯片的放映效果为“飞入”

B. 未设置效果的对象的放映效果也为“飞入”

C. 该文本元素的放映效果为“飞入”

D. 下一张幻灯片的放映效果为“飞入”

二、判断题

1. 自定义动画（路径动画）是指对象按照绘制的路径运动的动画。（　　）

2. 在PPT中只能插入音频，不能插入视频。（　　）

3. PPT文件不能另存为图片格式。（　　）

三、简答题

1. 在PPT中，可以插入哪几种类型的动画?

2. 进入动画总体上可以分为哪几种类型?

3. PPT开始放映的方式按照放映开始的位置可以分为哪两种?

四、操作题

1. 在“产品营销策划”中插入视频，并对视频进行设置。

素材：第12章\产品营销策划—原始文件

2. 将PPT“新书宣传策划”保存为视频格式。

素材：第12章\新书宣传策划02—原始文件

第13章

Word、Excel 与 PPT 的协作

【学习目标】

√熟悉 Word、Excel 和 PPT 之间的协作

√掌握在 Word 和 PPT 中插入 Excel 表格的方法

√掌握 Word 转成 PPT 的方法

【技能目标】

√学会使用 Word 和 Excel 批量生成邀请函

√学会在 Word 中插入幻灯片

√学会在 PPT 中插入 Excel 表格

√学会在 PPT 中插入 Excel 图表

13.1 Word与Excel之间的协作

【内容概述】

在Office系列软件中，Word是文字处理软件，Excel是电子表格处理软件。用户可以通过Word与Excel协作来满足特定需求，如在Word中插入Excel表格，或者使用Word和Excel批量生成邀请函。

【重点与实施】

一、在Word中插入Excel表格

二、使用Word和Excel批量生成邀请函

13.1.1 在 Word 中插入 Excel 表格

在日常工作中，有时需要在Word中输入数据，手动输入不但麻烦，而且输入的内容不容易对齐，这时将Excel表格复制到Word中，就可以很好地解决这个问题。

插入Excel表格：在Excel中选择数据区域并复制；在Word中，切换到【开始】选项卡，在【剪贴板】组中，单击【粘贴】按钮的下三角按钮，在弹出的下拉列表中选择【选择性粘贴】选项，在弹出的【选择性粘贴】对话框中进行相应的操作即可，如图13-1所示。

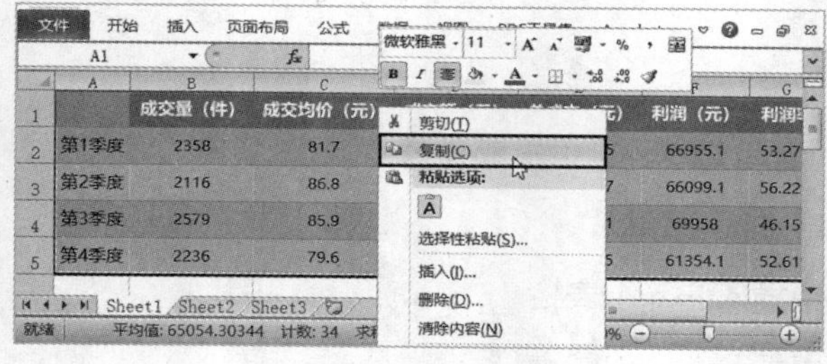

▲图 13-1

下面我们通过课堂练习来看一下，如何在Word中插入Excel表格。

课堂练习 在“店铺运营流程”中插入 Excel 表格

素材：第13章\店铺运营流程—原始文件

店铺利润分析—素材文件

重点指数：★★★

13-1 在 Word 中插入 Excel 表格

01 打开本实例的“店铺利润分析—素材文件”，选中并复制素材文件中的数据区域。

02 打开本实例的原始文件，切换到第2页，然后将复制的数据区域粘贴至Word中，如图13-2所示。

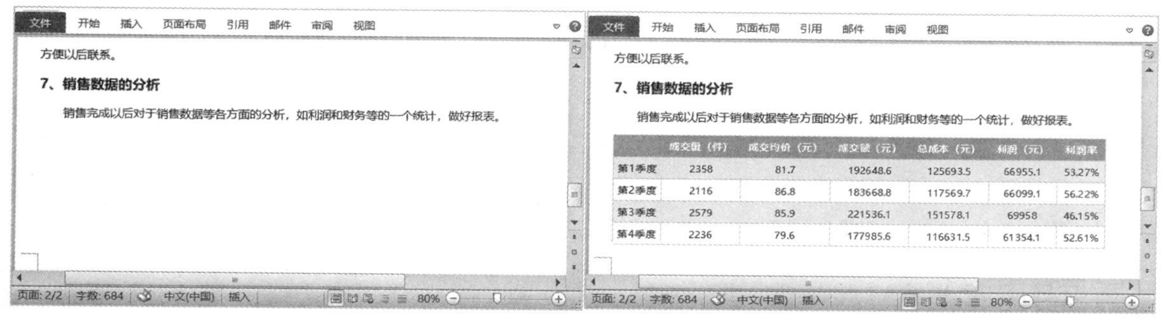

	成交量（件）	成交均价（元）	成交额（元）	总成本（元）	利润（元）	利润率
第1季度	2358	81.7	192648.6	125693.5	66955.1	53.27%
第2季度	2116	86.8	183668.8	117569.7	66099.1	56.22%
第3季度	2579	85.9	221536.1	151578.1	69958	46.15%
第4季度	2236	79.6	177985.6	116631.5	61354.1	52.61%

▲ 图 13-2

13.1.2 使用 Word 和 Excel 批量生成邀请函

参会人员名单是Excel表格，邀请函是Word文档，那怎样根据Excel表格中的人员名单在Word中快速生成我们需要的邀请函文件呢？

使用邮件合并：在【邮件】选项卡中，单击【开始邮件合并】组中的【选择收件人】按钮右侧的下三角按钮，在弹出的下拉列表中选择【使用现有列表】选项，在弹出的【选择数据源】对话框中进行相应的选择即可，如图13-3所示。

下面我们通过课堂练习来看一下，如何使用Word和Excel批量生成邀请函。

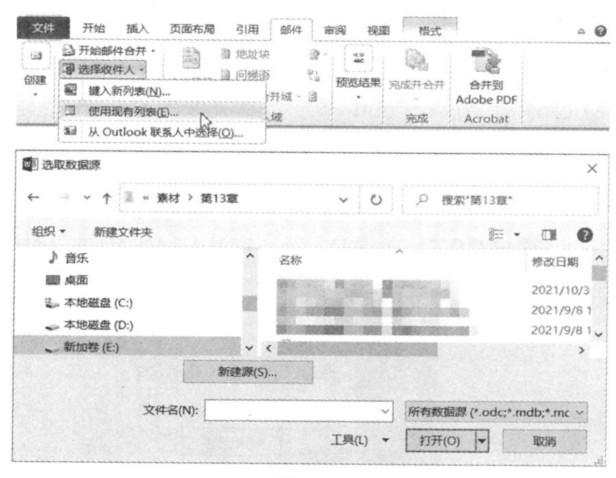

▲ 图 13-3

课堂练习 在“企业邀请函”中插入 Excel 表格中的数据信息

素材：第13章\企业邀请函—原始文件
　　　参会人员名单—素材文件

重点指数：★★★

13-2 使用 Word 和 Excel 批量生成邀请函

打开本实例的原始文件，将“参会人员名单—素材文件”中的名单，通过邮件合并的功能，依次插入Word中，如图13-4所示。

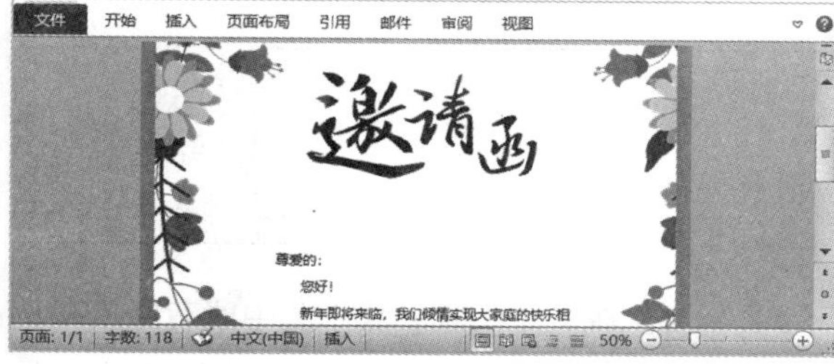

▲ 图 13-4

13.2 Word与PPT之间的协作

【内容概述】

在日常工作中，我们经常需要在Word中编辑文档，或者需要借助PPT来演讲；但是偶尔也需要协同使用Word与PPT，而学会运用Word与PPT协作办公，可以大大提高办公效率。

【重点与实施】

一、将Word转成PPT

二、在Word中插入幻灯片

13.2.1 将 Word 转成 PPT

如果要将Word中的内容应用到PPT中，逐一复制粘贴会非常麻烦，这时可以使用“发送到Microsoft PowerPoint”功能，快速生成一份结构清晰的PPT。

设置大纲级别：在【视图】选项卡中，单击【文档视图】组中的【大纲视图】按钮，切换至【大纲】选项卡，然后在【大纲工具】组中设置大纲级别。

转成PPT：设置好后，在Word中单击【发送到Microsoft PowerPoint】按钮，即可快速生成PPT，如图13-5所示。

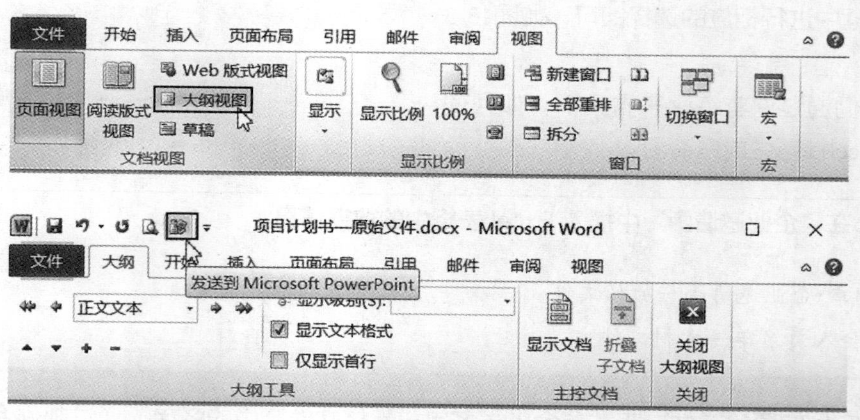

▲图 13-5

下面我们通过课堂练习来看一下，如何将Word转成PPT。

课堂练习 在“项目计划书”中将 Word 转成 PPT

素材：第13章\项目计划书—原始文件　　重点指数：★★★

13-3 将 Word 转成 PPT

01 打开本实例的原始文件，切换至【大纲】选项卡后，按住【Ctrl】键，选中所有级别相同的标题，将其设置为“1级”，按照相同的方法，依次将其他的内容按照层级关系进行设置。

02 设置好层级后，在【快速访问工具栏】中单击【发送到Microsoft PowerPoint】按钮，就可以将Word转成PPT，如图13-6所示。

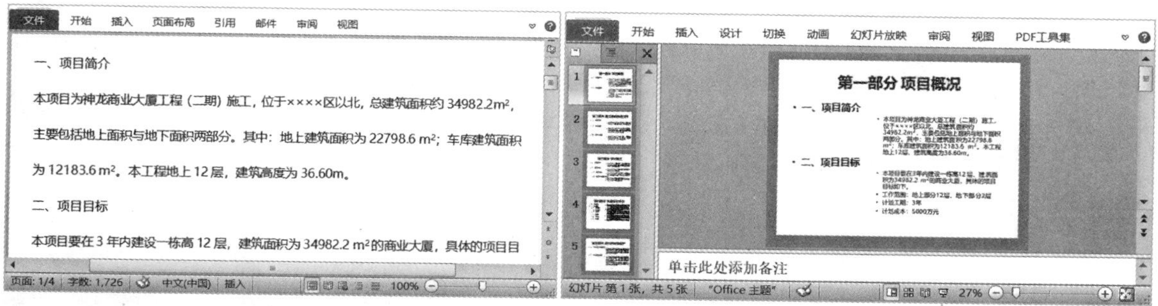

▲ 图 13-6

13.2.2 在 Word 中插入幻灯片

在Word中插入幻灯片的操作和插入Excel表格的操作类似，先复制幻灯片，再在Word中进行【选择性粘贴】的操作即可。

下面我们通过课堂练习来看一下，如何在Word中插入幻灯片。

课堂练习 在“项目计划书”中插入幻灯片

素材：第13章\项目计划书01—原始文件
组织架构图—素材文件

重点指数：★★★

13-4 在 Word 中插入幻灯片

01 打开本实例的“组织架构图—素材文件”，选中并复制素材文件中的幻灯片。

02 打开本实例的原始文件，切换到第7页，然后将复制的幻灯片粘贴至文档中，如图13-7所示。

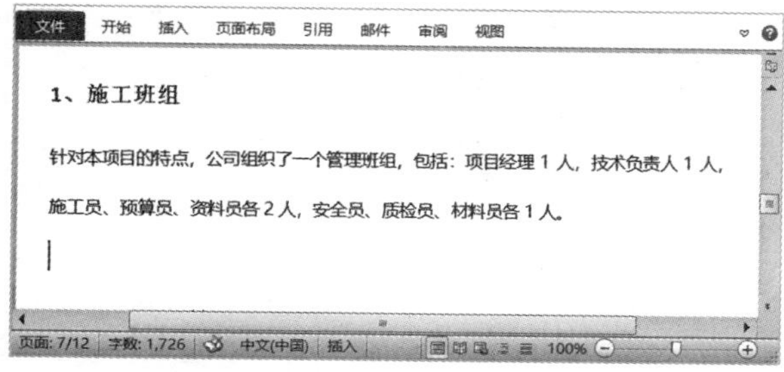

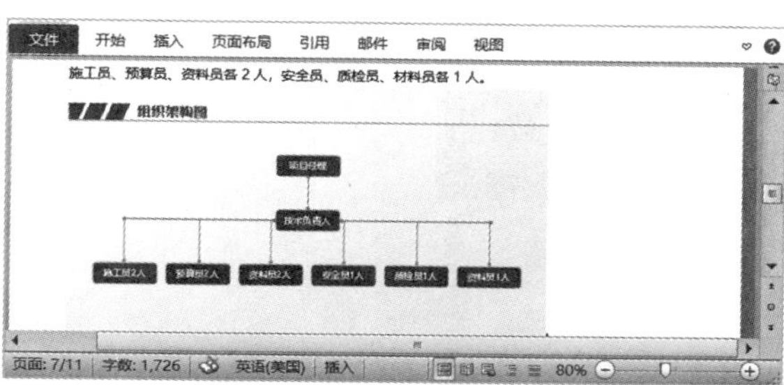

▲ 图 13-7

素养教学

这个世界的吵闹、喧嚣、摩擦、嫌怨、钩心斗角、尔虞我诈，都是争的结果。争到最后，原本广阔的尘世，只能容得下一颗自私的心。把看似要紧的东西淡然地放一放，你会发现，人心就会一下子变宽，世界就会一下子变大。不争，得自在；无争，得清闲。

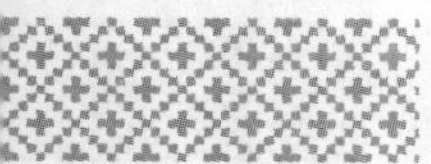

13.3 Excel与PPT之间的协作

【内容概述】

Excel与PPT之间的协作是指将Excel中的表格或图表制作成幻灯片进行演示。

【重点与实施】

一、在PPT中插入Excel表格

二、在PPT中插入Excel图表

13.3.1 在 PPT 中插入 Excel 表格

在PPT中插入Excel表格的操作和在Word中插入Excel表格的操作类似，先复制Excel中的数据区域，再在PPT中进行【选择性粘贴】的操作即可。

下面我们通过课堂练习来看一下，如何在PPT中插入Excel表格。

课堂练习 在“销售数据分析”中插入 Excel 表格

素材：第13章\销售数据分析—原始文件
　　　员工销售表—素材文件

重点指数：★★★

13-5 在 PPT 中插入 Excel 表格

01 打开本实例的“员工销售表—素材文件”，选中并复制素材文件中的数据区域。

02 打开本实例的原始文件，然后将复制的数据区域粘贴至PPT，如图13-8所示。

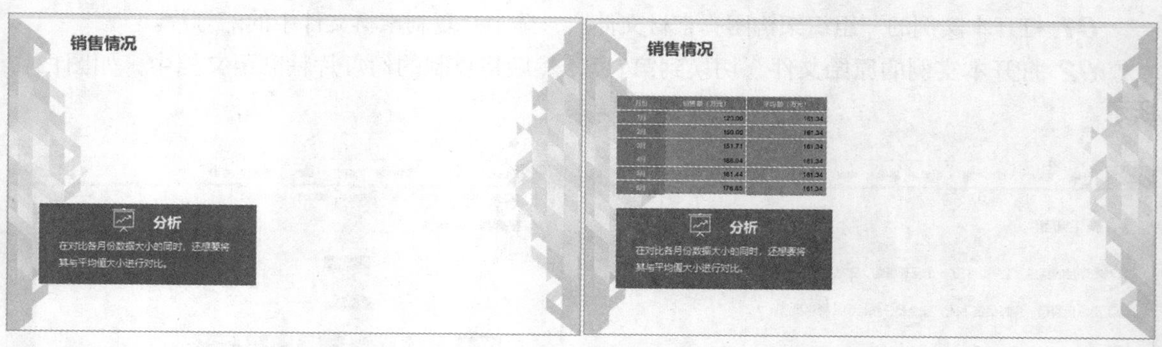

▲图 13-8

13.3.2 在 PPT 中插入 Excel 图表

在PPT中插入Excel图表的操作和插入Excel表格的操作类似，先复制图表，再在PPT中进行粘贴的操作即可。

下面我们通过课堂练习来看一下，如何在PPT中插入Excel图表。

课堂练习　在“销售数据分析”中插入 Excel 图表

素材：第13章\销售数据分析01—原始文件　　重点指数：★★★
员工销售表—素材文件

13-6 在 PPT 中插入 Excel 图表

01 打开本实例的“员工销售表—素材文件”，选中并复制素材文件中的图表。

02 打开本实例的原始文件，然后将复制的图表粘贴至PPT，如图13-9所示。

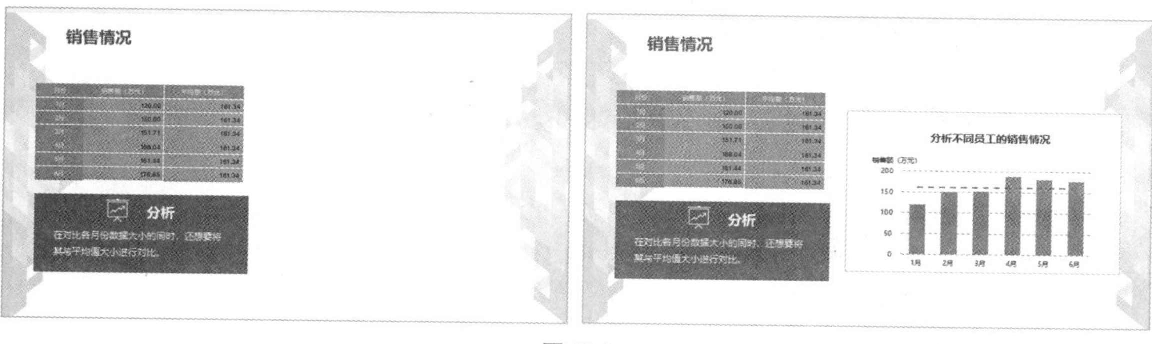

▲ 图 13-9

13.4　综合实训：在离职数据分析文档中实现图表联动

实训目标： 在“离职数据分析”演示文稿中插入Excel表格和图表，并将演示文稿中的内容复制到Word文档中。

13-7 综合实训

操作步骤：

01 打开本实例的原始文件，将“离职数据分析—素材文件”中的Excel表格和图表分别插入PPT。

02 然后将设置好的2张幻灯片插入文档，如图13-10所示。

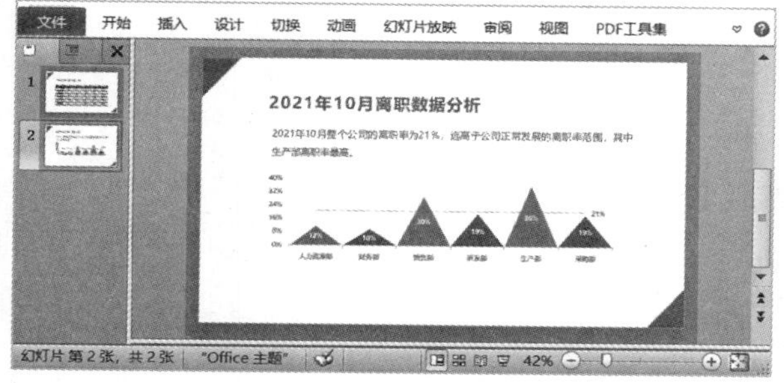

▲ 图 13-10

本章习题

一、单选题

1. 以下关于Word的说法中，正确的是（　　）。

   A. Word可以转为PPT

   B. 不能在Word中插入幻灯片

   C. 不能在Word中直接插入Excel表格

   D. Word与Excel之间不可以转换使用

2. 以下关于Excel的说法中，正确的是（　　）。

   A. Excel图表不可以直接插入PPT

   B. Excel表格既可以插入Word，也可以插入PPT

   C. Excel表格中的内容，不能在Word中批量生成

   D. PPT可以直接转成Excel

3. 以下关于PPT的说法中，正确的是（　　）。

   A. PPT只能由一张幻灯片组成　　B. PPT中不能插入Excel表格

   C. PPT中不可以插入Word文档　　D. PPT中可以直接插入Excel图表

二、判断题

1. 在Word中不能插入Excel表格。（　　）
2. 在PPT中既可以插入Excel表格，又可以插入Excel图表。（　　）
3. 在Word中可以直接插入幻灯片。（　　）

三、简答题

1. 简述Word与Excel之间的协作方法。
2. 简述Word与PPT之间的协作方法。
3. 简述Excel与PPT之间的协作方法。

四、操作题

1. 使用邮件合并功能批量制作并群发电商客服工资条。

   素材：第13章\电商客服工资条—原始文件

2. 将“电商运营制度”Word文档转为PPT。

   素材：第13章\电商运营制度—原始文件